Schweizerische Beiträge zur Altertumswissenschaft (SBA)

Band 59

Im Auftrag der Schweizerischen Vereinigung für Altertumswissenschaft

herausgegeben von Cédric Brélaz, Ulrich Eigler,
Gerlinde Huber-Rebenich und Paul Schubert

Margarethe Billerbeck

Dionysios von Byzanz
Anaplus Bospori
Die Fahrt auf dem Bosporos

Einleitung, Text, Übersetzung und Kommentar

Schwabe Verlag

Bibliografische Information der Deutschen Nationalbibliothek
Die Deutsche Nationalbibliothek verzeichnet diese Publikation in der Deutschen Nationalbibliografie; detaillierte bibliografische Daten sind im Internet über http://dnb.dnb.de abrufbar.

© 2023 Schwabe Verlag, Schwabe Verlagsgruppe AG, Basel, Schweiz
Dieses Werk ist urheberrechtlich geschützt. Das Werk einschliesslich seiner Teile darf ohne schriftliche Genehmigung des Verlages in keiner Form reproduziert oder elektronisch verarbeitet, vervielfältigt, zugänglich gemacht oder verbreitet werden.
Abbildung Umschlag: Bosporos; Adobe Stock
Gestaltungskonzept: icona basel gmbH, Basel
Cover: Kathrin Strohschnieder, STROH Design, Oldenburg
Satz: Dörlemann Satz, Lemförde
Druck: CPI books GmbH, Leck
Printed in Germany
ISBN Printausgabe 978-3-7965-4846-8
ISBN eBook (PDF) 978-3-7965-4874-1
DOI 10.24894/978-3-7965-4874-1
Das eBook ist seitenidentisch mit der gedruckten Ausgabe und erlaubt Volltextsuche. Zudem sind Inhaltsverzeichnis und Überschriften verlinkt.

rights@schwabe.ch
www.schwabe.ch

Inhalt

Vorwort		7
I Einleitung		9
1	Der Autor	9
2	Das Werk	10
	2.1 Gliederung der Schrift	12
	2.2 Die Themen	16
	2.2.1 Topographie	16
	2.2.2 Häfen, Ankerplätze und Fischfang	16
	2.2.3 Geschichte, Mythos und Mirabilien	17
	2.2.4 Kultorte und Sehenswürdigkeiten	19
	2.3 Sprache, Stil und Gelehrsamkeit	20
	2.3.1 Wortschatz und Syntax	20
	2.3.2 Stil	21
	2.3.3 Hiatprophylaxe	22
	2.3.4 Namensetymologie	22
II Überlieferung und Ausgaben		25
1	Cod. Athous Vatopedinus 655	25
2	Pierre Gilles (1489–1555)	26
3	Ausgaben	27
III Text und Übersetzung		29
IV Kommentar		105
	Werktitel	105
	Proömium	106
	Von der Maiotis und dem Schwarzen Meer, vom Eingang des Bosporos, seiner Länge und Breite sowie dem stürmischen Verlauf	109

		Beginn des europäischen Ufers	113
		Das Horn	114
		Die Periegese: Βοσπόριος ἄκρα und Byzantion	117
		Küste des Horns	120
		Europäische/Thrakische Küste des Bosporos	131
		Asiatische Küste des Bosporos	156
V	Bibliographie		169
	1	Ausgaben	169
	2	Sekundärliteratur	169
VI	Indices		173
	1	Allgemeiner Index	173
	2	Griechische Wörter und Begriffe	174
	3	Stellenregister	175

Vorwort

Es ist bald hundert Jahre her, seit Rudolf Güngerich den *Anaplus Bospori* des Dionysios von Byzanz edierte, und seine Ausgabe ist bis heute die massgebliche geblieben. Doch die Klassischen Altertumswissenschaften haben sich mittlerweile stark entwickelt, sei es in Editionstechnik, sei es in der Erforschung literarischer Strömungen wie der Zweiten Sophistik und vor allem, meist interdisziplinär betrieben, im Bereich der antiken Siedlungsgeschichte. Für die letztere ist der *Anaplus*, was die frühe Phase am Bosporos betrifft, ein Grundlagentext. Es schien daher angezeigt, den Originaltext neu zu edieren, ihn erstmalig in einer deutschen Übersetzung auch einem breiteren Leserkreis zugänglich zu machen und durch einen Kommentar sowohl inhaltlich als auch formal zu erschliessen.

Gefördert wurde das Interesse am *Anaplus Bospori* durch die Beschäftigung mit den *Ethnika* des Stephanos von Byzanz, der den Verfasser zwar nur einmal namentlich als Quellenautor zitiert, sein Werk aber mehrfach benutzt haben wird. Der Wunsch, die berühmte Wasserstrasse unter der kundigen Führung des Dionysios selbst einmal zu befahren, bleibt ungebrochen; doch dafür muss am Bosporos zuerst wieder Ruhe einkehren.

Das Projekt stiess bereits in seinen Anfängen auf Interesse, und auf Zuspruch zur Ausarbeitung hörte ich gern. Mit dem Thema aus unserer langjährigen Zusammenarbeit vertraut, regte Arlette Neumann-Hartmann Publikation in ihrem Programmbereich beim Schwabe Verlag an. Für die Aufnahme des Bandes in die Reihe *Schweizerische Beiträge zur Altertumswissenschaft* sei den Herausgebern herzlich gedankt, ganz besonders Paul Schubert, der es an aufmerksamer Durchsicht des Manuskripts, an Änderungsvorschlägen und Verbesserungen nicht fehlen liess. Aufrichtiger Dank geht auch an Jelena Petrovic, die mit Kompetenz und Engagement die Drucklegung begleitete.

Fribourg, im Mai 2023   M. B.

I Einleitung

1 Der Autor

Über den Verfasser des *Anaplus Bospori* ist kaum etwas bekannt. Das einzige biographische Zeugnis findet sich in der *Suda*, δ 1176 Διονύσιος, Βυζάντιος, ἐποποιός. Περιήγησιν τοῦ ἐν τῷ Βοσπόρῳ ἀνάπλου, Περὶ θρήνων· ἔστι δὲ ποίημα μεστὸν ἐπικηδείων. In dieser kurzen Notiz stimmt mit der Schrift, die auf uns gekommen ist, lediglich der Werktitel überein, wie ihn Stephanos von Byzanz im Eintrag Χρυσόπολις (χ 59) seines kulturgeographischen Lexikons bestätigt, Διονύσιος δ' ὁ Βυζάντιος τὸν ἀνάπλουν τοῦ Βοσπόρου γράφων. Dass der Verfasser der bezeichneten Periegese epischer Dichter (ἐποποιός) war und Totenklagen (θρῆνοι), also Trauergedichte (ἐπικήδεια), verfasst habe, ist nirgends bezeugt.[1] Im Eintrag der *Suda* wurde unser Dionysios vermutlich mit einem weiter nicht bekannten Dichter desselben Namens vermischt, zumal der Vorgängerartikel (δ 1175) dem Mytilenaier Dionysios Skytobrachion gewidmet ist, der nachfolgende (δ 1177) dem Dionysios von Korinth, welche der Lexikograph jeweils als ἐποποιός bezeichnet.[2]

Dionysios wird in den überlieferten *Ethnika* des Stephanos zwar nur einmal namentlich erwähnt; doch vergessen wir nicht, dass in einem Kürzungsprozess, wie ihn das Lexikon erfahren hat, die Eigennamen von Gewährsautoren dem Epitomator als erstes zum Opfer fallen. Wie Textvergleiche zeigen, dürfte auch in den folgenden Artikeln aus dem *Anaplus* geschöpft worden sein: β 190 Βυζάντιον (hier §§ 14 und 23), γ 119 Γυναικόσπολις (§§ 59 und 60), δ 35 Δάφνη (§ 95), σ 311 Συκίς (§ 33), φ 61 Φιάλεια (§ 100), φ 106 Φρίξου λιμήν (§ 99) und χ 15 Χαλκηδών (§ 111). Dasselbe gilt für die *Patria von Konstantinopel* (Πάτρια Κωνσταντινουπόλεως) des Hesychios von Milet (§§ 3–4, hier §§ 23–25; §§ 6–9, hier § 24; § 11, hier § 109), es sei denn, ihm wie Dionysios habe dieselbe Quelle vorgelegen (so Preger 1901, 2).

Was die Lebenszeit unseres Autors betrifft, haben wir mit der Erwähnung bei Stephanos von Byzanz und dessen Wirken unter Justinian I. lediglich einen *terminus ante quem*. Doch Sprache und Stil des *Anaplus*, die literarischen An-

---

1 Güngerichs Vermutung (1927, ²1958, S. XLIII), ἐποποιός beziehe sich auf die gelegentlichen poetischen Anleihen, welche Dionysios bei Homer machte, überzeugt nicht; derlei gehört vielmehr zur Kunstprosa, wie sie in der Zweiten Sophistik gepflegt wurde (dazu s. unten S. 11. 21. 29).

2 Alle drei Autoren sind in *RE* V 1, s. v. aufgenommen: Nr. 91 (Dionysios von Korinth), Nr. 98 bzw. Nr. 114 (Dionysios von Byzanz) und Nr. 109 (Dionysios von Mytilene).

leihen sowie das Kokettieren mit Gelehrsamkeit verraten Eigenheiten der Zweiten Sophistik und weisen das Werk mit grösster Wahrscheinlichkeit dem 2. Jh. n. Chr. zu. Verfasst wurde es wohl vor der Eroberung von Byzanz durch Septimius Severus (196), denn das Argument, Dionysios hätte die Zerstörung der Stadt und besonders ihrer wehrhaften Mauern (vgl. Herodian 3,6,9) nicht unerwähnt gelassen, schlägt durch, sind doch auch verschwundene Monumente Bestandteil der Periegese. Dieser Datierungsansatz hat sich in der Forschungsliteratur durchgesetzt.

2 Das Werk

Handbücher der griechischen Literaturgeschichte schreiben das Werk der Gattung Περίπλοι (‹Küstenbeschreibungen›) zu, wie es der Titel im Hinterglied (-πλους) suggeriert.[3] Da die Fahrt auf einer Wasserstrasse erfolgt, wird das Vorderglied ἀνά- dem Weg der thrakischen Küste stroman zum Schwarzen Meer entsprechend angepasst. Da Dionysios aber auch die Rückfahrt entlang der asiatischen Seite des Bosporos bis zum Ausgangspunkt beschreibt, bleibt die Vorstellung einer Rundfahrt (περί) erhalten. Der *Anaplus Bospori* ist allerdings weit mehr als ein Logbuch, welches Orte, Vorgebirge, Flussmündungen, Ankerplätze, Häfen und die entsprechenden Zwischendistanzen verzeichnet.[4] Die wenigen Massangaben beschränken sich auf Länge und Breite des Bosporos, die Fläche der Maiotis und des (Goldenen) Horns. Über die Erwähnung der geologischen, hydrologischen und klimatischen Eigenschaften des Sunds sowie die dort herrschenden Windverhältnisse hinaus lädt der Verfasser zu einer kulturgeographisch orientierten Küstenfahrt ein, die literarisch gestaltet und sprachlich ausgefeilt ist. Genau diesen Anspruch gibt die *Suda* zu erkennen, wenn sie sinngemäss den Werktitel durch Περιήγησις erweitert. Dionysios versetzt sich in die Rolle des Fremdenführers: Den Schiffsreisenden (§ 1 τοῖς ἀναπλέουσιν εἰς τὸν Εὔξεινον Πόντον), die gekommen sind, um die Landschaft und die Örtlichkeiten zu sehen (ἰδοῦσι), wird er deren Namen und Geschichte erklären (ἱστορία).[5] Zugleich ist dieser *Baedeker* Reklame an die Adresse jener, die über die Dinge am Bosporos zwar bereits gehört, sie aber noch nicht besucht und bestaunt (οἱ δὲ μὴ θεασάμενοι) haben. Die Visualisierung des Beschriebenen wird immer wieder thematisiert; so ist ὄψις ein Schlüsselwort nicht bloss im Proömium, sondern evoziert die Vorstellung von Örtlichkeiten auch sonst (§§ 20.

---

3 So Güngerich (1950) 21–22; Olshausen (1991) 67–68 und 86.
4 Vgl. Marc. *Peripl. Maris ext.* 1,2 (*GGM* I 517,9) τῆς γὰρ τοιαύτης ὑποθέσεως τὸ ἀκριβὲς οὐκ ἐν ταῖς θέσεσι τῶν τόπων μόνον καὶ πόλεων καὶ νήσων καὶ λιμένων ἐχούσης, ἀλλὰ πρό γε πάντων ἐν τοῖς σταδίοις καὶ ταῖς τῶν χωρίων διαμετρήσεσιν.
5 Auch für Philon von Byzanz, den spätantiken Verfasser einer Schrift über die sieben Weltwunder (Περὶ τῶν ἑπτὰ θεαμάτων), ist Bildung (παιδεία) und die kulturgeschichtliche Betrachtung (ἱστορία) von Kunstdenkmälern unabdingbar, da ‹sightseeing› (ὁρᾶν) allein lediglich flüchtige Erinnerungen (φεύγουσιν αἱ μνῆμαι) hinterlasse, s. Brodersen (1992) 20.

2 Das Werk

55. 102).⁶ Ein häufiges stilistisches Element ist der Vergleich (καθ' ὁμοιότητα, ἀπὸ τοῦ σχήματος/*a figura*) der jeweiligen geologischen Beschaffenheit mit einem Lebewesen bzw. einem Objekt (§§ 6. 29. 38. 53. 55. 58. 91. 96. 98. 101. 102. 107). Dass das angesprochene Publikum gebildet ist, sich in der Mythologie und in den klassischen Autoren auskennt, dürfen wir angesichts der im Text eingestreuten Anspielungen und literarischen Anleihen annehmen. Denn im Vordergrund der Periegese steht nicht so sehr die Einzelbeschreibung von Monumenten und Bildwerken (ἔκφρασις), sondern es überwiegen die jeweilige Erzählung (λόγος) über Herkunft und Bedeutung des Ortsnamens sowie die Legenden, welche damit verknüpft sind. Güngerichs Vermutung, das literarische Genre, wie es der *Anaplus* verkörpert, sei in der Zweiten Sophistik wohl verbreitet gewesen, lässt sich beim stark reduzierten Bestand antiker Literatur nicht überprüfen. In ihrer Eigenart gleicht die Schrift wohl am ehesten dem *Periplus Ponti Euxini* des Arrian, der mit dem kaiserlich angeordneten Fahrtbericht eine literarisch ausgefeilte Schilderung der Schwarzmeerküste verbindet.⁷

Auch wenn sich der Verfasser des *Anaplus Bospori* über seine Quellen und literarischen Vorbilder ausschweigt, bleiben – wie in diesem schriftstellerischen Metier nicht ungewöhnlich – thematische Überschneidungen mit früheren, namenlos gebliebenen Autoren, Inspiration aus solchen und sprachliche Anleihen nicht verborgen.⁸ Dies betrifft als chronologisch ersten Herodot, sei es in der Geschichte vom Sänger und dem Delphin (§ 42), sei es in der Siedlungsgeschichte der Myser und Teukrer (§ 54) oder der Persergeschichte (§ 57); vgl. ferner §§ 2. 3. 14. 97. 106. Nicht überraschend sind die sprachlich-stilistischen Anleihen bei Thukydides (§§ 5. 6. 10. 15. 109). Der Exkurs des Polybios über den Thrakischen Bosporos und die günstige Lage von Byzantion (4,39–43) ebenso wie der dortige Bericht über den Zollkrieg (47) hat im *Anaplus* deutliche Leserspuren hinterlassen (§§ 1–3. 47). Ignoriert von Güngerich wurde der erkennbare Einfluss von Strabons *Geographika* (§§ 2. 3. 6. 23. 45. 75. 77. 82. 86. 92. 102);⁹ s. ferner unten S. 20. Dass

---

6   Hinzuzunehmen sind auch die entsprechenden Begriffe im lateinischen Zwischentext (Gilles), so *aspectus* (§§ 67. 70. 86. 87) und *visio* (§§ 69. 87); vgl. ferner §§ 77 und 85. Dass Visualisierung (ὄψις) und lebhafte Darstellung (ἐνάργεια), wie sie die Rhetorik abhandelt und fordert, im Gedicht des Dionysios Periegetes ebenfalls zentrale Elemente sind, zeigt Lightfoot (2014) 114–117.

7   Güngerich S. XLI: «huiusmodi peripli quin a multis scriptoribus tum compositi sint, vix dubito, unus vero *Anaplus Bospori* nunc exstat». Zu Arrians *Periplus* s. Güngerich (1950) 19–21; ferner Silberman (1995) S. XXIV–XXVII, sowie vor allem Belfiore (2009), der darüber hinaus den *Anaplus Bospori* (S. 93–95) in den Bereich der antiquarischen und periegetischen Literatur (bes. Pausanias) einzureihen versucht und auf Nähe zu Verfassern von Gründungsgeschichten (κτίσεις) hinweist.

8   In den folgenden Angaben ist jeweils der Kommentar zu den erwähnten Paragraphen zu konsultieren.

9   Wie Diller (1975) 7–10 aufzeigt, gibt es im Zeitalter der Zweiten Sophistik zwar nur vereinzelte Spuren für Verbreitung und Kenntnis von Strabons *Geographika*. Wenn aber der

bei der gattungsgeschichtlichen Nähe zu Arrian auch aus dessen *Periplus* Anregung kam, ist zu erwarten (§§ 2. 19. 77. 87. 92. 95).

2.1 Gliederung der Schrift

Den literarischen Reiseführer, stromaufwärts entlang der europäisch-thrakischen Küste und am asiatischen Ufer zurück zum Ausgangspunkt, gestaltete Dionysios als Ringkomposition, deren Schlüsselwort ἱστορία ist (§ 1 und § 112). Die Gliederung gibt er gleich selbst an: Nach einer kurzen Einleitung (§ 1) in das Vorhaben folgt (§ 2 ἀρχή) die allgemeine Beschreibung (§ 6 τὰ μὲν καθόλου) des Sunds. Danach beginnt die Reihe der einzelnen Örtlichkeiten (τὰ δὲ ἐπὶ μέρους, §§ 7–111), deren Namen, Lage, Geschichte und Bedeutung der Verfasser erklärt. Dieser Reiseführer zum Bosporos ist so ausführlich wie keine andere aus der Antike erhaltene Darstellung der Gegend und dient daher bis in die heutige Zeit als Leitfaden für die Siedlungsgeschichte der wichtigen Wasserstrasse.[10] Die folgende Liste (nach §§) umfasst rund 150 Örtlichkeiten (Vorgebirge, Buchten, Küstenstriche, Klippen, kleine Inseln, Flüsse, Häfen/Ankerplätze, Siedlungen, Kultorte), welche der Autor erwähnt bzw. namentlich anführt:

1	Proömium
2–3	Allgemeines über den Bosporos
4–12	Beginn des europäischen Ufers
5–6	Horn (Κέρας)
7	Bosporios Akra (Βοσπόριος ἄκρα)
8	Altar der Athena Ekbasios (Ἐκβασίου βωμὸς Ἀθηνᾶς)
9	Poseidontempel (Ποσειδῶνος νεώς)
10	Stadien, Gymnasien, Rennbahnen (στάδια, γυμνάσια, δρόμοι)
11	drei Häfen (τρεῖς λιμένες)
12	Wehrturm (πύργος), Ebene (πεδίον) und Heiligtum der Gaia Anesidora (Γῆς Ἀνησιδώρας τέμενος)
13–31	Küste des Horns
13	Doppeltempel von Demeter und Kore (Δήμητρος καὶ Κόρης παράλληλα)
14	die Tempel der Hera und des Pluton (δύο νεῴ Ἥρας καὶ Πλούτωνος)
15	Skironische Felsen (Σκιρωνίδες πέτραι)
16	Kykla (Κύκλα)
	Altar der Athena Skedasia (βωμὸς Σκεδασίας Ἀθηνᾶς)

Verfasser des *Anaplus Bospori* das Werk, wie hier angenommen, kannte und benutzte, ohne ihn zu zitieren, entspricht dies schriftstellerischer Gepflogenheit. Dasselbe trifft offenbar auch auf Dionysios Periegetes zu (so Diller 7–8).

10 So in den Bänden *TIB* 12 (Ostthrakien) für die europäische Küste und *TIB* 13 (Bithynien und Hellespont) für die asiatische, s. ferner Russell (2017). Immer noch zu konsultieren für den Bosporos *RE* III 1 (1897) 746–755 und für das (Goldene) Horn *RE* XI 1 (1921) 257–261.

2 Das Werk

17	Melias-Bucht (Μελίας κόλπος)
18	Gartenbezirk (Κῆπος)
19	Hapsasieion (Ἁψασιεῖον)
20	Kap Mellapokopsas (Μελλαποκόψας ἄκρα)
21	Ingenidas (Ἰνγενίδας)
	Peraïkos (Περαϊκός)
	Kittos (Κιττός)
22	Kamara (Καμάρα)
23	Faules Meer (Σαπρὰ Θάλασσα)
	Polyrrhetion (Πολυρρήτιον)
	Tiefe Warte (Βαθεῖα Σκοπιά)
	Blachernas (Βλαχέρνας)
	Palodes (Παλῶδες)
24	Kydaros, Fluss (Κύδαρος)
	Barbyses, Fluss (Βαρβύσης)
	Altar der Semystra (Σημύστρας βωμός)
25	Kap Drepanon (Δρέπανον ἄκρα)
	Rinderhort, Hügel (Βουκόλος λόφος)
26	Mandrai (Μάνδραι)
	Drys (Δρῦς)
27	Auleon, Bucht (κόλπος Αὐλεών)
	Brücke des Philipp (γέφυρα Φιλίππου)
28	Altar des Nikaios (Νικαίου βωμός)
	Neos Bolos (Νέος Βόλος)
29	Aktis (Ἀκτίς)
	Krenides (Κρηνίδες)
	Kyboi (Κύβοι)
	Kanopos (Κάνωπος)
	Meizon, Fluss (Μείζων ποταμός)
31	Choiragria (Χοιράγρια)
32–86	Europäische/Thrakische Küste des Bosporos
32	Grabstätte des Hipposthenes (τάφος Ἱπποσθένους)
33	Sykides (Συκίδες)
34	Heiligtum des Schoiniklos (Σχοινίκλου τέμενος)
35	Auletes (Αὐλητής)
36	Bolos (Βόλος)
	das Heiligtum der Artemis Phosphoros und der Aphrodite Praeia (τέμενος Ἀρτέμιδος Φωσφόρου καὶ Ἀφροδίτης Πραείας)
37	Ostreodes (Ὀστρεώδης)
38	Metopon (Μέτωπον)
39	Aiantion (Αἰάντιον)
40	Palinormikon (Παλινόρμικον)
41	Tempel des Ptolemaios Philadelphos (νεὼς Πτολεμαίου τοῦ Φιλαδέλφου)
42	Delphin/Karandas (Δελφίν/Καράνδας)
43	Thermastis, Klippe (Θέρμαστις πέτρα)
44	Pentekontorikon (Πεντηκοντορικόν)
45	Skythenplatz (Τὰ Σκύθου)
46	Iasonion (Ἰασόνιον)
47	Periboloi der Rhodier (Ῥοδίων Περίβολοι)

48 Archeion (Ἀρχεῖον)
49 der Meergreis (Γέρων Ἅλιος)
50 Parabolos (Παράβολος)
51 Kalamos (Κάλαμος)
   Bythias (Βυθίας)
   Lorbeer der Medea (δάφνη Μηδείας)
52 Heiligtum der Göttermutter (Μητρὸς Θεῶν ἱερόν)
53 Hestiai (Ἑστίαι)
55 Chelai (Χηλαί)
56 Heiligtum der Artemis Diktynna (Δικτύννης ἱερὸν Ἀρτέμιδος)
57 Pyrrhias Kyon (Πυρρίας Κύων)
58 Brandende Küste (Ῥοώδης ἄκρα)
59 Phaidalia (Φαιδαλία)
60 Winterlicher Sturzbach (χειμάρρους)
   Frauenhafen (Γυναικῶν Λιμήν)
61 Kyparodes (Κυπαρώδης)
62 Tempel der Hekate (*templum Hecatae*)
63 Lasthenes, Bucht (<*sinus*> *Lasthenes*)
64 Komarodes (Κομαρώδης)
65 Bacchische Klippen (*Bacchiae cautes*)
   Thermemeria (Θερμημερία)
66 Hafen des Pithekos (Πιθήκου Λιμήν)
67 Schöne Meeresruhe, Bucht (Εὔδιος Καλός)
68 Pharmakias, Bucht (Φαρμακίας)
69 Schlüssel und Riegel des Pontos, Steilküste (Κλεῖδες καὶ Κλεῖθρα τοῦ Πόντου)
70 Dikaia, Felsen (Δικαία)
71 Tiefer Golf (Βαθύκολπος)
   Altar des Saron (*Saronis ara*)
72 Schönefeld (Καλὸς Ἀγρός)
73 Kap Simas (Σιμᾶς)
   Statue der *Venus Meretricia* (Ἀφροδίτη Ἑταίρα)
74 Skletrinas, Bucht (Σκλητρίνας)
   Altäre des Apollon und der Göttermutter (*arae Apollinis et Matris deum*)
75 Kap Milton (Μίλτον)
   Hieron (Ἱερόν, *Fanum*)
   Tempel der Phrygischen Göttin (*templum deae Phrygiae*)
76 Chrysorrhoas, Bach (Χρυσορρόας)
   Chalkeia (Χαλκεῖα)
77 Timaia, Turm (Τιμαίας Πύργος)
78 Phosphoros (Φωσφόρος)
79 Hafen der Ephesier (Ἐφεσίων Λιμήν, Ἐφεσιάτης)
80 Aphrodision (Ἀφροδίσιον)
81 Hafen der Lykier (Λιμὴν Λυκίων)
82 Myrleion (Μύρλειον)
83 Liknias, Bucht (?) (Λικνίας)
84 Gypopolis, felsige Anhöhe (Γυπόπολις)
85 Dotine, Klippe (Δωτίνη)
86 Kap Panium (Πάν[ε]ιον)
   Kyaneen (Κυανέαι)

2 Das Werk

87–111 Asiatische Küste des Bosporos
87 Kap Ankyrion (Ἀγκύριον)
88 Turm der Medea (Πύργος Μηδείας)
89 Kyaneen (Κυανέαι)
90 Kap Korakion (Κοράκιον)
  Panteichion, Küstenfestung (Παντείχιον)
91 Chelai (Χηλαί)
92 Hieron (Ἱερόν)
93 antike Bronzestatue eines Knaben
94 Kap Argyronion (Ἀργυρώνιον)
95 Bett des Herakles (Ἡρακλέους Κλίνη)
  Nymphaion (Νυμφαῖον)
  Der Verrückte Lorbeer (Δάφνη Μαινομένη)
96 Mukaporis, Bucht (Μουκάπορις κόλπος)
  Adlerschnabel, Vorgebirge (ἀκρωτήριον Ἀιετοῦ Ῥύγχος)
97 Amykos, Golf (κόλπος Ἄμυκος)
  Gronychia, Ebene (Γρωνυχία πεδίον)
  Palodes (Παλῶδες)
98 Katangeion, Bucht (Κατάγγειον κόλπος)
  Kap Oxyrrhus (Ὀξύρρους ἄκρα)
99 Hafen des Phrixos (Φρίξου Λιμήν)
100 Phiela, Ankerplatz (ὅρμος Φιέλα)
101 ‹Theater› (θέατρον)
102 Lembos, Landspitze (ἄκρα Λέμβος)
  Blabe, Inselchen (νῆσος πάνυ βραχεῖα Βλάβη)
103 Potamonion (Ποταμώνιον)
  Nausikleia (Ναυσίκλεια)
104 Kap Echaia (Ἐχαία ἀκρωτήριον)
  Lykadion, Bucht (Λυκάδιον κόλπος)
105 Nausimachion (Ναυσιμάχιον)
106 Kikonion (Κικόνιον)
107 Rauschespitzen (ἄκραι Ῥοιζοῦσαι)
  Diskoi, zwei Felsen (Δίσκοι)
108 Metopon, Küstenstrich (Μέτωπον)
109 Chrysopolis (Χρυσόπολις)
110 Kap Bus (ἄκρα Βοῦς)
111 Quelle des Heragoras (Ἡραγόρα κρήνη)
  Heiligtum des Eurostos (τέμενος Εὐρώστου)
  Himeros, Fluss (Ἵμερος ποταμός)
  Heiligtum der Aphrodite (τέμενος Ἀφροδίτης)
  Chalkedon (Χαλκηδών), Fluss und Stadt
  Heiligtum mit Orakel des Apollon (τέμενος καὶ χρηστήριον Ἀπόλλωνος)

2.2 Die Themen

2.2.1 Topographie

Nicht weniger bedeutend als die kommentierte Aufzählung der zahlreichen Örtlichkeiten ist es für den Periegeten, die Geographie des Bosporos zu beschreiben, dem Leser die Küstenformationen mit den Vorgebirgen (ἀκρωτήρια, ἄκραι) und den Buchten (κόλποι) vor Augen zu führen. Erwähnung finden die zahlreichen Gewässerzuflüsse (ποταμοί), die berüchtigten Windverhältnisse und vor allem die starke Oberwasserströmung mit ihren Gefahren für Schiffsleute und Fischer. Doch selbst in dieser wilden Landschaft fehlt es nicht an lauschigen Buchten, gleichsam ein Hauch von *locus amoenus* (§§ 29. 68. 71. 108). Und für ein ‹wow!› bei den Reisenden dürfte der illusionistisch gestaltete Ausblick auf das Schwarze Meer (§§ 69 und 87) gesorgt haben. Dionysios wählte einen objektiven Stil und berichtet im Gegensatz zu Arrian nicht in ‹ich›- bzw. in ‹wir›-Form; denn Ausdrücke wie ἔδοξέ μοι (§ 1), μοι δοκεῖ/δοκοῦσι bzw. *mihi videtur* (§§ 3. 7. 57), οἶμαι (§§ 12 und 16) und οὐκ οἶδα (§ 23) sind formelhaft. Einmal greift er zum stilistischen Kunstgriff der Autopsie (§ 53 εἶδον), um einen Landungsverlauf möglichst dramatisch zu beschreiben.

2.2.2 Häfen, Ankerplätze und Fischfang

Als Verbindung zwischen Ägäis und Schwarzem Meer gehörte der Bosporos bereits in der Antike zu den wichtigsten Wasserstrassen für Kolonisation, Seefahrt und Handel.[11] Es gibt zahlreiche Ankerplätze (ὅρμοι), die oft namenlos bleiben, und Häfen (λιμένες), unter welchen der Frauenhafen (§ 60), die Häfen der Ephesier (§ 79) und der Lykier (§ 81) sowie jener des Phrixos (§ 99) auch aus anderen literarischen Quellen bekannt sind.

Grosse wirtschaftliche Bedeutung kommt der Fischerei und der Austernzucht (§ 37) zu, weshalb Dionysios nicht müde wird, auf den Fischreichtum des Bosporos und die besten Orte für den Fang hinzuweisen (§§ 1. 5. 6. 16. 17. 18. 21. 23. 36. 68. 71. 98). Besonders einträglich war der Thunfischfang (§ 97). Und es dürfte dem Lokalstolz geschuldet sein, wenn der Verfasser beschreibt, wie die Strömung zu Ungunsten der Chalkedonier die Fische vom asiatischen Ufer in Richtung Byzanz abtreibt (§ 102).[12]

---

11 *TIB* 12,295–297.
12 Zu Jagd und Fischfang s. *TIB* 12,218–219; zum letzteren vor allem Russell (2017) 133–159.

2.2.3 Geschichte, Mythos und Mirabilien

Woher Dionysios stammte, wissen wir nicht, auch wenn ihm die handschriftliche Überlieferung das Ethnikon Βυζάντιος zulegt; und für Byzanz schlägt sein Herz. Fester Bestandteil der Periegese ist neben den Mythen, den Kultorten und den Sehenswürdigkeiten die Geschichte und deren Erforschung, also die ἱστορία der Stadtgründung, der Auseinandersetzungen mit den Vorbewohnern und den (barbarischen) Nachbarn. Präzise Daten wie in einem modernen Geschichtsbuch fehlen erwartungsgemäss; es sind die Eigennamen von Herrschern und Völkern, welche für das Geschick der grossen Stadt am Bosporos stehen. Wie Chalkedon um 685 v. Chr. wurde eine Generation später Byzantion um 660 v. Chr. von Kolonisten aus Megara besiedelt; dieser Tradition jedenfalls schliesst sich Dionysios an. Zwar ist zuerst lediglich von Leuten die Rede, die von der Bosporischen Landspitze (Βοσπόριος ἄκρα) ausschwärmten und das Umland sukzessive in Besitz nahmen (§ 8 ἐκβάντες οἱ τὴν ἀποικίαν στολαγωγήσαντες). Dass sie dabei auf Widerstand der Vorgängerbevölkerung stiessen (§ 53), überrascht keineswegs. Als Teilnehmer der Kolonisation werden auch Korinthier (§ 15) sowie Arkadier (§ 19) genannt, und inbegriffen sind zudem Argiver (vgl. §§ 34. 63); doch an Megara als der Mutterstadt gibt es keinen Zweifel. Von dort brachten die Oikisten manchen Heroenkult mit, so für Polyeidos (§ 14), für Hipposthenes (§ 32), für Schoiniklos, den Wagenlenker des Amphiaraos (§ 34), für Aias den Telamonier (§ 39) und für Saron (§ 71). Im Gebiet von Hestiai sollen sich die vornehmsten Megarer niedergelassen haben (§ 53), und ein Megarer namens Lasthenes habe der Bucht beim Hekate-Tempel den Namen gegeben (§ 63); Ähnliches gilt für das Kap Echaia (§ 104).[13]

Aus der Frühgeschichte von Byzantion erwähnt der Verfasser den Perserkönig Dareios (I.), der auf seinem erfolglosen Zug gegen die Skythen (513/512 v. Chr.) eine Brücke über den Bosporos schlagen liess (§§ 14. 57). Der Name Philipps (II.) von Makedonien (§§ 14. 27. 65) ruft die Belagerung der Stadt und deren heldenhafte Verteidigung (340/339 v. Chr.) in Erinnerung; das Heiligtum des Ptolemaios Philadelphos verehrt dessen Grosszügigkeit gegenüber den Byzantiern (§ 41). Der Zollkrieg mit den Rhodiern (220 v. Chr.) bleibt unvergessen (§ 47), ebenso die wechselvolle Geschichte des Hieron auf asiatischer Seite (§ 92); und selbst die Rivalin Chalkedon wird mit der Erwähnung einer Seeschlacht im Kontext der Diadochenkämpfe in die historischen Ereignisse am Bosporos einbezogen (§ 103).[14]

---

13 Zur megarischen Tradition von Byzantions Gründungsgeschichte s. Robu (2014) 248–285; Russell (2017) 205–210 sowie 214–216.
14 Über die Frühgeschichte von Byzantion (wegen der Einarbeitung der antiken Quellen) immer noch lesenswert ist der Abriss von J. Miller in *RE* III 1 (1897) 1116–1150; s. ferner *Inventory* (2004) Nr. 674 sowie *TIB* 12,68–76. Für die Diskussion über das Gründungsdatum sowie weitere Literatur s. Boshnakov (2004) 139–153; dortiger Ausgangspunkt ist Ps.-

Was die Gründung von Byzantion betrifft, gehen Geschichte und Mythos Hand in Hand.[15] Eine einheitliche mündlich überlieferte Gründungslegende scheint es nicht gegeben zu haben. In § 24 referiert Dionysios zwei Versionen: Einerseits soll der dem Apollon heilige Rabe den Kolonisten das Kap Bosporios als den vom Gott vorgesehenen Siedlungsort bezeichnet haben. Andererseits folgt der Verfasser in Übereinstimmung mit seiner Vorliebe für Namensetymologien der Version, Byzas, Sohn von Poseidon und Keroëssa, Ios Tochter, habe als Gründer der Stadt zu gelten. Verknüpft ist diese Legende mit dem Mythos der Io (§ 7), die von der eifersüchtigen Hera in eine Kuh verwandelt wurde und mit ihrer Flucht durch die Wasserstrasse dem Bosporos den Namen (βοῦς + πόρος) gegeben habe. Wenn sich der Verfasser angesichts abweichender Fassungen auch nicht festlegen will (πεπιστεύσθω δὲ τῶν λόγων ὁ θειότερος), erhöhen bekannte Mythen die Berühmtheit des Sunds; das trifft vor allem auf die Argonautensage zu. So führte für Iason (§§ 24. 49. 75. 87) und seine Gefährten nicht bloss der Hinweg nach Kolchis durch den Bosporos, sondern auch – entgegen der bekannteren Version – die Rückreise von dort (s. Komm. zu § 75). Das Iasonion (§ 46) erinnert an einen Zwischenhalt der Helden, dasselbe gilt für das Kap Ankyrion, und die Symplegaden (§§ 3. 89) stehen für die gefährliche Durchfahrt der Argonauten in den Pontos. Es fallen bekannte Namen der Sage, so Herakles (§ 95), Phineus (§ 84), Phrixos (§§ 92. 99) und Polydeukes, der den Bebrykerkönig Amykos besiegte (§§ 95. 97). Prominent vertreten ist Medea, die an der thrakischen Küste der Wasserstrasse einen Lorbeer gepflanzt (§ 51), ihr Kästchen mit den Zaubermitteln hinterlegt (§ 68) und einem Turm den Namen gegeben (§ 88) hatte.[16]

Neben der Belehrung in Geographie, Geschichte und den Kulten möchte eine Reisegesellschaft aber auch unterhalten sein; dafür streut der literarisch wendige Verfasser rührende Wundergeschichten (*Mirabilia, Paradoxa*) ein: Ein Delphin wird wegen seiner Treue zum byzantischen Sänger Chalkis getötet, gibt aber dadurch der Örtlichkeit des Geschehens den Namen (§ 42). Phaidalia, die sich aus Scham über eine Liebesaffäre mit Byzas ins Meer gestürzt hatte, wird von ihrem Grossvater Poseidon als Eponyme des Kaps rehabilitiert (§ 59). Das Standbild eines Knaben im asiatischen Hieron ist Gegenstand von mehr als einer wundersamen Rettungsgeschichte (§ 93). Artemis Diktynna rächt sich für den Opferraub der Kyzikener, lässt sich aber besänftigen, als diese Genugtuung leisten (§ 56). Und der Felsen Dikaia schliesslich zeugt davon, dass sich unredliches Geschäftsgebaren nicht lohnt (§ 70).

Scymn. 715–717 Σηλυμβρία, | ἣν οἱ Μεγαρεῖς κτίζουσι πρὶν Βυζαντίου· | ἑξῆς Μεγαρέων εὐτυχοῦν Βυζάντιον.
15 Dazu s. Russell (2017) 210–222.
16 Zur Bosporosfahrt der Argonauten bei Dionysios von Byzanz im Vergleich mit den *Argonautika* des Apollonios Rhodios s. Vian/Delage (1974) 128–141, bes. 128–133; ferner Russell (2017) 41–43.

2.2.4 Kultorte und Sehenswürdigkeiten

Der Bosporos mit dem Horn ist gesäumt von zahlreichen Kultorten: Unter den Gottheiten nimmt Apollon – angesichts seiner Orakel nicht überraschend – den Spitzenplatz ein (§§ 26. 38. 46. 74. 86. 111). An mehreren Orten werden Artemis (§§ 36. 56. 78) und Aphrodite (§§ 36. 73. 80. 111) verehrt. Es folgen die Tempel und Altäre der Athena (§§ 8. 16), der Demeter und Kore (§ 13), der Gaia (§ 12), der Hekate (§ 62), der Hera (§ 14), des Pluton (§ 14), von Poseidon (§ 9) sowie der Göttermutter (§§ 52. 74. 75). Das wichtigste Heiligtum am Bosporos war ohne Zweifel das asiatische Hieron, dem Ζεὺς Οὔριος geweiht (§ 92).

Was den Heroenkult betrifft, wurden jene Heroen bereits erwähnt, deren Verehrung die megarischen Kolonisten mitgebracht haben (s. oben S. 17). Es gibt aber auch einheimische (ἐγχώριοι bzw. ἐπιχώριοι) Heroen, denen Verehrung durch einen Altar zukam, so Νικαίου βωμὸς ἥρωος (§ 28), oder durch den Status eines Eponyms, wie dies der Fall ist bei Melias (§ 17), Ingenidas (§ 21) und Eurostos (§ 111). Das gilt auch für die hübsche Simas, die dem Vorgebirge, wo sie unter dem Schutz der Ἀφροδίτη Ἑταίρα/Πάνδημος den anlegenden Matrosen ihren Liebesdienst anbot, den Namen gab (§ 73).

Die Beschreibung von Denkmälern, von besonderen Gebäulichkeiten und Plätzen gehört ebenfalls ins Repertoire eines Reiseführers. Erwartungsgemäss beziehen sich im *Anaplus Bospori* derlei Erwähnungen vor allem auf Byzantion, während es für die Rivalin Chalkedon bloss für ein verallgemeinerndes πολλὰ θαυμάσια reicht (§ 111). Die Periegese auf der Βοσπόριος ἄκρα beginnt mit dem archaischen, schlichten Poseidontempel am Meeresufer (ἀρχαῖος καὶ λιτός), welchen die Byzantier als rares Wunderstück unter die wenigen ähnlichen Monumente in die Oberstadt versetzen wollten (§ 9). Dem Meeresufer entlang gibt es Stadien, Gymnasien und eine Rennbahn für die Jugend (§ 10). Auch darf der Blick auf die eindrückliche Stadtbefestigung nicht fehlen (§ 12). Die alten Tempel der Hera und des Pluton stehen nicht mehr (§ 14), wurde der erstere doch von den Persern auf ihrem Feldzug gegen die Skythen niedergebrannt, der letztere von Philipp II. anlässlich der Belagerung von Byzantion abgetragen.[17] Auf den Makedonen geht auch die Brücke zurück, welche er über das Horn schlagen liess (§ 27). Schon zuvor hatte der Samier Mandrokles auf Befehl des Dareios eine Brücke gebaut; dort sehe man heute noch den steinernen Thron für den persischen König (§ 57). Vom Ringgemäuer der Rhodier aus der Zeit des Zollkriegs sind lediglich noch Ruinen zu sehen (§ 47); ähnlich verhält es sich mit den alten Schutzgräben am Strand von Panteichion (§ 90). Und beim berühmten Hieron auf der asiatischen Seite hin-

---

17 Russell (2017) 66 Anm. 46 erwägt Zerstörung durch Philipp V. anlässlich der Belagerung von Byzantion im Zweiten Makedonischen Krieg (200/199 v. Chr.); s. aber unten Komm. zu § 14.

terliess der Ansturm der barbarischen Galater Spuren der Zerstörung (§ 92); doch blieb im Heiligtum eine antike Bronzestatue erhalten (§ 93).

2.3 Sprache, Stil und Gelehrsamkeit

Was Sprache und Stil des Dionysios betrifft, beschränkt sich die folgende Darstellung auf die Teile, welche in der griechischen Originalsprache überliefert sind (§§ 1–56 und §§ 96–112). Dem Themenbereich widmete Güngerich in der Einleitung zu seiner Ausgabe grosse Aufmerksamkeit (S. XXVIII–XL), wobei der Attizismus im Fokus steht. Die auf Vollständigkeit angelegte Bestandesaufnahme umfasst Wortschatz, Syntax, Hiatprophylaxe, Stilfiguren, Poetismen und literarische Anleihen. Hier hingegen soll die Sprachkunst des Autors an spezifischen Einzelbeispielen, wie sie auch im Kommentar Platz gefunden haben, verständlich gemacht werden.

2.3.1 Wortschatz und Syntax

Eine Erbschaft aus den Periploi sind die Konjunktionen und Adverbien, welche die aufgezählten Örtlichkeiten reihen, an denen man vorbeifährt; da ist Variation angesagt: Am häufigsten verwendet Dionysios μετά (§§ 16. 18. 21. 23. 26. 27. 31. 33. 39. 44. 47. 49. 53. 55. 96. 100. 108. 111), gefolgt von ἔνθεν (§§ 12. 20. 23. 40. 51. 97) und ἐντεῦθεν (§§ 34. 37; formelhaft bei Ps.-Skylax, z.B. 95. 96; auch bei Strabon, z.B. 6,1,5). Hinzu kommen ἔπειτα (§ 12), ferner ἐφεξῆς (§§ 36. 46; Str. 4,3,1), συνεχής (§ 22. 45. 102; Str. 5,4,8 und 6,1,5) bzw. συναφής (§ 35; vgl. συνάπτει/συνάπτον bei Ps.-Skymnos 404. 502. 728) und πλησίον (§§ 102. 105; Str. 5,3,13. 4,5). Es finden sich auch verbale Anschlüsse, so ὑπολαμβάνει (§ 46) und ὑποδέχονται (§ 11; Str. 6,3,11) sowie ἐκδέχεται (§§ 17. 38; Str. 6,1,5). Auch Partizipialkonstruktion im Dativ kommt vor, κάμψαντι (§§ 27. 54; Ps.-Scymn. 150. 566; Str. 5,4,5. 8 und 6,2,1).

Mit Blick auf die Künste und Künsteleien der attizistischen Rhetorik bei Dionysios von Byzanz listet Güngerich siebzehn Wörter auf, welche erst in der nacharistotelischen Prosa belegt seien.[18] Diese rein chronologische Begrenzung des Vokabulars ist für die Sprachkunst des Verfassers wenig aussagekräftig. Vielmehr muss dem Gebrauch dieser Wörter nachgespürt werden, um mögliche Inspiration aus Vorgängerautoren ausfindig zu machen. So zeigt sich z.B. eine mehrfache Überschneidung mit Strabon. Was κόλπων καὶ λιμένων ἀνάχυσιν (§ 1) bedeutet, erhellt aus der Beschreibung, welche der augusteische Geograph (3,1,9) vom Menestheus-Hafen in der Nähe der Baetismündung gibt: ἀναχύσεις, sagt er, sind die bei Flut vom Meer gefüllten Einläufe ins Binnenland, welche das Ankern

---

18 S. XXIX.

2 Das Werk

bei den dortigen Städten ermöglichen; vgl. ferner 5,4,5 τῆς θαλάττης ἀνάχυσίς τις τεναγώδης («ein seichter Einschnitt des Meeres» Radt). Dass Strabon dort im gleichen Zusammenhang das von Güngerich gelistete Verb ἐγκολπίζειν gebraucht (ἐγκολπίζουσα ἠϊὼν εἰς βάθος), dürfte Dionysios zu πολὺν ἐγκολπιζομένη λιμένα (§ 53) angeregt haben. Zu einer weiteren möglichen Anleihe bei Str. 14,1,24 τὰς ἐκ τοῦ Καΰστρου προσχώσεις s. hier § 23 Komm. Was § 3 ἀνακοπή (‹Rückfluss, Strudel›) betrifft, beschreibt Strabon (3,5,9) damit die Wellenbewegung des Baetis im Mündungsbereich, wie sie hier beim Bosporos auftritt (§ 3). Und wenn Dionysios für die Überfahrt von Chrysopolis nach Byzantion von οἷον ἀφετήριον spricht (§ 110), fällt es schwer, nicht an das Kimmerische Dorf zu denken, welches Strabon (11,2,4) als Abfahrtsstelle (ἀφετήριον) für die Fahrt über die Maiotis bezeichnet. Der ‹Periplus› vom Tanais zum Kaukasus aus den *Geographika* dürfte unserem Autor also wohl bekannt gewesen sein (s. unten S. 109). Es sei abschliessend noch auf zwei Wörter von Güngerichs Liste hingewiesen, welche uns hellhörig machen. Bei Hestiai besiegten die Kolonisten, so erzählt Dionysios (§ 53), die barbarischen Vorbewohner durch überlegene Strategie, διαστρατηγήσαντες τοὺς βαρβάρους. Polybios, aus dessen Werk unser Verfasser nachweislich schöpfte, gebrauchte das seltene Verb von den Galatern im Kampf gegen die Römer (21,39,9) οἱ Γαλάται [...] διεστρατήγουν τοὺς Ῥωμαίους. Und was die angehäuften Tributgelder (§ 109 χρυσοῦ τὸν ἀθροισμόν) von Chrysopolis betrifft, dürfte Thukydides (6,26,2) mit dem rein attischen ἄθροισις in einem thematisch vergleichbaren Zusammenhang Pate gestanden haben; dazu s. Komm.

Die sieben ausgemachten Hapaxlegomena sind nominaler Art, wozu auch die beiden Partizipialformen αὐτοδρομῶν (§ 53) und στολαγωγήσαντες (§ 8) zählen. In der Regel handelt es sich um Varianten bereits bestehender Wörter, so bei ἐγγυβαθής (§ 1) zu ἀγχιβαθής (§§ 6. 16. 96), παλίνσπαστος zu ἀντίσπαστος (beide § 53), ὑποδόμησις (§ 11) zu ὑποδομή und καθόρμισις (§ 40) zu ἀφόρμησις.

Was die syntaktischen Eigenheiten betrifft, sei hier auf den Griff zum inneren Akkusativ hingewiesen, z. B. § 4 φέρεται δ' ὁ ῥοῦς ἕλικα πορείαν (‹getrieben wird die Strömung in einem krummen Lauf›) oder § 20 τὴν ἐντομὴν τῆς πέτρας εἰς πολλὴν διασφάγα κοπτόμενον ([der Fuss des Vorgebirges], ‹dessen Felsen zu einem grossen Spalt zerklüftet ist›). Und eine besondere Vorliebe zeigt der Verfasser für den Genitivus absolutus von Partizipien ohne ausgesprochenes nominales Beziehungswort, so etwa § 3 προσπλεόντων καὶ ἀναχωρούντων, § 25 ἀξιωσάντων, § 42 παυσαμένου.

2.3.2 Stil

Neben singulären Wörtern versetzt Dionysios seinen Stil gern mit gesuchten Ausdrücken. So falten sich an der Küste die Vorgebirge auf, τῶν ἀκρωτηρίων ἀναπτυσσομένων (§ 1); zu denken ist an eine Armee, welche sich aus fester Formation im Frontgelände auszubreiten beginnt. Der Bosporos erbt (κληρονομεῖ) seinen Namen von der Erinnerung an die dortigen Ereignisse (§ 7). Nichts hört (ἀνήκοος) der mittlere Hafen von Byzantion von den Winden, ausgenommen vom Südwest (§ 11). Der Name des Kaps Mellapokopsas (‹welches vor dem Abbrechen steht›) kommt von der Vorstellung, welche sein Aussehen evoziert (§ 20 ἡ δ'εἰκὼν τῆς ὄψεως). Und wenn ein Toponym auf die Erfahrung eines Ereignisses (§ 40 πεῖρα τοῦ συμβάντος) zurückgeht, treffen wir auf eine ähnliche periphrastische Wendung.

Ein beliebtes Kunstmittel zur Steigerung des Ausdrucks ist die Abundanz bzw. das Hendiadyoin, so z.B. § 3 σπασμῷ καὶ ταράχῳ (‹durch das Aufwallen und die Unruhe›), § 5 ὄρεσι καὶ λόφοις (‹durch Berge und Hügel›), § 23 ἀκίνητον καὶ ἀπαθὲς ὑπὸ πνευμάτων (‹unbewegt und verschont von den Winden›) sowie νωθρὸν ἅμα καὶ ἀργόν (‹träge und dabei auch unbewegt›), § 50 ἀκάλυπτον καὶ γυμνήν (‹unverdeckt und offen›); für weitere Beispiele s. Güngerich S. XXXVII.

2.3.3 Hiatprophylaxe

Nicht anders als Attizisten und Autoren der Zweiten Sophistik bemüht sich Dionysios um Hiatprophylaxe. Wie Güngerich (S. XXXII–XXXIII) zeigt, unterscheidet er zwischen schwerem Hiat und toleriertem Zusammenstoss von zwei Vokalen, so bei περί (§§ 1. 5. 30. 107), bei καί (§§ 1. 3. 6. 9. 10 usw.). Variable Wortausgänge können einen Hiat verhindern, also ἄντικρυς (§ 6) für geläufiges ἀντικρύ, ferner ἄχρις (§ 23) für ἄχρι. In der Regel dient das Hyperbaton der Hiatprophylaxe, so etwa § 8 Ἐκβασίου βωμὸς Ἀθηνᾶς. Eingeschobenes δ' beugt dem Vokalzusammenstoss häufig vor (§§ 1. 2 usw.); entsprechend verbesserte Güngerich ὠνόμασται <δ'> ἀπό (§ 40). Und wenn er bei Ἰάσονι <προσ>ορμισαμένων (§ 46) mit dem Kompositum Hiatprophylaxe erzielt, kann er sich nicht bloss auf προσορμίσασθαι (§ 45) abstützen, sondern mit τῆς προσορμίσεως bei Thukydides (4,10,4) zusätzlich ein sprachliches Vorbild unseres Autors ausmachen.

2.3.4 Namensetymologien

Dionysios, so zeigt seine Periegese, ist bewandert in Geschichte, in Mythologie, Lokallegenden sowie Vorgängerliteratur und stellt mit seiner Vorliebe für die Namensetymologien auch seine Gelehrsamkeit unter Beweis. Wir gehen wohl nicht fehl, hierin den Einfluss der aufblühenden grammatischen und lexikographischen Studien seiner Zeit zu sehen. Sind zahlreiche Örtlichkeiten nach einheimischen Heroen benannt (s. oben S. 19), geben oft auch Ortspflanzen den Namen, so Δρῦς (§ 26), Συκίδες (§ 33), Κάλαμος (§ 51), Κυπαρώδης (§ 61). Manchmal ist es lediglich die Form bzw. die örtliche Beschaffenheit des Ortes oder das Vorkommen von Tieren, was der Autor ausdeutet oder durch ein Synonym erklärt, z.B. Κέρας (§ 6), Κύκλα (§ 16), Μελλαποκόψας (§ 20), Βαθεῖα Σκοπιά und Παλῶδες (§ 23), Μάνδραι (§ 26), Ἀκτίς (§ 29), Ῥοώδης (§ 58), Χοιράγρια (§ 31), Ὀστρεώδης (§ 37),

Ἀιετοῦ Ῥύγχος (§ 96). Dieser oft anderweitig nicht belegte Informationsreichtum machte den *Anaplus Bospori* seit dem französischen Humanisten Pierre Gilles zu einer Fundgrube für Lokal- und Siedlungshistoriker der berühmten Wasserstrasse.

II Überlieferung und Ausgaben

Die folgende Zusammenfassung basiert auf den einschlägigen Untersuchungen und Darstellungen von Güngerich (S. VI–XXIV); Diller (1952) 3–19 und 32–34; Marcotte (2000) S. XXXVIII und C–CIX; Grélois (2007) bes. 23–35.

1 Cod. Athous Vatopedinus 655

In der handschriftlichen Überlieferung des *Anaplus Bospori* führen die frühesten Spuren zum berühmten Sammelcodex Palatinus Heidelbergensis gr. 398 (= A) aus dem späteren 9. Jh. oder, besser gesagt, auf Rückschlüsse aus demselben. Denn seine ersten fünf Quaternionen gingen verloren, darunter auch das Werk des Dionysios. Vor dem Textverlust wurde der *Anaplus* im 14. Jh. in Konstantinopel daraus abgeschrieben, einschliesslich der Scholien.[1] Die umfangreiche Handschrift, welche neben kleineren Geographen auch Ptolemaios sowie Strabons *Geographika* enthielt, fand später in der Bibliothek des Athos-Klosters Vatopedi als Cod. 655 (= B) ihren Platz. Dass das Werk des Dionysios in A figurierte, ergibt sich aus dem Inhaltsverzeichnis. Von Blattverlust, in diesem Fall Raub, blieb aber auch der Vatopedinus nicht verschont: 1841 nahm Minoides Mynas anlässlich einer Bibliotheksreise mehrere Folien an sich, darunter einige aus dem *Anaplus* (§§ 1–56), welche seine Erben 1864 der Pariser Bibliothèque impériale verkauften (Paris. suppl. gr. 443A). Erneut geplündert wurde die Handschrift später vom berüchtigten Fälscher Konstantinos Simonides, der zwischen 1839 und 1851 dreimal auf dem Athos geweilt hat; die entwendeten Folien mit dem Text des *Anaplus* (§§ 96–112) gelangten 1853 in London durch Ankauf in die Sammlung des British Museum (Lond. add. 19391).[2] Was aus dem Mittelteil (§§ 57–95) geworden ist, bleibt unbekannt; der griechische Originaltext scheint also unwiederbringlich verloren. Vor den Raubzügen von Mynas und Simonides hatte Nikolaos Sophianos (ca. 1500 – nach 1551), ein aus Korfu gebürtiger Humanist, auf der Suche nach Handschriften das Kloster Vatopedi besucht und dort aus Cod. 655 kopiert. Was den *Anaplus* betrifft, kam er offensichtlich nicht über das Proömium (§ 1) und ein paar wenige Zeilen (§ 2 bis ὅρος τῶν δυεῖν ἠπείρων) hinaus. Nach seiner Rückkehr nach Venedig, wo er als Kopist und Bibliothekar tätig war, machte der kurze abgeschriebene Text über den Bosporos unter den oberitalischen Antikenfreunden Furore

---

1 Güngerich S. XVI–XVII; Diller (1952) 10–14.
2 Über die Aufenthalte von Mynas und Simonides auf dem Athos s. Canfora (2008) 447–449.

und wurde, wie Dillers Liste von fünfzehn Textzeugen belegt, innerhalb kurzer Zeit mehrfach abgeschrieben.³ Sophianos' eigene Abschrift aus dem Vatopedinus blieb unauffindbar, bis sie 1715 in die Universitätsbibliothek Cambridge kam (Gg. II. 33). Der griechische Originaltext des *Anaplus Bospori*, so zeigt sich, ist lediglich als Fragment, durch eine einzige Handschrift (B) überliefert, auf uns gekommen.

2 Pierre Gilles (1489–1555)

Was wir über den verlorenen Mittelteil (§§ 57–95) des *Anaplus Bospori* wenigstens inhaltlich wissen und dass wir bei einigen Toponymen auch die griechische Form erfahren, verdanken wir dem aus Albi stammenden Humanisten Pierre Gilles. Über Jahre von seinem Gönner, Kardinal Georges d'Armagnac, gefördert und mit der Gelehrtenwelt weit über die Landesgrenzen hinaus vernetzt, reiste er im Dienst von François Ier, wie später auch unter Henri II, ins Osmanische Reich auf der Suche nach interessanten Manuskripten für die Königliche Bibliothek. Die ausgedehnten Aufenthalte in Istanbul (1544/45–1548 und 1550–1551) boten dem belesenen und an den Altertümern hoch interessierten Diplomaten reiche Gelegenheit, Topographie und Geschichte von Konstantinopel zu erkunden sowie zu erforschen, welche Spuren die Antike in der berühmten Stadt am Goldenen Horn hinterlassen hatte. Diese Feldforschung fand ihren Niederschlag in dem gelehrten Vierteiler *De topographia Constantinopoleos et de illius antiquitatibus libri quatuor* (postum Lyon 1561 publiziert).

Wie bedeutend der Bosporos für die Besiedlung, die politische Macht, die Kultur und die Wirtschaft des antiken Byzanz sowie seiner Folgestädte Konstantinopel bzw. Istanbul war, erfasste Gilles auf den persönlichen Exkursionen entlang der Wasserstrasse. Verarbeitet und durch zahlreiche Zitate aus antiken Autoren bereichert wurden die Erkenntnisse in der historisch-geographischen Studie *De Bosporo Thracio libri III* (postum Lyon 1561 publiziert), wobei der vollständige *Anaplus Bospori* des Dionysios, nun lateinisch übersetzt, als topographischer Leitfaden diente. Auf welche griechische Vorlage der Humanist zurückgreifen konnte, sagt er nirgends. Und wenn er mehrfach vermerkt, der einschlägige Text sei ihm erst nach Auswertung der eigenen Observationen zugegangen, könnte dies ein literarisch verbrämtes Schutzmanöver sein.⁴ Denn Grélois hält treffend fest: «Humaniste avant tout, l'érudit tient à confronter ses expériences avec les sources littéraires. […] l'exploration sur le terrain ne valant que si elle trouve confirmation dans les livres.»⁵ Ohne Zweifel hatte auch er wie die interessierten humanistischen

---

3 Diller (1952) 16–19.
4 Dazu s. Grélois (2007) 32 Anm. 79.
5 Grélois (2007) 33 machte in den beiden Werken rund hundert zitierte antike Autoren aus, welche die breite Belesenheit des Humanisten eindrücklich belegen.

Zeitgenossen vom entdeckten Vatopedinus 655 (B) gehört, zumal er sich 1544 in Venedig aufhielt.[6] Die Wahrscheinlichkeit, dass Gilles sich aus dem Athos eine Abschrift (<G>), ohne die Scholien, des Codex besorgen konnte, ist gross, auch wenn er sich über die Herkunft seiner griechischen Vorlage ausschweigt. Leider ging die Handschrift später verloren; doch Vergleiche der lateinischen Übersetzung mit dem griechischen Text von B in den erhaltenen Teilen (§§ 1–56 und §§ 96–112) weisen auf ursprüngliche Abkunft von B. Dass sich der französische Humanist beim Übertragen manche Freiheit geleistet haben wird, können wir nicht ausschliessen, denn für Gilles bedeutete ‹übersetzen› immer auch, den Text durch erhellende Zugaben anzureichern.[7]

3 Ausgaben

Den Auftakt zur modernen altertumswissenschaftlichen Beschäftigung mit dem *Anaplus Bospori* gab die Ausgabe von Carle Wescher, Dionysii Byzantii *De Bospori navigatione quae supersunt* (Paris 1874). Als erster brachte er die griechischen Fragmente, welche aus dem Vatopedinus 655 entwendet nach London und Paris gelangt waren, zusammen und füllte den Mittelteil mit der lateinischen Übersetzung von Pierre Gilles aus. Das Werk des Dionysios von Byzanz konnte nun als Ganzes studiert werden und bildete u.a. die Grundlage für die bis heute massgeblich gebliebenen Artikel ‹Bosporos› und ‹Keras› von Eugen Oberhummer, in: *RE* III 1 (1897) 742–757; *RE* XI 1 (1921) 257–262. Wescher hatte aber auch für das philologische Studium des *Anaplus* vorgesorgt: Als Bibliothekar der Handschriftenabteilung in der Bibliothèque nationale war er geradezu prädestiniert, den Band mit einer ausführlichen paläographischen Studie über den Heidelberger Palatinus gr. 398, den Vatopedi Codex, die Fragmente im Paris. suppl. gr. 443A und im Lond. add. 19391 zu eröffnen und seine Vermutungen über die Vorlage <G> von Pierre Gilles mitzuteilen. Auf die Testimonia zu Dionysios bei Stephanos von Byzanz (χ 59 ‹Chrysopolis›) und in der *Suda* (δ 1176) folgt ein kurzes Kapitel über die Abfassungszeit des Werks und die Glaubwürdigkeit der topographischen Angaben. Der Stil des Dionysios wird als gesucht, ja gekünstelt taxiert und in die Nähe von Pausanias gerückt; dass Thukydides oft das Vorbild abgegeben habe, bleibt nicht unerwähnt. Ein Verzeichnis aller aufgezählten Örtlichkeiten runden den Einleitungsteil ab. Das Kernstück des Bandes bildet die kritische Ausgabe des *Anaplus,* welcher durchgängig nach Paragraphen gegliedert ist; den griechischen Originaltext begleitete Wescher mit einer eigenen lateinischen Übersetzung, hin und wieder kritisch und knapp kommentierend im Vergleich mit Gilles' Übertra-

---

6 Grélois (2007) 29 und 33 Anm. 80.
7 Diesen Eindruck vermittelt der Titel von Gilles' Übersetzung *Ex Aeliani Historia [...] luculentis accessionibus aucti libri xvi* (Lyon 1533), s. Grélois (2007) 38.

gung. Ebenfalls ediert sind die Scholien (aus dem Vatopedinus 655), angereichert mit gelegentlichen Erklärungen. Ein ausführlicher textkritischer Anhang rundet die für ihre Zeit eindrückliche philologische Leistung ab.

Etwas mehr als fünfzig Jahre später legte Rudolf Güngerich eine Neuedition des Werks vor, Dionysii Byzantii *Anaplus Bospori, una cum scholiis X saeculi* (Berlin 1927, unveränderter Nachdruck 1958). Diese Ausgabe, hervorgegangen aus einer Freiburger Dissertation bei Ludwig Deubner, konnte von ihrer Vorläuferin viel profitieren. Die editorische Technik hatte sich unterdessen entwickelt, und die in den Rezensionen von Weschers Edition gemachten Konjekturen bzw. Erwägungen trugen zur verbesserten Textgestaltung bei. Diesem Aspekt widmete der neue Herausgeber einen ausführlichen textkritischen Anhang. Neben der Überlieferungsgeschichte galt Güngerichs Interesse dem literarischen Genus des *Anaplus*; dabei standen Sprache und Stil im Mittelpunkt der Untersuchung, also das attizistische Erbe im Wortgebrauch, die Hiatprophylaxe, die raffinierte *imitatio* von Vorbildern und die Suche nach der künstlerischen Wirkung. Güngerichs Ausgabe ist die massgebliche geblieben, auch wenn die Abfassung des Einleitungsteils in Latein und das Fehlen inhaltlicher Erklärungen den Zugang zum Originalwerk heutzutage erschweren.

Wie wichtig die lateinische Übertragung des *Anaplus Bospori* durch Pierre Gilles für die Rekonstruktion des ursprünglichen Werkes war, wurde schon vor Weschers Gesamtausgabe begriffen. So setzte Otto Frick im Schulprogramm Wesel 1860 die einschlägigen Exzerpte zusammen, *Dionysii Byzantii* Anaplus Bospori *ex Gillio excerptus*. Zur Standardausgabe der nun durchnummerierten ‹Fragmente› im Kontext von Gilles' vollständig abgedruckter Monographie *De Bosporo Thracio libri III* avancierte die annotierte Ausgabe von Karl Müller in den *Geographi Graeci Minores* II (Paris 1861, Nachdruck 1882; Hildesheim 1965) S. I–XIV, 1–101. Wegen ihrer Zugänglichkeit gilt sie bis heute als Referenztext.[8] Ein eigentliches Revival im 21. Jahrhundert erlebte der französische Humanist mit der fundierten Studie von Jean-Pierre Grélois, *Pierre Gilles: Itinéraires byzantins* (Paris 2007). Auf eine ausführliche Einleitung über Herkunft und Leben, die abenteuerlichen Reisen im Orient und eine Würdigung des Gelehrten folgt die annotierte französische Übersetzung seiner beiden Werke über den Thrakischen Bosporos und die Topographie von Konstantinopel. Für den lateinischen Originaltext kehrte Grélois zu den Erstausgaben (Lyon 1561) zurück, entsprechend die dortige Paginierung.

---

8 Für einen Überblick über alle (Teil-)Editionen vor 1927 s. Güngerich S. XXIV–XXVI.

III Text und Übersetzung

Der hiesige griechische Text des *Anaplus Bospori* gründet, mit gelegentlichem Rückblick auf C. Weschers Edition (1874), auf der Ausgabe von Rudolf Güngerich (1927, ²1958). In Textgestaltung und editorischer Technik, besonders was den kritischen Apparat betrifft, erfuhr diese das erforderliche Update; Abweichungen vom Vorlagetext werden im Kommentar diskutiert (§§ 10. 43. 53. 102. 109). Die lateinische Übersetzung von Pierre Gilles ist nach C. Müller (*GGM* II, 1882) zitiert, dies mit Überprüfung an der Erstpublikation (1561) und in modernisierter Orthographie, wo es sich aufdrängte.

Neusprachliche Übersetzungen des Werks sind noch rar; eine italienische mit Einleitung und ausführlichen Anmerkungen besorgte Stefano Belfiore (2009), eine englische stammt von [John] Brady Kiesling (2017), welche aber an «lapses and confusions» leidet, wie ein *caveat* in der Publikation online (https://topostext.org/work/619) warnt. Die folgende erstmalige Übersetzung ins Deutsche will bei aller Nähe zum griechischen Originaltext leserfreundlich bleiben. Es besteht also keine Absicht, den oft gekünstelten Ausdruck des Verfassers und die gedrängte Syntax nachzuahmen; vielmehr ist σαφήνεια das Ziel der sprachlichen Übertragung, was gelegentliche Kurzerläuterung im Fliesstext verlangt. Ebenfalls ins Deutsche übersetzt wurde Gilles' lateinische Übersetzung des verlorenen griechischen Mittelteils (§§ 57–95).

Der Kommentar ist philologischer Natur, setzt sich also zum Ziel, den Text nicht bloss sprachlich, sondern auch inhaltlich und in seinem literarischen Anspruch zu erklären. Breiter als Güngerichs attizistischer Blickwinkel richtet sich der Fokus auf das Werk als ein Produkt der Zweiten Sophistik: Der Ausdruck ist oft gesucht, der Stil gekünstelt; der Autor richtet sich an ein gebildetes Publikum, welches die klassischen Mythen und die historische Vergangenheit kennt, die literarischen Anspielungen versteht und sich auch Gelehrsamkeit gern gefallen lässt. Was die Topographie des Bosporos und seine Siedlungsgeschichte betrifft, werden zur Erklärung die gängigen Autoren bis zur Spätantike sowie neuere Forschungsliteratur einbezogen; die Konsultation der einschlägigen Bände in der Reihe *Tabula Imperii Byzantini* bleibt, besonders auch für das Nachleben der antiken Örtlichkeiten, unerlässlich. Im Kommentar sind entsprechende Verweise eingearbeitet worden, so Andreas Külzer, *Ostthrakien. TIB* 12 (2008) für die thrakische Küste und Klaus Belke, *Bithynien und Hellespont. TIB* 13 (2020) für die asiatische.[1] Als

---

1   In diesem Sinn erweisen sich die vorwiegend geographisch und siedlungshistorisch ausgerichteten Anmerkungen von Belfiore (2009) oft als ergänzungsbedürftig oder als überholt.

Augenzeuge berichtet Pierre Gilles, was zur Mitte des 16. Jahrhunderts von den Örtlichkeiten, welche Dionysios im *Anaplus Bospori* beschreibt, noch zu sehen war bzw. was aus ihnen geworden ist.

Sigla

B   Cod. Vatopedinus 655
\<G\>   cod. ms. Graecus, quo Gillius usus est, deperditus
Gc   P. Gillii *De topographia Constantinopoleos*

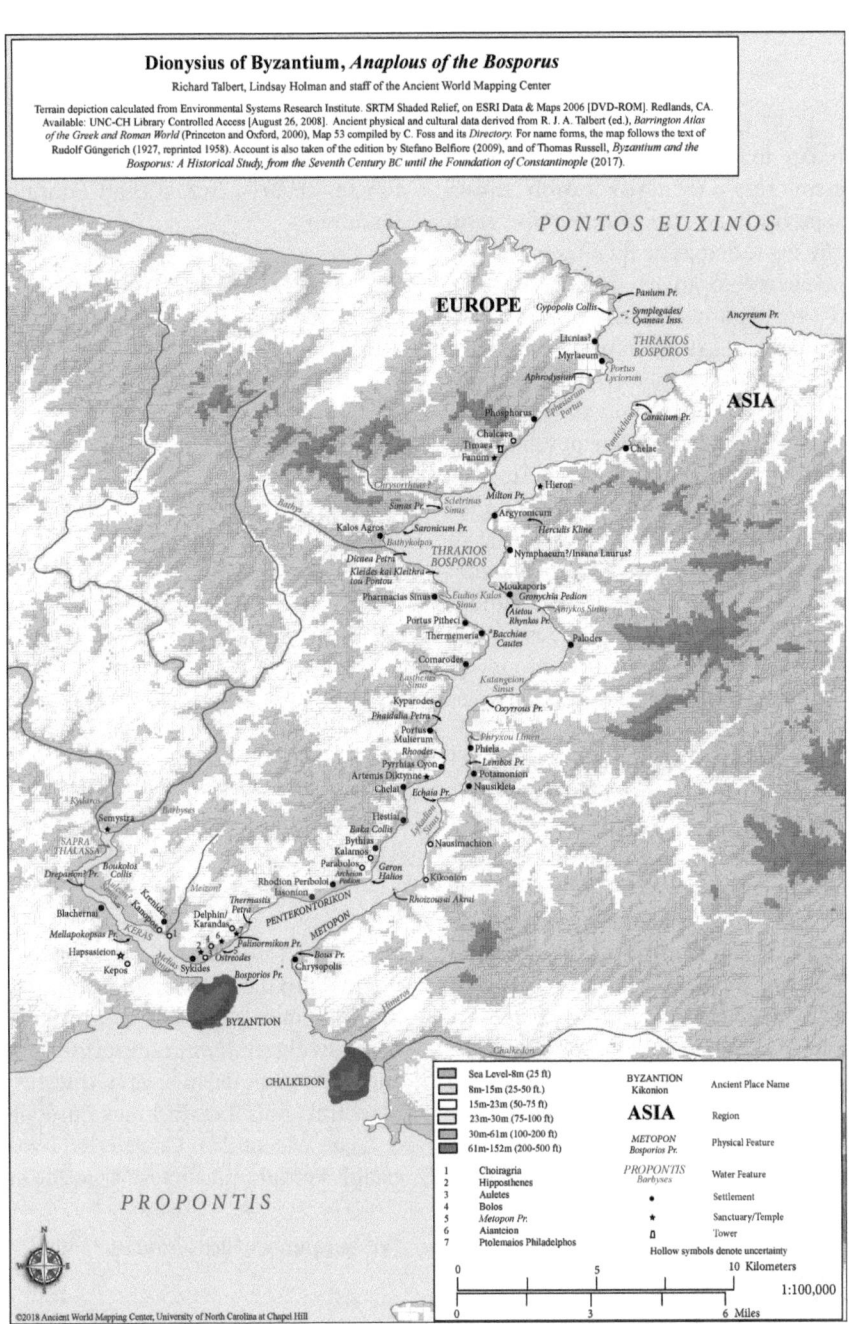

Ancient World Mapping Center © 2023 (awmc.unc.edu). Used by permission.

Διονυσίου Βυζαντίου Ἀνάπλους Βοσπόρου

1. Εἰ μόνην συνέβαινε τοῖς ἀναπλέουσιν εἰς τὸν Εὔξεινον Πόντον κατὰ τὸ καλούμενον αὐτοῦ Στόμα τερπνὴν ἅμα καὶ θαυμαστὴν εἶναι
5 τὴν ὄψιν, δυσχερὲς ἦν ἄλλως ἐπὶ τοῖς ὁρωμένοις ὁ λόγος· ἀπείργαστο γὰρ δὴ τὸ σύμπαν ὑπὸ τῆς ὄψεως, ἀξιοθαύμαστον ἑαυτὴν παρεχομένης κατά τ' ἐγγύτητα καὶ στενοχωρίαν τοῦ πορθ-
10 μοῦ καὶ τὴν δι' ὀλίγου τῆς θαλάττης πρὸς ἀμφοτέραν τὴν ἤπειρον ἐπιμιξίαν <καὶ> ἐγγυβαθῆ κόλπων καὶ λιμένων ἀνάχυσιν, ὑφ' ὧν οὐχ ἧττον εὔθηρός ἐστιν ἢ σκεπανή, καὶ τοῦ ῥεύματος τὸ
15 μὲν πλέον κατιόντος, ἔστι δ' ὅτε κατ' ἐπικράτειαν ἀναστρέφοντος, εἰσιόντων τε τῶν ἀκρωτηρίων τὴν περιαγωγὴν παραλλήλων ἀναπτυσσομένων καὶ ἐκ τῆς κατ' εὐθὺ πορείας ἀναλυ-
20 όντων τοῦ ῥεύματος τὴν βίαν. ἐπεὶ δ' οὐκ ἐλάττω παρέχεται τῆς ὄψεως τὴν ἀκρόασιν, ἀναγκαῖον ἔδοξέ μοι συγγράψαι περὶ τούτων, ὡς τοῖς μὲν ἰδοῦσι μηδὲν ἐνδέοι τῆς ὁλοκλήρου καὶ τελει-
25 οτάτης ἱστορίας, οἱ δὲ μὴ θεασάμενοι τὸ γοῦν ἀκηκοέναι περὶ αὐτῶν ἔχοιεν.

2. Ἀρχὴ δὲ – αὕτη τοῦ τε λόγου καὶ τῆς τῶν χωρίων φύσεως – πέλαγός ἐστιν ὁ Πόντος ὁ Εὔξεινος, μεγέθει τῶν ἄλλων πλεῖστον, ὅσα μὴ πρὸς
5 τὴν ἔξω θάλασσαν ἰσώσασθαι· μόνη δ' ὑπὲρ αὐτὸν ἀνακέχυται λίμνη Μαιῶτις, ἣν μητέρα καὶ τροφὸν τοῦ Πόντου κατεφήμισε λόγος ἐκ παλαιᾶς

(39a Mü.) Dionysius, qui scripsit Bospori Anaplum esse totam navigationem ab urbe Byzantio ad Pontum Euxinum.

(5b Mü.) Bospori Thracici origo est Pontus Euxinus. Supra Pontum est Maeotis, quam matrem et nutricem Ponti divulgavit hominum sermo, iam ab usque antiqua memoria traditus; Maeotidis finis Tanais, limes Europae et Asiae. Maeotidem Cimmerico freto excipit Pontus, qui auctus Maeotide et

---

1. 3 κατὰ Wieseler: καὶ B ‖ 12 <καὶ> Frick ‖ 14 ἢ σκεπανή Frick: ἡ σκεπάνη B ‖ 18 παραλλήλων Güngerich: παρ' ἀλλήλων B ‖ 19 κατ' εὐθὺ πορείας Frick: κατ' εὐθυπορίας B
2. 1 αὐτὴ Bullialdus: αὕτη B

5b. 8 qui auctus Müller: auctus ed. 1561

Die Fahrt auf dem Bosporos

1. Käme es für die Leute, die zum Schwarzen Meer stromaufwärts durch dessen sogenanntes Stoma fahren, lediglich auf die liebliche und wunderbare Aussicht an, erwiese sich die Beschreibung dessen, was man sieht, geradezu als lästig. Das Ganze ist nämlich das Resultat visueller Wahrnehmung, bietet sich doch der Anblick als etwas höchst Bewundernswertes, einerseits wegen der Nähe zu den Küsten und andererseits wegen der Enge des Sundes, zudem weil das Meer bei wenig Abstand beidseitig in das Festland eindringt und Buchten wie Häfen ufertief flutet. Für Fischfang eignet sich die Wasserstrasse deswegen nicht weniger, als sie sicher ist für die Schifffahrt. Auch wenn die Strömung recht heftig daherkommt, geschieht es, dass sie unter dem grossen Druck einen rückläufigen Weg nimmt; denn die ins Wasser vorstossenden Felsvorsprünge, welche sich einer neben dem anderen auffalten, bringen die Strömung vom geraden Lauf ab und brechen dadurch ihre Wucht. Da indessen das, was man (über den Bosporos) hört, in nichts dem nachsteht, was sich dem Auge bietet, schien es mir geboten, darüber zu schreiben, sodass jene, die es gesehen haben, vollständig und umfassend unterrichtet seien, wer es aber noch nicht bestaunt hat, zumindest Kunde davon erhalte.

2. Ausgangspunkt – es handelt sich um denselben sowohl für meinen Bericht als auch für die Lage der Örtlichkeiten – ist das Schwarze Meer, welches die anderen Meere an Grösse bei weitem übertrifft, auch wenn es mit dem Ozean nicht zu vergleichen ist. Jenseits von ihm dehnt sich lediglich die Maiotis-See aus, die man nach alter Überlieferung die Mutter und Amme des Pontos genannt hat. Ihr Küstenumfang beträgt achttausend, der Durchmesser zweitausend Stadien. An ihrem Ende liegt der Tanais, Grenzfluss zwischen zwei Kontinenten, der in einer Gegend entspringt, die wegen der Eiskälte unbewohnbar ist. Durch eine Enge fliesst die Maiotis in den sogenannten Kimmerischen Bosporos aus. Ihre geballte Wassermasse nimmt der Pontos auf und dehnt sich breit in Richtung beider Kontinente aus. Seine Küsten sind rundum mit griechischen Städten besiedelt, welche einige Griechen nach der Gründung von Byzantion als Kolonien angelegt hatten. Im Binnenland hingegen wohnen zahlreiche grosse Barbarenvölker. Durch die Ver-

μνήμης παραδεδομένος· ταύτης τὸ μὲν
περίμετρόν ἐστιν <ὀκτακισχιλίων ἡ
δὲ, διάμετρος> δισχιλίων σταδίων. τὸ
δὲ πέρας ποταμὸς ὁ Τάναϊς, ὅρος τῶν
δυεῖν ἠπείρων, ἀνατέλλων ἐκ τῆς διὰ
κρυμὸν ἀοικήτου· στεναὶ δ' ἐκβολαὶ
κατὰ τὸν καλούμενον Κιμμέριον Βό-
σπορον· ὑποδέχεται δ' αὐτὴν ἀθρόαν
ὁ Πόντος καὶ πολὺς ἐπ' ἀμφοτέραν
τὴν ἤπειρον ἀναχωρεῖ. περιοικοῦσι δ'
αὐτὸν πρὸς θαλάττῃ μὲν πόλεις Ἑλληνίδες, ἃς μετὰ τὴν τοῦ Βυζαντίου γένεσιν ἔνιοι τῶν Ἑλλήνων ἀπῴκισαν, ὑπὲρ
δὲ τὴν θάλασσαν ἔθνη βάρβαρα πολλὰ
καὶ μεγάλα. μετέχει δὲ τῆς λίμνης
θάλαττα τρεπομένη καὶ πλήθη τῶν ἀφ'
ἑκατέρας τῆς ἠπείρου κατερχομένων
ποταμῶν ἐπιγλυκαίνει τὴν φυσικὴν δει-
νότητα· τελευτᾷ δ' εἰς τὸν Θράκιον Βόσπορον καὶ διὰ τοῦ Στόματος ἐκπίπτει.
3. Τοῦτο πορθμός ἐστι ῥοώδης,
μῆκος μὲν ρκ' σταδίων, εὖρος δέ, ᾗ
στενότατος αὐτὸς ἑαυτοῦ, τεττάρων·
οὔτι γε μὴν θηρίων γόνιμος, εἴθ' Ἡρακλέους ἀνακαθηραμένου τὸν Πόντον,
ὡς λόγος, εἴτε καὶ διὰ τὴν τῆς θαλάττης προτροπήν, οὐδ' εὐθυτενής, ἀλλὰ
συνεχέσι καὶ παραλλήλοις ὑπεροχαῖς
ἀκρωτηρίων ἀγνύμενος, παρ' ὃ καὶ δῖναι συνεχεῖς καὶ ἀνακοπαὶ τῆς θαλάτ-
της· κυκώμενον γὰρ ἐν ὀλίγῳ τὸ ῥεῦμα
καὶ τῇ στενοχωρίᾳ τῶν ἠπείρων θλιβόμενον σπασμῷ καὶ ταράχῳ κάτεισιν.
ὑποτροχάζουσι δ' ἀλλήλαις αἱ τῶν
ἠπείρων ἄκραι καὶ τῷ παρὰ μικρὸν
ἐξαπατῶσιν ὡς εἴργουσαι τοῦ πρόσω
τοὺς πλέοντας· ἔνθεν μοι δοκοῦσι καὶ
Συμπληγάδας ὀνομάσαι τὰς πέτρας,
ἐπειδὴ προσπλεόντων τε διίστανται

multis magnisque fluminibus per Thracium euripum exit in Propontidem.

(12b Mü.) Miror Dionysium Byzantium scribentem Bospori longitudinem centum et viginti stadia patere.

(13b Mü.) Philostratus et Dionysius idem sentiunt atque definiunt latum quattuor stadia.

(65b Mü.) Neque vero, inquit, Bosporus directus, sed continuus et parallelis promontoriis fractus; praevertunt enim et tamquam se invicem supplantant et propemodum se decipiunt promontoria prohibentia navigantes ulterius progredi. Unde, ut ipse ait, mihi videntur Symplegades nominasse petras, quoniam adnavigantibus modo aperiri, modo claudi videntur fallente aspectu opinionem: id enim,

---

10 <ὀκτακισχιλίων, ἡ δὲ διάμετρος> Müller

13b. 6 *latum* Güngerich: *largum* ed. 1561, Müller

mischung mit der Maiotis verändert sich das Meerwasser; zudem gibt die grosse Anzahl der Flüsse, welche sich von beiden Kontinenten dort ergiessen, seiner natürlichen Bitterkeit einen süssen Charakter. Schliesslich mündet der Pontos in den Thrakischen Bosporos und tritt durch den Sund (in die Propontis) aus.

3. Diese Meerenge hat eine starke Brandung, ist hundert und zwanzig Stadien lang und an ihrer allerengsten Stelle vier Stadien breit. Das ist für Ungeheuer keineswegs ein geeigneter Ort, sei es, dass Herakles, wie die Sage geht, den Pontos gesäubert hatte, sei es auch, weil das Meer vorwärtsdringt, nicht etwa geradeaus, sondern in Krümmungen aufgrund der Vorgebirge, die eines neben dem anderen den Sund überragen. Deswegen bildet das Wasser auch ununterbrochen Strudel und Rückstaus. Denn aufgewühlt in einem beschränkten Raum und eingezwängt im Engpass, welchen die beiden Kontinente bilden, nimmt die Strömung aufwallend und unruhig ihren Lauf. Am Festland zu beiden Seiten überlagern sich die hohen Klippen, und es fehlt nicht viel zu einem Täuschungsmanöver, so als würden sie die Schiffer an der Weiterfahrt hindern. Daher nannte man, wie ich meine, die Felsen auch Symplegaden, öffnen sie sich doch, wenn man mit dem Schiff heranfährt, und schliessen sich wieder, wenn man wegfährt; was man sieht, täuscht die Erwartung. Denn was als Ende erscheint, entpuppt sich wiederum als Anfang.

καὶ ἀναχωρούντων συνίασι, ψευδομένης τῆς προσόψεως τὴν δόξαν· ὅ
τι γὰρ δοκεῖ πέρας εἶναι, τοῦτ' ἔστιν
αὖθις ἀρχή.
   4. Φέρεται δ' ὁ ῥοῦς ἕλικα πορείαν
καί, καθ' ὃ πρῶτον ἐφίησι τῶν χωρίων
ἡ φύσις, ἄθρους ἐλαυνόμενος σχίζεται
περὶ τὴν Βοσπόριον ἄκραν· ἡ δ' ἐστὶν
ἐπὶ τῆς Εὐρώπης προπίπτουσα μὲν τῆς
πόλεως, διαστήματι δ' ἑπτασταδίῳ
πρὸς τὴν Ἀσίαν ἀπαντῶσα.
   5. Κατὰ δ' ὀξὺ ῥηγνυμένου περὶ
αὐτὴν τοῦ ῥεύματος τὸ μὲν πολὺ καὶ
βίαιον ὠθεῖ κατὰ τῆς Προποντίδος,
ὅσον δὲ πραῦ καὶ θήρας ἰχθύων ἀγωγόν, ὑποδέχεται τῷ καλουμένῳ Κέρατι·
κόλπος οὗτος ὑπὸ τὴν Βοσπόριον
ἄκραν, βαθὺς μὲν πλέον ἢ καθ' ὅρμον – ἑξήκοντα γὰρ ἀνακέχυται σταδίους –, ἀσφαλὴς δ' ὅσα λιμήν, ἐν
κύκλῳ μὲν ὄρεσι καὶ λόφοις, ἃ πρὸ
τῶν πνευμάτων, κατόπιν δὲ ποταμοῖς
βαθεῖαν καὶ μαλθακὴν καταφέρουσιν
ἰλύν κατὰ στόμα δ' ὑπὸ τῆς ἄκρας, ἐφ'
ἧς ἡ πόλις.
   6. Ἔστι δ' αὕτη τῇ θαλάττῃ <περίρ-
ρους> πᾶσα πλὴν τοῦ συνάπτοντος
αὐτὴν πρὸς τὴν ἤπειρον ἰσθμοῦ. μέγεθος δὲ τοῦ μὲν παντὸς περιβόλου
τριάκοντα πέντε σταδίων, τοῦ δ' αὐχένος, ὑφ' οὗ διείργεται τὸ μὴ νῆσος
εἶναι, πέντε. νένευκε δ' ἐπὶ τὴν θάλατταν ἅπαν τὸ περικλυζόμενον αὐτῆς,
πλὴν οὐκ ἀθρόως ἀπὸ τοῦ Θρακίου
τείχους ἠρέμα πρὸς ἀμφότερον μέρος
ἀποκλίνεται. διὰ μέσου δ' ἐπιεικῶς
ὁμαλής, ὅσα μὴ πρὸς τοῖς ἄκροις, καὶ
τοὐντεῦθεν ἐπ' ἀμφοτέραν πεδία γῆς

quod videtur finis, statim principium
esse apparet.

(14a Mü.) Dionysius Byzantius ca-
nalem Bospori intercurrentem inter
promontorium nuncupatum Bovem
sive Damalim et contrarium promontorium Bosporium nominatum, in quo
Byzantium situm est, scribit latum esse
septem stadia.
(15a Mü.) Cuius [i. e. promontorii
Bospori] mucrone discissus [sc. Bos-
porus] defluit in duas partes, quarum
rapidior praecipitat in fretum ad Propontidem versus; altera debilior exsilit
in sinum Cornu appellatum.

(Gc I 2, p. 15) Dionysius Byzantius
[…] ait ambitum Byzantii circiter quadraginta stadia complexum fuisse.

(18b Mü.) Dionysius Byzantius similiter Cornu nuncupat [sc. sinum] et
rationem huius nominis affert a similitudine quam habet cum cornu.

(20b Mü.) Et haec quidem ab initio
Bospori ad finem deorsum versus ge-
neratim dixi; nunc oram maritimam
per partes describam.

3. 23 αὖθις Tournier: εὐθὺς B <G> (statim
Gilles)
5. 8 σταδίους Tournier: σταδίοις B ‖ 11
ποταμοῖς Wescher: ποταμοὶ B
6. 1 <περίρρους> Wieseler ‖ 7 νένευκε Tour-

65b. 20 statim Gilles: εὐθύς <G>
15a. 3 defluit Müller: deffluit ed. 1561, diffluit
Güngerich

4. Getrieben wird die Strömung in einem krummen Lauf, wie die natürliche Beschaffenheit vor Ort sie zunächst leitet. Wuchtig, wie sie ist, und einmal in Schwung gekommen, teilt sie sich bei der Bosporischen Landspitze. Diese befindet sich auf der europäischen Seite und ist der Vorsprung, auf welchem die Stadt (Byzantion) liegt. Der Abstand zum gegenüberliegenden Asien beträgt sieben Stadien.

5. Da der Wasserstrom bei der Landspitze scharf geteilt wird, drängt diese den einen Arm, der gross und gewaltig ist, in Richtung Propontis ab; was aber sanft daherfliesst und für Fischfang attraktiv ist, fängt sie im sogenannten Horn auf. Dieser Meerbusen hinter der Bosporischen Landspitze buchtet tiefer ins Festland ein, als dies bei einer (blossen) Anlegestelle der Fall ist – er ergiesst sich nämlich auf sechzig Stadien –, für einen Hafen ist er aber sicher, einerseits wegen der Berge und Hügel rund herum, welche die Winde abhalten, anderseits wegen Flüssen aus dem Hinterland, die reichlich weichen Schlick zur Einmündung (in den Bosporos) unter der Landspitze abführen, worauf die Stadt liegt.

6. Diese ist ganz vom Meer umflossen mit Ausnahme des Isthmus, welcher sie an das Festland bindet. Der ganze Umfang beträgt in seiner Länge fünfunddreissig Stadien; an der Landenge, die eine Abspaltung als Insel verhindert, sind es fünf Stadien. Zum Meer fällt jener Teil der Stadt ab, welchen es gänzlich umgibt; ausser wo es von der Thrakischen Mauer auf einmal runtergeht, neigt sie sich sanft zu beiden Seiten. In der Mitte ist sie, sofern es nicht das bergige Gelände (im Hinterland) betrifft, ordentlich flach und bildet von dort beidseitig eine ebene Landfläche bis zum Meer. Dieses umspült die Stadt mit tiefem Küstenwasser und mit Brandung, wird es doch einerseits vom Pontos herangetrieben und wälzt es sich anderseits durch den engen Sund, wo es beidseitig ans Festland prallt und wieder zurückgestossen wird, mit geballter Wucht der Stadt entgegen. Nachdem es sich am Vorgebirge Bosporios geteilt hat, dehnt es sich in einen Meerbusen aus, der gross ist und guten Fischfang bietet; schliesslich endet es in untiefen, seichten Gewässern, wo man an Land gehen kann. Man nennt diesen Meerbusen ‹Horn›, weil er in der Form einem solchen gleicht. Er zeigt zwar die Grösse eines Golfes, wie ich schon zuvor sagte, bietet aber auch gute Bedingungen für einen Hafen. Es umgeben ihn nämlich hohe Berge, welche die Gewalt der Winde abhalten; bei der

τὴν θάλατταν. ἡ δὲ πᾶσαν περιρρεῖ τὴν
πόλιν ἀγχιβαθὴς καὶ ῥοώδης, ἐλαυνο-
μένη μὲν ὑπὸ τοῦ Ποντικοῦ πελάγους
καὶ διὰ στενότητα τοῦ πόρου καὶ τὰς
ἐκ τῶν ἠπείρων πληγὰς καὶ ἀντιτυπίας
ἀθρόα προσπίπτουσα τῇ πόλει· σχιζο-
μένη δὲ περὶ τὴν Βοσπόριον ἄκραν τὸ
μὲν αὐτῆς εἰς κόλπον ὑποχωρεῖ πολὺν
καὶ εὔθηρον, τελευτᾷ δ' εἰς ἐλαφρὰς
καὶ τεναγώδεις ἀποβάσεις· καλεῖται δὲ
Κέρας κατὰ τὸ ἐμφερὲς τοῦ σχήματος.
παρέχεται δὲ κόλπου μὲν μέγεθος, ὡς
προείρηται, λιμένος δ' εὐκαιρίαν· ὄρη
τε γὰρ αὐτὸν μεγάλα περιέχει πρὸς τὴν
βίαν τῶν πνευμάτων ἀμύνοντα, τὴν
δὲ θάλατταν εἴργει κατὰ στόμα μὲν
ἡ πόλις ἥ τ' ἄντικρυς ἤπειρος, πολλὴ
παραθέουσα καὶ νοσφιζομένη τοῦ ῥοῦ
τὸ τάχος, ἐκ πλαγίου δ' ἡ στενότης.
καὶ τὰ μὲν καθόλου, βουλομένοις μὴ
μακρὰν περιάγειν, ταῦτα, τὰ δ' ἐπὶ
μέρους ἤδη λεκτέον.

7. Περὶ μὲν οὖν τῆς ἄκρας, ἣν Βοσπόριον καλοῦμεν, διττὸς κατέχει λόγος· οἱ μὲν γάρ φασι βοῦν οἴστρῳ κατ' αὐτὴν ἐνεχθεῖσαν διανή-
ξασθαι τὸν μεταξὺ πόρον, οἱ δέ, μυ-
θωδέστερον ἀπομνημονεύοντες, Ἰὼ
τὴν Ἰνάχου κατὰ ζῆλον Ἥρας ἐλαυνο-
μένην ἔνθεν εἰς τὴν Ἀσίαν διαπερᾶσαι.
πεπιστεύσθω δὲ τῶν λόγων ὁ θειότε-
ρος· οὐ γὰρ ἄν μοι δοκεῖ τοσοῦτον
ἐπικρατῆσαι τὸ ἐπιχώριον πάθος, ὥστ'
ἀπ' αὐτοῦ τὸν μὲν Κιμμέριον, τὸν δὲ
Θράκιον καλεῖσθαι Βόσπορον, εἰ μή τι
μεῖζον ἦν τῆς τοπικῆς ἱστορίας· κληρονομεῖ δ' οὖν ἀπὸ τῆς τοῦ συμβεβηκότος μνήμης τοὔνομα.

(Gc II 2, p. 59) Dionysius Byzantius nominat promontorium Bosporium. De promontorio, inquit, quod Bosporium nominamus, duplex vulgatur sermo: alii dicunt bovem oestro stimulatam ad ipsum illatam transisse meatum medium, alii fabulosius commemorant Io Inachii filiam illinc in Asiam traiecisse.

nier: ἐννένευκε B || 25 παρέχεται Tournier: παρέρχεται B
7. 6 Ἰὼ Wescher, <G>? (Io Gilles): Ἰνὼ B || 9 πεπιστεύσθω Wescher: πεπιστεύθω B || 10 δοκεῖ Tournier: δοκῇ B

Einmündung (in den Bosporos) hemmt einerseits die Stadt das Meer, andererseits das gegenüberliegende Festland, welches weithin entlang verläuft und der Strömung die Schnelligkeit nimmt, sowie zur Seite die Verengung. Soweit im Allgemeinen, genug für jene, die nicht weiter folgen wollen; jetzt aber muss ich die einzelnen Örtlichkeiten beschreiben.

7. Über die Landspitze, die wir Bosporische nennen, gibt es in der Tat eine zweifache Legende: Die einen sagen nämlich, eine Kuh, welche von einer Bremse dorthin getrieben wurde, sei mitten durch die Furt geschwommen. Die anderen erzählen mehr im Stil eines Mythos, Io, Tochter des Inachos, habe auf ihrer Flucht vor der eifersüchtigen Hera von dort nach Asien übergesetzt. Von den beiden Versionen soll man jener vertrauen, die mehr göttliche Einwirkung verrät. Denn ich habe nicht den Eindruck, dem lokalen Ereignis sei derart viel Bedeutung beizumessen, dass man sowohl den Kimmerischen als auch den Thrakischen Bosporos danach benenne, es sei denn, es gab noch etwas Bedeutenderes als die Kunde, welche von diesem Ort überliefert wird. Den Namen jedenfalls erbte der Bosporos von der Erinnerung daran, was sich dort zugetragen hat.

8. Μικρὸν δ' ὑπὲρ αὐτὴν Ἐ κ β α -
σ ί ο υ   β ω μ ὸ ς   Ἀ θ η ν ᾶ ς, ἔνθεν
ἐκβάντες οἱ τὴν ἀποικίαν στολαγωγήσαντες εὐθὺς ὡς ὑπὲρ ἰδίας ἠγωνί-
ζοντο τῆς γῆς, 9. καὶ Π ο σ ε ι δ ῶ -
ν ο ς   ν ε ώ ς, ἀρχαῖος μέν, παρ' ὃ
καὶ λιτός, ἐπιβεβηκὼς δὲ τῇ θαλάττῃ·
τοῦτον δὲ μετάρασθαι προελομένων
τῶν αὖθις εἰς τόπον ὑπὲρ τοῦ σταδίου
μάλα καλὸν καὶ μέγαν καὶ ἐν ὀλίγοις
τῶν ὁμοίων θαυμάσιον, οὐκ ἐφίησι·
χρωμένοις γὰρ ἀπεῖπεν, εἴτ' ἀγαπῶν
τὴν πρόσοικον θαλάττῃ φιλοχωρίαν,
εἴτ' ἐνδεικνύμενος, ὡς ὀλίγον ἄρα
πρὸς τὴν εὐσέβειαν πλοῦτος. 10. ὑπὲρ
δὲ τοῦ νεὼ τοῦ Ποσειδῶνος, ἔνδοθεν
μὲν τοῦ τείχους στάδια καὶ γυμνάσια
καὶ δρόμοι νέων ἐν τοῖς ἐπιπέδοις, ἐκ
θαλάττης δ' ἠρέμα ῥοώδης καὶ εἰς τὸ
Κέρας ἐπάντης ὁ πλοῦς.
11. Ὑποδέχονται δὲ τῆς ἄκρας τὴν
πρώτην περιαγωγὴν τ ρ ε ῖ ς   λ ι μ έ -
ν ε ς, ὧν ὁ διὰ μέσου βαθὺς ἐπιεικῶς
καὶ τῶν μὲν ἄλλων ἀνέμων ἀνήκοος,
λιβὸς δ' ἐκνικήσαντος οὐκ εἰς ἅπαν
ὀχυρός, κλειστὸς δ' ἀμφοτέρωθεν·
εἴργεται γὰρ ὑποδομήσεσι τειχίων
ἡ τῆς θαλάττης ἐπιδρομή. 12. τὸ δ'
ἔνθεν, παραμειψαμένῳ κατὰ βάθος
κείμενον π ύ ρ γ ο ν, περιφερῆ μὲν
τὸ σχῆμα, πολὺν δ' ἐπὶ πᾶν μέγεθος,
συνάπτοντα δὲ πρὸς τὴν ἤπειρον τὸ
τεῖχος, πρῶτον μὲν π ε δ ί ο ν τοῦ διείργοντος τὸ μὴ νῆσον εἶναι τὴν πόλιν
αὐχένος ἠρέμα κατιόν ἐπὶ τὴν ἀκτήν.

(*Gc* II 2, p. 60) Dionysius addit paulo
supra promontorium Bosporium
fuisse aram Minervae Ecbasiae, id est
Egressoriae, appellatae ex eo, quod
illinc egressi coloniae ductores statim
tamquam pro patria terra pugnassent.
(22b Mü.) Supra etiam, inquit, promontorium Bosporium templum est
Neptuni antiquum, apud quod fuit lapis in mare eminens, quem Byzantinis
in locum ornatiorem supra stadium
transferre conantibus non permisit se
transferri, sive amans locum mari vi-
cinum, sive ostendens parvi momenti
esse pietati divitias.
(22b Mü.) Sub templo Neptuni intra
urbis murum in locis in planitiem ex-
plicatis erant stadia et gymnasia; at ex
maris parte erat navigatio in sinum
Ceras leniter fluens.
(22b Mü.) Primam promontorii Bo-
sporii conversionem circumflexionemque excipiebant tres portus, quorum medius satis profundus a caeteris
ventis tegebatur, ab Africo tutus om-
nino non erat.

(22b Mü.) Deinde turris bene magna,
rotunda continenti iungebat urbis
moenia. Primus post moenia campus
erat paeninsulae cervicis sensim des-
cendentis ad littus et, ne urbs esset
insula, prohibentis. Post erat templum
Telluris super mare, cuius quidem fas-
tigium tecto carens significabat anti-

8.–10. 7 λιτός B: λίθος <G>? vel coniecit
Gilles qui *lapis* vertit || 8 τοῦτον Wescher:
τούτων B || 9 τόπον <G> (*locum* Gilles): τὸν
B || 15 ὑπὲρ δὲ τοῦ νεώ Mango: ὑπὸ δὲ τὸν
νεὼν B <G> (*sub templo* Gilles)
11.–13. 8 τὸ δ' ἔνθεν, παραμειψαμένῳ Tour-
nier: τὸν δ' ἔνθεν παραμειψάμενοι B || 15

22b. 2 *circumflexionemque excipiebant* Güngerich: *circumflexionem, quae excipiebat*
ed. 1561

8. Nur wenig oberhalb vom Vorgebirge Bosporios befindet sich ein Altar der Athena Ekbasios (‹Athena der glücklichen Landung›). Von hier aus starteten die gelandeten Oikisten ihre Expedition und kämpften sogleich, als ginge es um ihr ureigenes Gebiet. **9.** Zudem gibt es dort einen Poseidontempel, alt und entsprechend schlicht, der das Meer überragt. Als eine spätere Generation beschloss, ihn völlig verschönert und vergrössert an einen Platz oberhalb des Stadions unter den wenigen ähnlichen Monumenten als rares Wunderstück zu versetzen, liess er es nicht geschehen. Ihnen, die ihn befragten, gab er eine Absage, sei es, dass ihm der Standort in Meeresnähe lieb war, sei es, dass er damit demonstrieren wollte, wie wenig der Frömmigkeit Reichtum bedeutet. **10.** Oberhalb des Poseidontempels innerhalb der Mauer auf ebenem Terrain befinden sich Stadien, Gymnasien und die Rennbahnen für die Jugend; auf der Meerseite, wo die Strömung nur leicht anbrandet, geht es zur Schifffahrt das Horn hinauf.

11. Nach der ersten Krümmung des Vorgebirges folgen drei Häfen. Davon liegt der mittlere, wie es passt, tief ins Land eingezogen, und während er vom Südwestwind, der dort vorherrscht, zwar nicht gänzlich verschont bleibt, ist er vor den übrigen Winden geschützt. Von beiden Seiten ist er eingeschlossen, denn Molen hemmen die Brandung des Meeres. **12.** Von da weiter, wenn man am unten gelegenen Turm vorbeigeht, der von runder Form ist, in jeder Beziehung von überwältigender Grösse und sich beim Festland mit der Stadtmauer verbindet, kommt zuerst eine ebene Fläche des Landrückens, welcher verhindert, dass die Stadt zu einer Insel wird, und welche sanft zur Küste abfällt. Danach folgt hoch über dem Meer das Heiligtum der Ge Anesidora (‹Gaia, welche die Gaben heraufsendet›), welches vom Giebel herab kein Verdeck hat, wodurch die Alten, wie ich meine, die Unabhängigkeit der Ge anzeigen wollten. Umgeben ist es von einer Mauer aus poliertem Marmor. **13.** Wenig oberhalb davon befinden sich nebeneinander die Tempel von Demeter und von Kore. Darin gibt es ansehnliche Malerei, ausgezeichnete Relikte früheren Wohlstandes, aber auch hölzerne Götterbilder, deren exquisite Kunst den Meisterwerken in nichts nachsteht.

ἔπειτα Γῆς Ἀνησιδώρας τέ-
μενος ὑπὲρ τῆς θαλάσσης, κατὰ κορυφῆς μὲν ἄστεγον, ἐπισημηναμένων,
οἶμαι, τῶν ἀρχαίων τῆς Γῆς τὸ αὐτεξ-
ούσιον, λίθου δὲ ξεστοῦ περιβόλῳ συγ-
κλειόμενον· 13. μικρὸν δ' ὑπὲρ αὐτοῦ
Δήμητρος καὶ Κόρης παράλ-
ληλα· γραφαὶ δ' ἐν αὐτοῖς ἱκαναί, τῆς
πρόσθεν εὐδαιμονίας παράσημον ἔτι
λείψανον, τά γε μὴν ξόανα τέχνης
ἀκριβοῦς οὐδὲν χείρω τῶν ἄκρων.
14. Κατὰ δ' ἀπόβασιν τῆς θαλάττης
δύο νεῴ, Ἥρας καὶ Πλούτω-
νος· λείπεται δ' αὐτῶν οὐδέν, ὅτι μὴ
τοὔνομα· τὸν μὲν γὰρ οἱ σὺν Δαρείῳ
Περσῶν κατὰ τὴν ἐπὶ Σκύθας ἔλασιν
ἐνέπρησαν, τῷ βασιλεῖ τιμωροῦντες
ἀνθ' ὧν ᾐτιᾶτο τὴν πόλιν· τὸν δὲ τοῦ
Πλούτωνος ὁ Μακεδὼν Φίλιππος,
ἡνίκα προσεκαθέζετο τῇ πόλει, χρείᾳ
τῆς ὕλης καθεῖλε· προστίθησι δ' ἡ
μνήμη τοῖς χωρίοις τὴν ἐπωνυμίαν· τὸ
μὲν γὰρ ἡ τοῦ Πλούτωνος ἄκρα, τὸ δ'
Ἡραία λέγεται. Πολυείδῳ μάντει καὶ
τοῖς ἐκείνου παισὶν ἐνταῦθα καθ' ἕκα-
στον ἔτος ἐντέμνεται σφάγια τοῦ μὲν
λήγοντος ἔτους, τοῦ δ' ἱσταμένου· τὸ
δ' ἔθος Μεγαρικόν.
15. Ἔνθεν Σκιρωνίδες ὠνο-
μάσθησαν πέτραι, τοὔνομα καθ'
ὁμοιότητα τῆς δυσχωρίας Κορινθίων
θεμένων· ἐκοινώνησαν γὰρ Κορίνθιοι

quam terrae libertatem; eius parietes,
quibus claudebatur, erant facti ex la-
pide expolito.

(23a Mü.) Paulo supra Telluris aedem
erant templa Cereris et Proserpinae
paria, in quibus picturae multae, pris-
cae felicitatis insignes reliquiae, et statuae exactae artis, nihilo summa arte
elaboratis inferiores, erant.

(23a Mü.) Item in abscessu maris duae
aedes, Plutonis et Iunonis, quarum
solum nomen exstat. Illud enim Persae
exusserunt in expeditione Cyri contra
Scythas, ea ulciscentes, quae Byzantina
civitas commisisse contra regem accu-
sabatur. Plutonis templum Philippus
Macedo inopia materiae demolitus est;
locorum vero nomina remanserunt.
Hic enim Plutonis acra, ille Iunonia
acra dicitur; ubi quotannis victimam
primo anni die mactat gens Megarica.

(23a) Post acram Plutonis et Iunonis Dionysius ponit Scironias petras
nuncupatas a Corinthiis participibus
coloniae deductae Byzantium, qui his

κατιόν Sykutris: κατιόντος B <G> (*cervicis [...] descendentis* Gilles) || 16 Ἀνησιδώρας Güngerich: Ὀνησιδώρας B || 17 κατὰ κορυφῆς B: κατὰ κορυφὴν Güngerich dub.
14. 2 νεῴ Güngerich: νεώ B || 3 λείπεται Miller: λέγεται B || 9 προσεκαθέζετο Tournier: προεκα- B || 13 Ἡραία Miller, <G> ut videtur ([*H*]*aeream, id est Iunoniam* Gilles): ἡραγτά B || 17 ἔθος Wieseler: ἔθνος B <G>

14. Bei einer Lände am Meer standen zwei Tempel, jener der Hera sowie jener von Pluton; von ihnen bleibt nichts mehr ausser dem Namen. Den ersten haben die Perser, welche mit Dareios gegen die Skythen zogen, niedergebrannt, um an der Stadt den König dafür zu rächen, was er ihr vorwarf. Den Tempel des Pluton hingegen liess Philipp von Makedonien bei der Belagerung der Stadt zerstören, weil er das Baumaterial brauchte. Die Erinnerung daran sorgte dafür, dass den Orten die Namen blieben. Den einen nennt man nämlich Spitze des Pluton, den anderen Heraia Akra. Dem Seher Polyeidos und seinen Söhnen werden dort jährlich am Jahresende sowie am Jahresanfang Tieropfer dargebracht. Das ist megarische Sitte.

15. Dann weiter die Skironischen Klippen; den Namen gaben ihnen die Korinthier wegen der Ähnlichkeit mit dem schwierigen Engpass (am Isthmos zwischen Megara und Korinth). Korinthier hatten nämlich an der Kolonisierung teilgenommen und erfuhren folglich die gebührende Achtung.

τῆς ἀποικίας καὶ τὰ εἰκότα θαυμάζονται.

16. Μεθ' ἃς προμήκης αἰγιαλός, χωρίον οὐδενὸς τῶν ἀρίστων εἰς θήραν ἰχθύων χεῖρον πρός τε τοῦ βυθοῦ τὸ μέγεθος – ἐν ὀλίγοις γὰρ ἀγχιβαθής – καὶ τῆς θαλάττης τὸ πραῢ καὶ εἰς τὴν ἀκτὴν ἐπίδρομον· Κ ύ κ λ α δ' ὠνόμασται, κυκλωσαμένων, ὡς οἶμαι, τῶν Ἑλλήνων ἐνταῦθα τοὺς βαρβάρους, παρ' ὃ καὶ β ω μ ὸ ς Σ κ ε δ α σ ί α ς Ἀ θ η ν ᾶ ς, αἰνιττομένων τὸν ἐκ τῆς κυκλώσεως τοῦ πλήθους σκεδασμόν.

17. Τὰ Κύκλα δ' ἐκδέχεται Μ ε - λ ί α ς κόλπος, εὔθηρος μὲν ὡς οὐχ ἕτερος – ἐν ἅπασι γὰρ δὴ πάντων περίεστι –, ταῖς δ' ἀνατεινούσαις ἄκραις καὶ τοῖς ἐπ' ἀμφότερον ὑφάλοις ἕρμασι συγκλειόμενος· ὠνόμασται δ' ἀπό τινος ἥρωος ἐπιχωρίου καὶ ἔστι περὶ τὴν ἄγραν τῶν ἰχθύων ὡς ἐπὶ πλεῖστον ἀναμάρτητος.

18. Μεθ' ὃν ὁ καλούμενος Κ ῆ - π ο ς, τὸ μὲν ὄνομα λαβὼν ἀπὸ τῆς γῆς – κηπεύεσθαι γὰρ ἐν ὀλίγοις ἀγαθή –, τὴν δ' ἀπὸ τῆς θαλάσσης ἐργασίαν ἐπίκτητον ἔχων· οὐ πάλαι γὰρ ἀνευρίσκεται, τέως ἀργὴ καὶ ἀνερεύνητος οὖσα, παρέχει δὲ τῶν ἰχθύων τὴν καταγωγήν. **19.** ἐπὶ δ' αὐτῷ τὸ καλούμενον Ἀ ψ α σ ι ε ῖ ο ν · ὠνόμα-

petris nomen imposuerunt a similitudine loci difficilis, qualem habebant petrae Scironiae, sitae inter Megaram et Isthmum Corinthiacum.
(24b Mü.) Post, inquit, Scironides petras [...] longum littus ad piscatum atque ad vadi altitudinem nullis littoribus etiam optimis deterius; nam ex paucis usque ad marginem profundum est, et mare placidum et quietum, et littus aditu facile, nuncupatum Cycla ex eo, quod in hoc littore Graeci barbaros circumclusos devicissent. In eodem littore ara consecrata est Minervae Dissipatoriae, designans ex circumclusione multitudinis dissipationem.
(24b Mü.) Deinde Dionysius: Cycla, inquit, Melias sinus excipit, piscosus quidem si quis alius, in omnibus enim omnes superat, promontoriis prominentibus et cautibus sub aqua delitescentibus utrimque conclusus. Hic sinus, a quodam heroe idigena nuncupato Melia nomen adeptus, ut plurimum numquam fallit piscatorem.
(25a Mü.) Post Melianum sinum Dionysius ponit locum nominatum Κῆπον aitque nomen adeptum esse ex terra inter paucas, ad culturam hortorum idonea maris vero lucrum adventitium acquisivisse. Non enim mare olim ibi indagabatur, sed otiosum manebat, cum tamen piscibus diversorium praebere soleat.

---

16. 3 χεῖρον Bᵃᶜ: χείρων Bᵖᶜ || 10 Σκεδασίας Wieseler: σκέδας B || αἰνιττομένων Tournier: αἰνιττόμενον B
17. 5 ἐπ' Tournier: ὑπ' B
18.–19. 7 παρέχει – καταγωγήν huc transp. Frick (similiter Gilles, secundum <G>?): post τετίμηται (11) B

III Text und Übersetzung 45

16. Nach den erwähnten Felsen gibt es einen langgezogenen Uferstrich, eine Örtlichkeit, die den besten in nichts nachsteht, was Fischfang und Wassertiefe betrifft – denn sie ist eine der wenigen, die ufertief sind –, dazu ruhiges Meer und ein zugängliches Gestade. Der Ort heisst Kykla, weil die Griechen dort, glaube ich, die Barbaren umzingelt hatten. Daneben befindet sich zudem ein Altar der Athena Skedasia (‹Athena, die zersprengt›), womit man auf das Verjagen der Menge aus der Umzingelung anspielt.

17. Auf Kykla folgt die Bucht Melias, fischreich wie keine andere, übertrifft sie doch alle in jeder Hinsicht: Vorgebirge, die sich ausstrecken, und Riffe unter der Meeresoberfläche schliessen die Einbuchtung beiderseits ein. Den Namen Melias hat sie von einem einheimischen Heros, und was den Fischfang betrifft, enttäuscht sie meistens nicht.

18. Danach kommt der sogenannte Κῆπος (‹Gartenbezirk›), der seinen Namen der dortigen Erde verdankt – denn wie nur an wenigen Stellen eignet sie sich für Gartenbau – und der gleichzeitig den Gewinn aus dem Meer für sich hat. Früher hat man dieses, träge und unerforscht wie es bis anhin dalag, nicht durchsucht, während es doch für die Fische den Rastplatz bietet. **19.** An diesem Ort befindet sich das sogenannte Hapsasieion; so nennen es die Leute aus Arkadien, und Zeus Hapsasios wird dort verehrt.

σται δ' οὕτως ὑπὸ τῶν ἀπ' Ἀρκαδίας καὶ Ζεὺς Ἀψάσιος ἐν τούτῳ τετίμηται.

20. Ἔνθεν ἄκρα πλεῖστον ὑπερτείνουσα τὰς ἄλλας καὶ τοῦ τε ῥεύματος καὶ τῶν πνευμάτων τὴν βίαν ἐκδεχομένη· ταύτης τὸ μὲν προέχον ἀπέρρωγεν ἐπὶ τὴν θάλασσαν καὶ ἀστήρικτον παραθεῖ τὸν βυθόν, τὸ δὲ κάτω, τὴν ἐντομὴν τῆς πέτρας εἰς πολλὴν διασφάγα κοπτόμενον, ὀλίγῃ συνῆπται τῇ πρὸς τὴν ἤπειρον κοινωνίᾳ, λυομένῳ καὶ <ἀποκόπτεσθαι> μέλλοντι προσεοικός· ἡ δ' εἰκὼν τῆς ὄψεως αὐτῷ τοὔνομα προστίθησι, Μελλαποκόψας γὰρ κέκληται.

21. Μετὰ τοῦτο δύο τόποι θήρας διετησίους ἰχθύων παρεχόμενοι κατά θ' ὑποστολὰς τῶν ἀκρωτηρίων καὶ βάθη κόλπων, εὐδίου καὶ νηνέμου τῆς θαλάττης εἰς αὐτοὺς ἀναχεομένης· λέγεται δ' ὁ μὲν Ἰνγενίδας, ἥρως ἐπώνυμος ἐγχωρίου, Περαϊκὸς δ' ἅτερος, ὡς μὲν ὁ πλείων κατέχει λόγος, ἀπὸ Πειραιῶς τοῦ πρὸς τῇ πόλει τῶν Ἀθηναίων, ὡς δ' ἔνιοί φασι, Πέρωνος ἑνὸς τῶν ἀρχαίων οἰκητόρων ὀνομάσαντος ἀφ' ἑαυτοῦ· μέσον δ' ἀμφοῖν Κιττός, ἀπό τε πλήθους καὶ εὐτροφίας τοῦ φυομένου κιττοῦ.

22. Περαϊκῷ δὲ συνεχὴς Καμάρα, προσάντης καὶ πνεύμασιν ἐπίδρομος

(25a Mü.) Ἀψασιεῖον ab Arcadio nominatum in hoc loco situm est et Iupiter Ἀψάσιος colitur.

(25b Mü.) Post Apsasion Dionysius ponit promontorium plurimum super alia promontoria eminens, ventorum violentiam excipiens. Huius promontorii eminentia abrupta abit in mare et haud firma praeterit profundum mare. Nam promontorii pars inferna sectionem petrae in multam avulsionem abrumpens exigua coniungitur continenti, dissolvendae et quam mox ruinam editurae similis. Unde similitudo aspectus illi nomen dedit, nam Mellapocopsas nominatur.

(25b Mü.) Inde Dionysius: Post locum, inquit, qui appellatur Mellapocopsas duo loca sunt, omnibus anni temporibus piscium captum largientia a summissionibus promontoriorum et remissione maris in haec loca refusi, alte sinuosi, placati et tranquilli. Horum locorum unus appellatur Ingenidas, alter dicitur Piraeicus, ut multorum hominum habet sermo, a Piraeo Attico, ut quidam dicunt, a quodam antiquo heroe indigena. Inter haec duo loca est Cittos locus ita dictus a multitudine hederae ibi facile provenientis.

(26a Mü.) Piraeico succedit continuo Camara, acclivis et ventis expositum

---

10 ὑπὸ τῶν B^{pc}: ἀπὼ τῶν B^{ac}
20. 1 ἔνθεν Tournier: εἶτεν B || 5 ἀστήρικτον παραθεῖ τὸν βυθόν Güngerich: παραθεῖ βυθὸς ἀστήρικτος B || 7 διασφάγα Wescher: διασφάγαι B || 9 λυομένῳ καὶ <ἀποκόπτεσθαι> μέλλοντι Güngerich (mon. Müller): μέλλοντι καὶ λυομένῳ B
21.–22. 7 ἐπώνυμος Güngerich: -μον B || 7 et 11 περαϊκὸς et πέρωνος B: Πειραϊκὸς et Πείρωνος (cl. Eust. ad Il. 2,844 [I 562,16]) Müller || 13 ἀπὸ Tournier: ὑπὸ B

20. Es folgt ein Kap, welches die anderen bei weitem überragt und der Gewalt der Brandung sowie der Winde ausgesetzt ist. Sein Felsvorsprung fällt jäh zum Meer ab und säumt ungestützt das tiefe Ufer. Der Fuss des Vorgebirges, dessen Felsen in einen grossen Spalt zerklüftet ist, hat nur noch eine schwache Verbindung zum Festland und macht den Anschein, sich abgelöst zu haben und bald abzubrechen. Das Bild, welches sein Aussehen abgibt, brachte dem Kap den entsprechenden Namen ein, nennt man es doch Mellapokopsas (‹das vor dem Abbrechen steht›).

21. Nach diesem Kap kommen zwei Örtlichkeiten, wo man das ganze Jahr hindurch Fischfang betreiben kann, weil die Landspitzen dort zurückgezogen sind, die Buchten tiefliegend und das Meer, welches sich in diese zerfliesst, ruhig und windstill. Von diesen Orten heisst der eine Ingenidas, benannt nach einem einheimischen Heros. Der andere heisst Peraïkos, benannt – so jedenfalls die vorherrschende Sage – nach dem Piräus, der zur Stadt der Athener gehört. Wie hingegen einige behaupten, habe Peron, ein Ureinwohner, ihm seinen Namen gegeben. Zwischen den beiden Örtlichkeiten liegt Kittos, nach dem Efeu (κιττός) benannt, der dort in Fülle üppig wächst. **22.** Dem Ort Peraïkos benachbart ist Kamara, eine schroffe, den Winden ausgesetzte Felsküste, weshalb sie vom Meer auch stark umbrandet wird.

ἀκτή, παρ' ὃ καὶ πολλὴν ἐπιδέχεται τῆς θαλάσσης τὴν ἀνακοπήν.

23. Ἔνθεν ἡ καλουμένη Σαπρὰ Θάλασσα, πέρας μὲν τοῦ παντὸς κόλπου – κεῖται γὰρ ἐν τῷ πυθμένι τοῦ Κέρατος –, ἀρχὴ δὲ τῶν καταδιδόντων 5 εἰς αὐτὴν ποταμῶν· ὠνόμασται δέ, οὐκ οἶδα, εἴτε κατὰ τὴν ἐκείνων γειτνίασιν – ἐπειγόμενοι γὰρ διαφθείρουσι τῆς θαλάσσης τὸ αὐθιγενές –, εἴτε καὶ πρὸς τὸ ἀκίνητον καὶ ἀπαθὲς ὑπὸ 10 πνευμάτων· δύναιτο δ' ἂν μᾶλλον ἀπὸ τῆς προχώσεως τῶν ποταμῶν, οἳ συνεχῆ καὶ μαλθακὴν καταφέροντες ἰλὺν ἐλαφρὰν καὶ τεναγώδη παρέχονται τὴν θάλασσαν· θήρα δὲ κἀνταῦθα τῶν 15 ἰχθύων. καὶ τὸ μὲν πρῶτον τῶν χωρίων Πολυρρήτιον, ἀπ' ἀνδρὸς Πολυρρήτου, τὸ δὲ μετὰ τοῦτο Βαθεῖα Σκοπιά, πρὸς τὸ βάθος τῆς θαλάσσης, τρίτον Βλαχέρνας, 20 ὄνομα βαρβαρικὸν ἀφ' ἑνὸς τῶν ταύτῃ βασιλέων, καὶ τὸ τελευταῖον Παλῶδες, ἀπὸ τοῦ τελματώδη καὶ πηλῷ προσεοικυῖαν ὑφιζάνειν αὐτῷ τὴν τῶν ποταμῶν πρόχωσιν· οὐ γὰρ στέριφος 25 οὐδ' ὑπόψαμμος ὁ βυθός, ὅθεν οὐδὲ ναυσίν, ὅτι μὴ βραχείαις, περατὸς ὑπὸ πλήθους τῆς καταδιδούσης ἰλύος. τὸ δ' ἔνθεν μετέωρος καὶ τεναγώδης ἀνάχυσις ἄχρις ἐπὶ τὰς ἐκβολὰς τῶν πο- 30 ταμῶν, οἳ δίχα μὲν ἀλλήλων φέρονται, συμβάλλουσι δ' ἐπὶ ταῖς προχοαῖς ὡς δι' ἑνὸς στόματος ἐκπίπτοντες. διὰ μέσου δ' ἕλη τ' εὔβοτα καὶ λειμῶνες

littus, quod multam maris refractionem excipit.
(26b Mü.) Locum, inquit, nuncupatum Camaram [...] excipit Σαπρὰ Θάλασσα, id est *Marcidum Mare*, finis totius sinus; iacet enim in fundo sinus nuncupati Cornu. Invenit hoc nomen sive a vicinis fluminibus in se exeuntibus, nativas aquas maris corrumpentibus, sive ex eo nomen reperit, quia immobile ventis agitari non potest ob vadorum aggerationem, quam deferunt ostia fluminum continuam et mollem, palustre efficientes mare, in quo etiam pisces capiuntur. Primus huiusce Maris Marcidi locus appellatur Polyrrhetius a viro Polyrrheto. Post hunc locus est nominatus Βαθεῖα Σκοπιά, hoc est *Profunda Specula*, ab altitudine maris. Tertius vocatur Blachernas a quodam rege ibi regnante. Maris, inquit, Marcidi ultimus locus appellatur Paludes ex eo, quod in illo subsideat lutulenta fluminum secessio; non enim illius vadum harena, sed caeno tectum est neque navigiis, nisi perparvis, navigabilis est. Inde caenum sublime usque ad exitus fluminum, quorum uterque fertur separatus ab altero; in exitu ambo coniunguntur et velut per unum ostium exeunt in sinum Cornu.
In mediis paludibus boum nutricibus sunt prata uberes pastiones largientia, etiam cervis. Hos deus designavit,

23. 2 πέρας Tournier: πέραν B || 5 αὐτὴν B: αὐτὸν Tournier, <G>? (*sinum* Gilles) || 10 ἀπὸ Tournier: ὑπὸ B || 20 ταύτῃ Tournier, <G>? (*ibi* Gilles): ταύτης B || 24 πρόχωσιν Güngerich: παραχώρησιν B || 33 εὔβοτα Wescher: εὔβοα B <G> (*boum* Gilles)

III Text und Übersetzung   49

23. Dann kommt das sogenannte Faule Meer (< σαπρός ‹verfault›) am Ende des gesamten Golfes – liegt es doch im innersten Zipfel des Horns –, das Ziel der Flüsse, welche ihm zufliessen. Den Namen hat das Meer, was weiss ich, entweder von der Nachbarschaft der Flüsse, die hineinströmen und das natürliche Meerwasser verunreinigen, oder in Bezug darauf, dass es ohne Bewegung daliegt und von Winden verschont bleibt. Die wahrscheinlichere Ursache dürfte aber der Zufluss der Flüsse sein, die unablässig weichen Schlamm herabführen und das Meer seicht und sumpfig machen. Fischfang gibt es indessen auch dort. Die erste Siedlung ist Polyrrhetion, benannt nach einem Mann Polyrrhetos; danach folgt Batheia Skopia (‹Tiefe Warte›) mit Bezug auf die dortige Meerestiefe. Der dritte Ort ist Blachernas, ein barbarischer Name, der auf einen König zurückgeht, der hier regierte. Und schliesslich Palodes (‹Lehmboden›), weil sich die Anschwemmung der Flüsse dort schlammig und lehmartig senkt. Der Meeresgrund ist nämlich weder fest noch sandig, weshalb Schiffe, ausgenommen kleine Boote, nicht passieren können; zu gross ist die Menge des Schlamms, der sich herab ergiesst. Was sich von dort seicht und schlammig absondert, reicht bis zum jeweiligen Austritt der Flüsse; diese fliessen zwar getrennt, vereinen sich dann aber in Richtung Meer und treten in einer gemeinsamen Mündung aus. Mitten in diesem Delta gibt es Marschland, welches sich für Rinderhaltung eignet, und Wiesen, die reichlich Grasfutter für das Weidevieh erzeugen. Auf diese Jungtiere spielte der Gott an, als er jene ermunterte, welche ihn über die (geplante) Besiedlung in einem Orakel befragten. So sprach er: «Dort, wo zwei Welpen weissgraues Meerwasser schnappen, | dort, wo sich Fisch und Hirsch denselben Weidegrund teilen». Diese Verse erzählen, was dort geschehen war. Die Hirsche nämlich, die aus den Wäldern herunterkommen, fressen zur Winterszeit das Schilfgras des Morastes ab, während sich die Fische, soweit sie in Meer und Flüssen vorhanden sind, im stillen Gewässer des Horns in Höhlen verstecken; träge und ohne grosse Bewegung, da sie gut genährt sind, benaschen sie am Meeresboden das Wurzelwerk.

ἀφθόνους ἀναδιδόντες νομὰς βοσκη-
μάτων· τούτους ὁ θεὸς σκύλακας ἠνί-
ξατο, τοὺς ὑπὲρ τῆς ἀποικίας χρωμέ-
νους προτρέπων· λέγει δ' οὕτως (497
Parke/Wormell = Q44 Fontenrose)
Ἔνθα δύο σκύλακες πολιὴν μάρπτουσι θάλασσαν,
ἔνθ' ἰχθὺς ἔλαφός τε νομὸν βόσκονται ἀν' αὐτόν.
εἴρηται δὲ ταῦτ' ἀπὸ τοῦ συμβεβηκότος·
οἵ τε γὰρ ἔλαφοι κατιόντες ἐκ τῆς ὕλης
ὥρᾳ χειμερίῳ σιτοῦνται τὸν ἑλείτην
κάλαμον, ἰχθύων θ' ὅσον, ἐπίμικτον
θαλάσσῃ καὶ ποταμοῖς, ὑποφωλεύει
τῇ τοῦ Κέρατος ἡσυχίᾳ, νωθρὸν ἅμα
καὶ ἀργὸν ὑπ' εὐτροφίας, λιχνεύει τὴν
κατὰ βυθοῦ ῥίζαν.
24. Ἄρχεται δὲ τῶν ποταμῶν Κύ-
δαρος μὲν ἀπὸ θερινῆς δύσεως,
Βαρβύσης δ' ἐπὶ θάτερα κατὰ βο-
ρέαν ἄνεμον· τοῦτον οἱ μὲν τροφέα κα-
λοῦσι Βύζαντος, οἱ δ' Ἰάσονι καὶ τοῖς
σὺν αὐτῷ Μινύαις ἡγεμόνα τοῦ πλοῦ,
τινὲς δ' ἐπιχώριον ἥρωα. καθ' ὃ δὲ συμ-
πεσόντες ἀλλήλοις ἐπὶ τὴν ἀπαντῶ-
σαν παχεῖαν ἄκραν ὑπερενεχθέντες
ἐκβαίνουσιν εἰς τὴν θάλασσαν, Σημύστρας βωμός, ἀφ' ἧς καὶ τοὔνομα τῷ χωρίῳ. Σημύστρα δέ, νύμφη
ναΐς, Κεροέσσης τροφός· Ἰὼ γάρ, ἐπεὶ
μηχαναῖς μὲν Διός, ὀργῇ δ' Ἥρας
πτερωτὸν οἶστρον ἄφετος ἐν μορφῇ
βοὸς ἐπὶ πολλὴν ἐπτοήθη γῆν, κατὰ
τοῦτον μάλιστα τὸν τόπον ἐπειγομένη
ταῖς ὠδῖσι – θείας γὰρ γονῆς ἔμπλεως
ἦν – ἀπερείδεται θῆλυ βρέφος. τὸ δ'
ἀραμένη Σημύστρα τιθηνεῖται παράσημον τῆς μητρῴας μεταβολῆς· τύ-

cum deductoribus coloniae consilium
petentibus, ubi conderent urbem appellatam Byzantium, ita respondit:
Ὄλβιοι οἳ κείνην πόλιν ἀνέρες
οἰκήσουσιν
ἀκτῆς Θρηικίης ὑγρὸν παρ' ἄκρον
στόμα Πόντου,
ἔνθ' ἰχθῦς ἔλαφός τε νομὸν βόσκουσι
τὸν αὐτόν.
Haec quidem dicta sunt de re, quae
accidit: Cervi enim tempore hiberno
ex silvis descendentes depascunt pa-
lustrem harundinem, pisces vero maris
et fluminum participes in tranquillitate
sinus Ceratini delitescunt pigri, in
ubertate pabuli deglutiunt vadi radices.

(28a Mü.) Flumen, inquit, Cydarus
venit ab occasu aestivo, Barbyses vero
a borea vento; Barbysen alii dicunt
educatorem Byzantis, alii navigationis ducem eorum, qui cum Iasone et
Minyis navigarunt ad Colchos, quidam
heroem indigenam fuisse. Ubi flumina
delata ad obvium promontorium cras-
sum inter se coeunt in mare exeuntia,
ibi ara est Semystrae, a qua locus nomen invenit. Semystra nutrix fuit Ce-
roëssae matris Byzantis. Io enim, cum
Iovis arte in vaccam conversa iraque
Iunonis oestro alato stimulata multas
terras percurrisset, apud hunc locum
parturiendi dolore affecta – nam
erat divini seminis plena – infantem
feminam peperit. Hanc tollens Semystra lactat et nutrit, gerentem insigne
transformationis maternae; cornuum
enim typi ex fronte eminebant, unde

---

39 μάρπτουσι Β: λάπτουσι Hsch. *Patria* cod.
P || 49 ὑπ' Tournier: ἐπ' Β
24. 13 ἐπεὶ Tournier: ἐπὶ Β || 18 ταῖς Tournier:

24. Von den Flüssen kommt der Kydaros von dort, wo die Sonne im Sommer untergeht (d.h. von Westen), der Barbyses hingegen von dort, wo der Boreas weht (d.h. von Norden). Diesen bezeichnen die einen als Nährvater des Byzas, andere als jenen, der Iason und mit ihm die Minyer zu Schiff anführte; wiederum andere bezeichnen ihn als einen einheimischen Heros. Dort, wo die Flüsse in gemeinsamer Strömung in Richtung der vorgelagerten, massiven Landspitze herunterkommen und sich ins Meer ergiessen, steht ein Altar der Semystra, die der Örtlichkeit auch den Namen gegeben hat. Semystra, eine Quellnymphe, war die Amme der Keroëssa. Io nämlich, die infolge von Zeus' List und wegen Heras Zorn von einer geflügelten Bremse gescheucht in Gestalt einer Kuh von Land zu Land gehetzt worden war, gebar, von den Wehen bedrängt, – war sie doch von göttlichem Samen schwanger – an eben diesem Ort ein Mädchen. Semystra nahm das Neugeborene auf und nährte es; von der mütterlichen Metamorphose trug es ein Merkmal. Eine Art Hörner ragten auf jeder Seite der Stirn von unten hervor, weshalb man sie Keroëssa (κέρας > κερόεσσα ‹die Gehörnte›) nannte. Von ihr und Poseidon stammt Byzas, ein Mann wie Gott verehrt, der Gründer von Byzantion. Nur wenig fehlte und der Ort Semystra wäre eine Stadt geworden. Denn die Anführer der Kolonie hatten beschlossen, dort die Stadt zu gründen. Doch als das Opferfeuer brannte, raubte ein Rabe mitten aus der Flamme ein paar Schenkelstücke, schwang sich in die Höhe und trug sie zum Kap Bosporios. Dieses Wunderzeichen, so deuteten es die Wahrsager, komme von Apollon. Ja, ein Rinderhirt, der auf einer Anhöhe das Geschehen beobachtet hatte, sagte ihnen, wo die Opferbeute hingebracht worden sei. Also folgten sie dem Vorzeichen.

ποι γὰρ κεράτων καθ' ἑκάτερον τοῦ
μετώπου μέρος ὑποδύντες ἐξεῖχον·
ἔνθεν καλεῖται Κερόεσσα. ταύτης καὶ
25 Ποσειδῶνος Βύζας ἀνὴρ ἶσα θεῷ τετιμημένος, ἀφ' οὗ τὸ Βυζάντιον. Σημύστρα γε μὴν ἐκινδύνευσε παρ' ὀλίγον
πόλις εἶναι· ἐν ταύτῃ γὰρ κατέθεντο
τῆς πόλεως τὴν κτίσιν οἱ τῆς ἀποικίας
30 ἡγεμόνες. λαμπομένων δὲ τῶν ἱερῶν
κόραξ ἁρπάσας ἐκ μέσης τῆς φλογὸς
ἔνια τῶν μηρίων καὶ εἰς ὕψος ἀρθεὶς ἐπὶ
τὴν Βοσπόριον ἄκραν ἐφέρετο· τοῦτο
πρὸς Ἀπόλλωνος εἴκασαν τὸ τέρας οἱ
35 λόγιοι τῶν Ἑλλήνων· φράζει δ' αὐτοῖς
βουκόλος ἀνήρ, ἀπὸ σκοπῆς θεασά-
μενος, ὅποι κατέθετο τῶν ἱερείων τὴν
ἁρπαγήν· οἱ δ' εἵποντο τῷ σημείῳ.

25. Κατόπιν δὲ τῆς Σημύστρας, μικρὸν ὑπὲρ τὰς τῶν ποταμῶν ἐκβολὰς
ἀρχὴ τῆς ἐπὶ θάτερα τοῦ Κέρως περιαγωγῆς, Δ ρ έ π α ν ο ν ἐπίκαμπτος
5 ἄκρα. μεθ' ἣν λόφος ὀξύς, ἀθρόως
κατακλινὴς ἐπὶ τὴν θάλασσαν· ὠνόμασται δὲ Β ο υ κ ό λ ο ς , εὐχαρίστου
μνήμης τὸν μηνυτὴν ἀξιωσάντων·
ἔνθεν ἰδεῖν δοκεῖ τὸν κτίστην ὄρνιν.
10 **26.** μετὰ δὲ Βουκόλον Μ ά ν δ ρ α ι
καὶ Δ ρ ῦ ς · αἱ μὲν παρὰ τὸ ἡσύχιον
τοῦ χωρίου καὶ σκεπανόν – θαλάττῃ
γὰρ ἀπηνέμῳ προσκλύζεται –, Δρῦς
δ' <ἀπ'> ἄλσους· τοῦτο δὲ τέμενος
15 Ἀπόλλωνος.
27. Κάμψαντι δὲ τὴν ἄκραν ἐπιμήκης
κόλπος, Α ὐ λ ε ὼ ν ὄνομα. <μεθ' ὃν
γ έ φ υ ρ α > , Φ ι λ ί π π ο υ τοῦ

appellatur Ceroëssa. Ex hac et Nep-
tuno genitus est Byzas, vir similiter
ut deus honoratus, a quo Byzantium
conditum est. Semystra locus parum
abfuit, quin urbs efficeretur; nam ibi
duces coloniae urbem condere consti-
tuerant, nisi ex media flamma corvus
rapuisset partem victimae eamque in
Bosporium promontorium tulisset.
Hoc ab Apolline ostentum coniecerunt
Graeci, a pastore edocti, qui ab specula
intuitus erat, ubi corvus victimae ra-
pinam deposuisset, secutique signum
condiderunt Byzantium in promontorio Bosporio.

(28b Mü.) A tergo, inquit, Semystrae,
paulo supra fluminum ostia initium
circumflexus in alterum latus sinus Ceratini efficit promontorium Drepanum
inflexum, cuius cacumen acutum ap-
pellarunt Bucolon, hoc est Bubulcum,
grata memoria prosecuti indicem ex
hoc loco speculatum urbis conditorem
corvum.

(29b Mü.) Post Bucolon, inquit Dionysius, sunt loca nuncupata Mandrae et
Drys; ille quidem a loco quieto et tecto,
mari enim tranquillo alluitur; Drys
vero habet lucum Apollini sacrum.

(29b Mü.) Post promontorium est
longus sinus Auleon appellatus. Post
Auleona Dionysius dicit esse pontem,

καὶ B ‖ 28 πόλις Tournier: πόλιν B ‖ 32 ἀρθεὶς
Tournier: ἀφεὶς B ‖ 35 λόγιοι Jacobs: λοιποὶ B
25.-26. 14 <ἀπ'> ἄλσους Güngerich: ἄλσει B
27. 2 <μεθ' ὃν γέφυρα> Güngerich: lacunam
ind. Wescher, <Μετὰ δ' Αὐλεῶνα γέφυρα>
Wieseler, <G>? (*Post Auleona Dionysius dicit
esse pontem* Gilles)

29b. 10 *Bucolon* Frick: *buculam* ed. 1561

25. Hinter der Semystra, etwas oberhalb der Flussmündungen, beginnt der Umlauf um das Horn in die andere Richtung; es ist das gekrümmte Vorgebirge Drepanon. Daneben befindet sich eine steile Anhöhe, die jäh zum Meer abfällt. Sie heisst Bukolos (‹Hirtenplatz›) in dankbarer Erinnerung an den Mann, der ihnen das Vorzeichen gemeldet hatte. Offensichtlich hatte er von dort den Vogel gesehen, der die Stadtgründung veranlasste. **26.** Nach Bukolos kommen Mandrai und Drys. Der erstere Name (μάνδρα ‹Stall›) kommt davon, dass der Ort ruhig und geschützt ist, wird er doch von einem windstillen Meer bespült. Und Drys heisst so wegen eines Hains; dieser ist Apollon geweiht.

27. Biegt man um die Landspitze, folgt eine lange Bucht namens Auleon. Danach gibt es eine Brücke, ein Werk Philipps von Makedonien, um das eine Festlandufer mit dem anderen zu verbinden. Er liess Felsblöcke als Träger auf den Meeresboden absenken und von Arbeitern einen übergrossen Damm errichten, sodass er durch die Überbrückung des Horns die Möglichkeit hätte, sich auf dem Landweg reichlich mit Nachschub einzudecken. Denn in der Flotte konnte er sich nicht mit den Byzantiern messen, die weit herum auf dem Meer die Übermacht hatten.

Μακεδόνος ἔργον ἀπ' ἀμφοτέρας τῆς ἠπείρου ζεῦγμα διατείναντος· καταβάλλει δ' εἰς τὸν βυθὸν ἕρματα λίθων καὶ χῶμα παμμέγεθες ἐκ πολυχειρίας, ὡς ἔχοι γεφυρωθέντος αὐτῷ τοῦ Κέρατος κατὰ γῆν ἀφθόνοις χρῆσθαι ταῖς ἐπαγωγαῖς· ἐν γὰρ δὴ ταῖς ναυσὶν οὐκ ἦν ἀξιόμαχος, περὶ πολλὰ θαλαττοκρατούντων τῶν Βυζαντίων. **28.** Ἐπὶ τούτῳ Ν ι κ α ί ο υ β ω μ ὸ ς ἥρωος καὶ περιαγὲς ἠρέμα χωρίον, ἰχθύων θήρας ἐκδόχιον καὶ Ν έ ο ς Β ό λ ο ς, ὡς εὕρηται, λεγόμενος. **29.** παρεξιοῦσι δὲ τὴν Ἀκτῖνα, ⟨τὴν⟩ φύσιν καὶ τοὔνομα, ⟨κόλπος⟩. περὶ δ' αὐτὸν Κάνωπος, Κύβοι, Κ ρ η ν ί δ ε ς · αἱ μὲν ἀπὸ τῶν ἀναδιδόντων πηγαίων ναμάτων, πάνυ γὰρ ἔνδροσος καὶ κατάρρυτος ὁ χῶρος· Κ ύ β ο ι δὲ Περσικῆς παράσημον ἱστορίας, καταγωγὰς γάρ τινες ἐνταῦθα καὶ ἀπολαύσεις ἐποιοῦντο· Κ ά ν ω π ο ς δ' ἀπ' Αἰγύπτου φέρεται τοὔνομα καθ' ὁμοιότητα τῆς ἐν αὐτῷ τρυφῆς. Μ ε ί ζ ω ν (?) δὲ τέμνει τὸν βυθὸν ποταμός, ἀφ' οὗ καὶ τῷ κόλπῳ τοὔνομα, διαρκὴς μὲν ἄλλως, οὐ μὴν ναυσίπορος. **30.** Τοὐντεῦθεν ἰλὺς ἀκροβύθιος, ὑφάλοις ῥίζαις περιφερής, ἀποκλείουσα τὸν κόλπον· παρ' ὃ καὶ θήρᾳ τῶν ἰχθύων ὑστερεῖ τῶν ἐν θαλάττῃ σπιλάδων περὶ αὐτὰς τὰς εἰσόδους

Philippi Macedonis opus, quo sinus Cornu traiiceretur. Philippus enim in vadum saxa deiecit, eorumque multitudinem supra vadum accumulavit multis operis, ut pontis commoditate uti posset abunde ad commeatum terrestrem. Nam classe Byzantiis par non fuit, multo mari imperantibus.

(30a Mü.) Iuxta hunc pontem fuit Nicei herois ara et locus leniter circumflexus, ad capiendos pisces receptaculum, et locus, qui dicitur Νέος Βόλος, is est *Novus Iactus*.

(30b Mü.) Circa, inquit, locum re et nomine Actinen sunt Cubi Canopi et fontes, valde enim locus irriguus est. Cubi autem sunt insignia Persicae historiae; huc enim nonnulli descendebant ad animorum remissionem et ludos, ut amoenitate littoris perfruerentur. Canopi nomen invenit a similitudine deliciarum, quae huic loco est cum Aegyptio Canopo. Cison fluvius hanc oram secans sinui nomen dedit; fluit perennis, sed haud navigabilis est.

(31b Mü.) Post, inquit, Cubos Canopis est palus habens radices sub aqua latentes, claudens sinum, ubi est receptaculum piscibus capiendis aptum, saxis concavis ad ipsos introitus obviam

---

28.–29. 4 λεγόμενος B: -νον Tournier ‖ 5 παρεξιοῦσι Tournier: παρεξισοῦσι B ‖ 6 ⟨τὴν⟩ Müller ‖ ⟨κόλπος⟩ Güngerich ‖ 12 τινες Güngerich, ⟨G⟩ (*nonnulli* Gilles): -ας B ‖ 15 τρυφῆς Miller, ⟨G⟩ (*delitiarum* Gilles): τροφῆς B ‖ μείζων B: Κείσων Müller, ⟨G⟩? (*Cison* Gilles)
30.–31. 1 ἰλὺς Wieseler, ⟨G⟩? (*palus* Gilles): ἄλλος B ‖ 3 θήρᾳ Güngerich: θήρας B

28. In der Nähe des Damms befindet sich ein Altar, der dem Heros Nikaios geweiht ist, sowie eine leicht gerundete Örtlichkeit; es ist ein Reservoir für den Fischfang und heisst, wie sich herausstellt, Neos Bolos (‹Neuer Fischzug›). **29.** Passiert man Aktis (‹Strahl›) – der Name deckt sich mit der natürlichen Beschaffenheit (des Ortes) –, kommt eine Bucht. Um sie herum befinden sich Kanopos, Kyboi und Krenides. Letzteres hat den Namen vom Quellwasser, welches dort hervorsprudelt; die Gegend ist nämlich sehr gut befeuchtet und bewässert. Bei Kyboi (‹Würfeln›) indes handelt es sich um ein Wahrzeichen aus der Persergeschichte; denn von dort stiegen einige hinunter und vertrieben sich beim Würfelspiel die Zeit. Kanopos schliesslich hat seinen Namen vom ägyptischen (Kanopos) bezogen, ähnelt er doch jenem in den Genüssen, welche er bietet. Ein Fluss namens Meizon (?) schneidet sich seinen Weg durch das Tiefland; von ihm hat auch die Bucht den Namen. Im Übrigen führt er immer Wasser, ist aber nicht schiffbar.

30. Alsdann kommt eine seichte Lagune, unter dem Wasser von Wurzelwerk umrandet, welche die Bucht abschliesst. Daher ist sie für Fischfang von Nachteil, zumal die Riffe im Meer ihre umliegenden Zugangswege versperren, es sei denn, dass Fische durch das Dunkel der Nacht irregeleitet dort abgleiten. **31.** Nach der Lagune kommt ein Ort, der Choiragria (χοῖρος + ἄγριος ‹Wildschwein›) heisst. Den Namen hat er davon, was dort geschieht; denn die Leute wissen die wilden Eber, welche dort aus den Bergen herunterkommen, mit List zu fangen. Die ganze gegen Südwesten gerichtete Seite des Horns ist nämlich bewaldet.

ἀπαντωσῶν, ὅσα μὴ νυκτὸς ἀσαφείᾳ
καὶ πλάνῳ παρολισθάνει. **31.** μετὰ δὲ
τὴν ἰλὺν τὰ λεγόμενα Χ ο ι ρ ά γ ρ ι α ·
κέκληται δ' ἀπὸ τοῦ συμβεβηκότος,
ἐπεί τινες τοὺς κατιόντας ἐκ τῶν ὀρῶν
συάγρους ἀπάταις ᾕρουν· πᾶσα γὰρ ἡ
πρὸς νότον ἄνεμον πλευρὰ τοῦ Κέρατος ἐπηρεφὴς ὕλαις.

32. Καθ' ὃ δὲ λήγει μὲν τὸ Κέρας,
ἄρχεται δ' ὁ τοῦ Πόντου προκείμε-
νος ἰσθμός, εἰς ἀναπεπταμένην ἤδη
καὶ πολλὴν τὴν Προποντίδα βλέπον
ἀκρωτήριον· ἐφ' ᾧ τάφος Ἱ π π ο -
σ θ έ ν ο υ ς ἥρωος Μεγαρέως, ἀφ'
οὗ καὶ τοὔνομα τῷ χωρίῳ. **33.** μεθ'
Ἱπποσθένην δὲ Σ υ κ ί δ ε ς ἀπὸ τοῦ
πλήθους καὶ κάλλους τῶν φυτῶν· φασὶ
γὰρ ἔνιοι τῶν περιεργοτέρων ἔνθεν
αὐτὸ καὶ καθόλου τὴν ἀρχὴν λαβεῖν.
34. Σ χ ο ι ν ί κ λ ο υ   τ έ μ ε ν ο ς
ἐντεῦθεν, Μεγαρόθεν αὐτῷ Βυζαντίων
καὶ μνήμην καὶ τιμὴν ἐνεγκαμένων·
τοῦτον Ἀμφιάρεω τοῦ μάντεως ἡνίο-
χον γενέσθαι φασίν.

35. Ὁ δὲ συναφὴς τόπος Α ὐ λ η -
τ ὴ ς ἐπωνόμασται Πύθωνος ἐποικήσαντος αὐλητοῦ· τῇ δ' ἐπωνυμίᾳ
τετίμηκεν ἡ μνήμη τὴν τέχνην. **36.**
τὸ δ' ἐφεξῆς Β ό λ ο ς , εἰς τὴν κατὰ

6 ἀπαντωσῶν Güngerich: ἀπαντώντων B ‖ 8
ἰλὺν Wieseler: ἄλλην B ‖ Χοιράγρια Tournier:
χοιράγια B
32.-34. 1 ὃ δὲ Tournier: ὃ δὴ B ‖ 13 αὐτῷ
Wescher: αὐτὸ B ‖ 15 τοῦτον Wescher:
τούτων B ‖ Ἀμφιάρεω Tournier: ἀμφιάραω B
35.-36. 2 ἐποικήσαντος αὐλητοῦ· τῇ δ'
ἐπωνυμίᾳ τετίμηκεν ἡ μνήμη τὴν τέχνην

procedentibus, in quae delabuntur pisces noctis tenebris errantes.
(31b Mü.) Post paludem sunt Choera-
gia nuncupata, a rebus, quae ibi fiunt,
nominata, quoniam apri ex montibus
descendentes, ad haec loca abacti, a
venatoribus fraude capiuntur. Omne
enim sinus latus vento noto obiectum
silvis plenum erat.
(32a Mü.) Deinde Dionysius addit:
Secundum locum, ad quem desinit
recessus Ceratini sinus, incipit Isth-
micum promontorium apertam iam et
multam Propontidem prospiciens, in
quo sepulchrum Hipposthenis exstat,
herois Megarensis, a quo locus nomen
adeptus est.
(32a Mü.) Post Hipposthenem, inquit
Dionysius, locus est appellatus Sycodes
a multitudine et pulchritudine ficuum
arborum; quidam curiosiores dicunt
primam ficum arborem ibidem natam
esse.
(32a Mü.) Inde Dionysius, persequens
suum *Anaplum*, ponit Amphiarai delubrum, quod Byzantii Megarensium
coloni construxerunt, memoria et
honore prosequentes Amphiaraum,
Oiclei filium.
(32a Mü.) Post, inquit, Amphiarai
delubrum est Syamphas locus, Auletes
nominatus; is una cum aliis colonis Byzantium deductus fuerat; cui Apollinis
ars reliqui nominis memoriam.

32a. 19 *Amphiaraum* Billerbeck: *Amphiarai*
Gilles

32. Dort, wo das Horn endet, beginnt die Landzunge, die in den Bosporos ausgreift; es ist ein Vorgebirge mit Blick auf einen grossen Teil der Propontis, die sich bereits hier ausbreitet. Auf dem Kap befindet sich das Grab des Hipposthenes, eines megarischen Heros, der dem Ort den Namen gegeben hat. **33.** Nach Hipposthenes kommt Sykides (< συκῆ ‹Feigenbaum›), benannt nach der grossen Anzahl und dem schönen Aussehen der dortigen Feigenbäume. Einige, die es genauer wissen wollten, sagen nämlich, überhaupt stamme von dort der erste Feigenbaum. **34.** Von da weiter das Heiligtum des Schoiniklos, hatten doch die Byzantier, als sie aus Megara ankamen, sowohl das Gedenken an ihn als auch den Kult mitgebracht. Er soll der Wagenlenker des Sehers Amphiaraos geworden sein.

35. Der nächste Ort heisst Auletes, hatte sich doch dort Pytho, ein Flötenspieler (αὐλητής), niedergelassen. Mit diesem Namen ehrt das Andenken seine Kunst. **36.** Danach kommt die Örtlichkeit Bolos (‹Wurf›), geeignet für den Fischfang im Winter. Dort gibt es einen Tempel der Artemis Phosphoros (‹Fackelträgerin›) sowie der Aphrodite Praeia (‹die Sanftmütige›), welcher die Byzantier jährlich Opfer darbringen. Man glaubt nämlich, sie kontrolliere die guten Windverhältnisse, wenn sie deren anwachsendes Toben besänftige und zur Ruhe bringe.

χειμῶνα τῶν ἰχθύων θήραν εὐφυής·
ἐφ' ᾧ τέμενος Ἀρτέμιδος
Φωσφόρου καὶ Ἀφροδίτης
Πραείας, ᾗ κατ' ἔτος θύουσι
Βυζάντιοι· δοκεῖ γὰρ δὴ ταμιεύειν τῶν
ἀνέμων τὴν εὐκαιρίαν, πραΰνουσα
<καὶ> καθισταμένη τὴν ἐπὶ πλέον
αὐτῶν ταραχήν.
37. Τὸ δ' ἐντεῦθεν Ὀστρεώδης ἀπὸ τοῦ συμβεβηκότος ὠνόμα-
σται· βύθιόν τε γὰρ ἔστρωται κατὰ τῆς
θαλάσσης ἕρμα πλήθει τῶν ὀστρέων
ἐπιλευκαινόμενον· διαφαίνεται δὲ τοῖς
ὁρῶσιν ὁ βυθὸς καὶ μάλιστ' ἐν ἡσυχίᾳ
καὶ γαλήνῃ πνευμάτων· τρέφει δ' ὁ τόπος τὸ ἀεὶ δαπανώμενον καὶ ἔστιν, ὡς
ἂν εἴποι τις, ἄσωτος ἡ χρῆσις διαμιλ-
λωμένης τῇ θήρᾳ τῆς γενέσεως.

38. Ἐκδέχεται δὲ τὸν Ὀστρεώδη
τὸ καλούμενον Μέτωπον·
τοῦτο κεῖται μὲν κατὰ πρόσωπον τῆς
πόλεως – βλέπει γὰρ αὐτὴν τὴν Βοσπόριον ἄκραν –, ὠνόμασται δ' ἀπὸ
τοῦ σχήματος· καὶ γὰρ πρὸς τὴν ἤπειρον γεώδεσι λόφοις ἐστὶν ὁμαλὲς καὶ
ἐκ θαλάττης ἀπότομον καὶ ἀκλινές, οὐ
μὴν θεοῦ μαρτυρίας ἄμοιρον· τετίμηται γὰρ Ἀπόλλων κατὰ τοῦτο.
39. Μετὰ δὲ τὸ Μέτωπον Αἰάντιον, ἐπώνυμον Αἴαντος τοῦ Τε-
λαμῶνος, ὃν κατά τινα μαντείαν
σέβουσι Μεγαρεῖς· τὰ δ' ἔθη τῶν οἰκι-

(32b Mü.) Inde est Bolos, is est *Iactus*,
ad piscationem hibernam percommo-
dus loci natura, in quo est templum
Dianae Luciferae et Veneris Placidae;
existimatur enim largiri ventorum
commoditatem eosque turbulentos
placare.

(32b Mü.) Deinde est locus Ostreodes
a rebus, quae ibi fiunt, nominatus;
maris enim vadum ostrearum multitudine exalbescentium constratum fit
perspicuum aspicientibus maxime in
tranquillitate et quiete ventorum. Hic
autem locus semper alit, quod im-
pendatur et in commune conferatur;
est enim luxuriosis locus generationis
ostrearum contendentis cum earum
piscatione.

(32b Mü.) Ostreoda locum excipit
nuncupatum Metopon. Hoc sub aspectum urbis subiectum est; aspicit enim
Bosporium promontorium. Nomen
invenit a figura; nam ex continentis
parte planum est terrenis tumulis, ex
parte maris declive et praeceps. Non
tamen divini testimonii expers est;
etenim apud ipsum colitur Apollo.

(34a Mü.) Post, inquit, Metopon est
Aeantion, nomen adeptum ab Aiace
Telamonio, quem propter quandam
vaticinationem colunt Megarenses ex

Güngerich: ἐποικήσαντος αὐλητοῦ τῶν ἐπ'
ὀνόματι· τετίμηκε δὲ τὴν μνήμην ἡ τέχνη Β ||
9 ἔτος Tournier: ἔθος Β || 12 <καὶ> Wescher
38. 1 δὲ Tournier: δὴ Β || τὸν Güngerich (*coll.*
Schol. ad loc.): τὴν Β || 4 Βοσπόριον Wescher:
-ρίαν Β
39.–40. 1 Αἰάντιον Β: Αἰάντειον Wescher ||
3 ὃν κατά τινα μαντείαν Güngerich, <G>?
(*quem propter quandam vaticinationem* Gil-

34a. 3 *Telamonio* Müller: *Telamone* ed. 1561

37. Von dort weiter folgt Ostreodes (‹Austernbank›), benannt nach dem, was dort vorkommt. Tief im Meer breitet sich nämlich eine Sandbank aus, die von den unzähligen Austern weisslich geworden ist. Der Meeresgrund schimmert durch, wenn man hineinschaut, und dies vornehmlich, wenn das Meer ruhig daliegt und es windstill ist. Dieser Ort liefert also nach, was laufend verzehrt wird; und es herrscht, würde man sagen, Schlemmerverbrauch, steht doch die Produktion der Austern im Wettlauf mit deren Fang.

38. An Ostreodes reiht sich die Örtlichkeit namens Metopon (‹Stirn›). Dieser Steilrand liegt der Stadt gegenüber – blickt er doch just auf das Kap Bosporios – und heisst so wegen seiner Form. Gegen die Landseite hin ist er nämlich ein Plateau mit Erdkuppen und vom Meer her schroff und steilgerade. Ein Zeugnis für eine Gottheit fehlt ihm jedoch keineswegs; Apollon hat dort nämlich einen Kult.

39. Nach Metopon kommt Aiantion, benannt nach Aias dem Telamonier, den die Megarer aufgrund von einem gewissen Orakelspruch verehren. Der Brauch der Kolonisten wurde für jene, die sich dort niederliessen, zum Gesetz. **40.** Dann, was sich als steiler Abhang zum Meer hinwendet, Palinormikon. Seinen Namen hat es von der zweiten Landung (παλὶν ὁρμίζειν), da sie ein erstes Mal dort angelegt hatten und, nachdem sie abgesegelt waren, wieder dorthin zurückkehrten. Die Erfahrung dieses Ereignisses hat dem Ort den Namen gegeben.

σιῶν νόμοι τοῖς ἀποίκοις. **40.** ἔνθεν, καθ' ὃ προπίπτων κρημνὸς εἰς θάλατταν ἐπιστρέφει, Π α λ ι ν ό ρ μ ι κ ο ν · ὠνόμασται <δ'> ἀπὸ τῆς δευτέρας καθορμίσεως, ἐπειδὴ κατ' ἀρχὰς προσέσχον, εἶτ' ἀναχθέντες αὖθις ἀνέστρεψαν· ἡ <δὲ> πεῖρα τοῦ συμβάντος ἔθετο τῷ τόπῳ τοὔνομα.

41. Μικρὸν δ' ὑπὲρ αὐτοῦ ν ε ὼ ς Π τ ο λ ε μ α ί ο υ   τ ο ῦ   Φ ι λ α δ έ λ φ ο υ · τοῦτον ἐτίμησαν ἴσα θεῷ Βυζάντιοι μεγαλοφροσύνης τ' αὐτοῦ καὶ τιμῆς τῆς περὶ τὴν πόλιν ἀπολαύσαντες· καὶ γὰρ χώραν ἐπὶ τῆς Ἀσίας δωρεῖται καὶ σίτου πολλὰς μυριάδας καὶ βέλη καὶ χρήματα.

42. Τὸ δ' ἑξῆς χωρίον Δ ε λ φ ὶ ν λέγεται καὶ Κ α ρ ά ν δ α ς · αἰτία δὲ τῶν ὀνομάτων ἥδε· Χάλκις ἐπῴκησεν ἀνήρ, Βυζάντιος μὲν τὸ γένος, τὴν δ' ἐπιστήμην κιθαρῳδός, οὐδενὸς τῶν ἄκρων ἀποδεέστερος. ἐπὶ τοῦτον, ὁπότε τὴν σκευὴν ἀμπισχόμενος τὸν ὄρθιον ἀείδοι νόμον, δελφὶν ἐκ τοῦ πελάγους κάτεισι, πρός τε τὸ ἐπίφορον τῆς ᾠδῆς ἐκκλίνων τὰς ἀκοὰς καὶ τῇ τῆς θαλάσσης ἀποβάσει προσιστάμενος, ἔξαλος καὶ τὴν ὄψιν μετέωρος, ὡς ἀθρόου τοῦ μέλους ἐμφοροῖτο, μηδὲν εἰς τὴν τῆς ἀκοῆς ἀκρίβειαν ὑπὸ τοῦ βυθοῦ τῆς κινήσεως βλαπτόμενος· ἢν δ' αὐτῷ μέτρον ἡδονῆς τε καὶ εὐτυχίας, ὅ τι καὶ τῷ Χάλκιδι τῆς ᾠδῆς·

instituto eorum, qui deduxerunt coloniam. (34a Mü.) Inde procidens praecipitium, conversum in mare, nominatum est Palinormicum a secunda applicatione. Postquam enim coloniae deductores ad eum locum naves primo appulissent ex eoque solvissent, rursus ad eundem locum reverterunt.

(34b Mü.) Paulo supra praecipitium Palinormicon exsistit templum Ptolemaei Philadelphi, quem Byzantii aeque ac deum venerati sunt, quod ex eius in urbem animi magnitudine fructum magnum accepissent; etenim Byzantiis Ptolemaeus in Asia regionem frumentique multas myriades et sagittas et pecunias dederat.

(34b Mü.) Deinde est locus dictus Delphinus et Charandas. Causa nominum haec est: Vir Chalcis nominatus genere Byzantius, scientia citharoedus, nullis summis citharoedis inferior, cum orthium carmen caneret, delphinus ex pelago exstitit, seque ad audiendum erexit cantilenae impetum, maritimae orae insistens, extra mare eminens, aspectum sublimem gerens, ut vehementi cantu impleretur, ob audiendi studium nihil a vadi commotione laesus. Cum autem Chalcis canere desinebat, delphinus mare subibat ad locumque consuetum redibat. Charandas pastor accola, sive invidia atque odio in Chalcidem, sive avaritia incitatus,

les): ὄντινα κατὰ μαντείαν B || 8 ὠνόμασται <δ'> Güngerich || 9 ἐπειδὴ <γὰρ> Jacoby, cf. *enim* Gilles || 11 ἡ <δὲ> Güngerich
42. 2 Καράνδας hic et infra B: Χαράνδας Wieseler, <G>? (*Charandas* Gilles) || 7 ἀμπισχόμενος Wescher: ἄπισχ- B || 9 τε Tournier: δὲ B || 11 ἀποβάσει Wescher: ἐπι- B¹,

41. Nur wenig oberhalb davon befindet sich ein Tempel des Ptolemaios Philadelphos. Diesen verehrten die Byzantier wie einen Gott, sind ihnen doch dank seiner edlen Gesinnung sowie seiner Wertschätzung für die Stadt Vorteile zugekommen. Er schenkte ihnen nämlich Land in Asien, dazu riesige Mengen von Getreide sowie Waffen und Geld.

42. Anschliessend die Örtlichkeit, die Delphin oder auch Karandas heisst. Der Grund für diese Namen ist der folgende: Es wohnte dort ein Mann namens Chalkis, gebürtiger Byzantier und Kitharöde von Beruf, der den Koryphäen in dieser Kunst in nichts nachstand. Jedes Mal, wenn er in Sängertracht gekleidet eine Weise im hohen Ton erschallen liess, stieg ein Delphin aus dem Meer auf, richtete seine Ohren in die Richtung, woher die Musik erklang, erschien bei der Lände am Meer, reckte sich aus dem Wasser empor und zeigte sein Antlitz, als sei er von der Macht der Musik hingerissen und ungehindert von den Wirbeln in der Tiefe, wie er aufmerksam zuhörte. Das glückliche Vergnügen währte so lange, wie sich Chalkis dem Gesang hingab. Sobald dieser nämlich aufhörte, tauchte der Delphin ins Meer ab und kehrte dorthin zurück, wo er sich gewöhnlich aufhielt. Nun geschah es, dass ein Hirte der Umgebung namens Karandas – entweder aus Neid und Hass auf Chalkis oder möglicherweise aus Habgier – dem Delphin auflauerte. Als dieser langsam durch das Meer glitt und, weil das musikalische Vergnügen ihn verführte, auf den Wellen dem Strand entgegentrieb, erlegte er ihn mit einem Wurfgeschoss. Die Beute konnte er aber nicht an sich nehmen, denn Chalkis bereitete seinem Zuhörer ein prachtvolles Begräbnis und gab den Örtlichkeiten die Namen Delphin sowie Karandas, den einen zum ehrenden Gedächtnis, den anderen zur Vergeltung.

παυσαμένου γὰρ ἐδύετο κατὰ τῆς
θαλάττης, ἀναχωρῶν εἰς τὰ ἤθη τὰ
ἑαυτοῦ. Καράνδας δὲ ποιμὴν πάροικος,
εἴτε φθόνῳ καὶ μίσει Χάλκιδος, δύναιτο
δ' ἂν καὶ πλεονεξίας ἕνεκα, λοχήσας
ἠρέμα διολισθαίνοντα τῆς θαλάττης
καὶ κατὰ τὸ ἐπαγωγὸν τῆς τοῦ μέλους
ἡδονῆς ὑπὲρ τῶν μετεώρων ὀκείλαντα
διαφθείρει βαλών· οὐ μὴν ἐνοσφίσατο
τὴν ἄγραν· θάπτει γὰρ δὴ Χάλκις με-
γαλοπρεπῶς τὸν ἀκροατήν· ἔθετο
δὲ τοῖς χωρίοις ὀνόματα Δελφῖνα καὶ
Καράνδαν, τὸν μὲν τιμῶν τῇ μνήμῃ,
τὸν δ' ἀμυνόμενος.
43. Ἄκρα τοὐντεῦθεν ἐπὶ βραχὺ κολ-
πουμένη· βάσις δ' αὐτῇ καὶ ῥίζα, πέτρα
κατὰ βυθοῦ, Θ ε ρ μ α σ τ ι ς προσαγορεύεται. **44.** μεθ' ἣν αἰγιαλὸς ἀνα-
πεπταμένος εἰς νότον ἄνεμον· λέγεται
δ' ἀπὸ τῶν ἐν ταῖς πεντηκοντόροις
εἰς αὐτὸν κατασχόντων Π ε ν τ η -
κ ο ν τ ο ρ ι κ ό ν · ἅμα γὰρ ἥ τε πόλις
ἤρξατο τῆς κτίσεως καὶ τῶν χωρίων
ἕκαστα τῆς προσηγορίας. **45.** τούτῳ
συνεχῆ Τ ὰ Σ κ ύ θ ο υ · Σκύθην γάρ
φασι μετανάστην ἐκ τῆς αὐτοῦ προσορμίσασθαι Ταῦρον ὄνομα· τοῦτον
δ' ἐπὶ Κρήτης φασὶ πλεύσαντα δια-
φθεῖραι Πασιφάην τὴν Μίνωος· ὅθεν ὁ
μῦθος τοῦ τ' ἔρωτος καὶ τῆς ἐξ αὐτοῦ
γενέσεως.

delphino insidiatus est sensim ad maris oram allabenti eumque sublimem
accedentem interfecit. Non tamen piscatione potitus est; Chalcis enim suum
auditorem magnifica sepultura affecit,
locisque nomina Delphinum et Char-
andam imposuit, illum donans honoris
memoria, hunc ignominiae.

(34b Mü.) Postea est acra in brevem re-
cessum insinuata; basis ipsius et radix,
petra in fundo, Thermastis appellatur.
(34b Mü.) Post hanc ipsam littus noto
vento apertum nominatur Pentecon-
toricon a navibus quinquaginta remos
habentibus ad littus id appulsis.
(34b Mü.) Scytham enim dicunt nuncupatum Taurum ex suis sedibus mi-
grantem huc appulsum fuisse atque ad
Cretam navigasse, Pasiphaën Minois
filiam stuprasse; unde nata fabula
amoris et prolis ex ipso procreatae.

ὑπο- B² || 25 ὀκείλαντα Wescher: ὠκείλαντα
B || 30 Καράνδαν Tournier: καράνδας B || τῇ
μνήμῃ Tournier: τῆς μνήμης B
43.–45. 2 αὐτῇ B: αὐτῆς Güngerich (*ipsius*
Gilles) || 6 ταῖς (sc. ναυσί) Güngerich: τοῖς B
|| 11 συνεχῆ Güngerich: -εχῆς B || 12 αὑτοῦ
Tournier: αὐτοῦ B

43. Von dort weiter kommt eine Klippe, die sich zu einer kleinen Bucht krümmt. Ihre Unterlage, ihre Wurzel, ein Felsen auf dem Meeresgrund; Thermastis ist der Name. **44.** Daneben befindet sich eine Uferstrecke, die dem Südwind ausgesetzt ist. Nach den Kolonisten, welche in den Fünfzigruderern dort anlegten, heisst sie Pentekontorikon. Gleichzeitig nämlich mit der Gründung der Stadt bekamen auch die einzelnen Örtlichkeiten ihre Bezeichnungen. **45.** Dem Pentekontorikon benachbart ist der Skythenplatz. Nach der Überlieferung soll nämlich ein Skythe namens Tauros, der aus seinem Land ausgewandert war, dort vor Anker gegangen sein. Danach habe er nach Kreta übergesetzt und Pasiphae, die Gattin des Minos, verführt. Davon zeugt die Geschichte der Liebschaft und der Nachkommenschaft, die daraus hervorgegangen ist.

46. Ὑπολαμβάνει δ' ἐφεξῆς Ἰασόνιον, ἐνταῦθα τῶν σὺν Ἰάσονι
<προσ>ορμισαμένων· δρυμὸς δ' ἐν
αὐτῷ βαθείας δάφνης εὔπορος καὶ βωμὸς Ἀπόλλωνος· ἡ δ' ἀκτὴ προμήκης
καὶ πᾶσα τοῖς ἀφ' ἑσπέρας καὶ μεσημ-
βρίας πνεύμασιν ἐπίδρομος. **47.** μετὰ
τοῦθ' οἱ Ῥοδίων Περίβολοι,
καθ' ὧν ἀναπτόμενοι τὰ πείσματα
Ῥόδιοι τοῖς περὶ τῆς θαλάσσης σφίσι
διαμφισβητοῦσιν ἐφώρμουν· τούτων
οἱ μὲν εἰς ἡμᾶς ἔτι σώζονται λίθοι τρη-
τοὶ νεῶν ἀπόδεσμοι, προΰπεσον δ' οἱ
πλείους ὑπὸ τοῦ χρόνου.

48. Τούτοις ἕπεται τὸ καλούμενον
Ἀρχεῖον· αὐτὸ μὲν πεδίον ἐπιεικῶς
εὔγειον καὶ φιλάμπελον ἑκατέρωθέν τε
τοῖς ἐπανισταμένοις καὶ προπίπτουσιν
ἐπὶ τὴν θάλατταν λόφοις συγκλειό-
μενον· διὰ μέσου δ' αὐτοῦ κάτεισι
ποταμὸς εἰς μαλακὴν καὶ βαθεῖαν
ᾐόνα· τοῦτ' ᾤκισεν Ἀρχίας Θάσιος
Ἀριστωνύμου παῖς καὶ πόλιν ἐν αὐτῷ
κτίζειν ἠξίωσεν· ἀλλὰ γὰρ ὑπὸ Χαλκηδονίων εἴργεται, δεδιότων ἐπ' αὐτοῖς
οἰκισθῆναι τὸ χωρίον· Ἀρχίας μὲν δὴ
μεταναστὰς Αἶνον οἰκίζεται, τῷ τόπῳ
δ' ἀπολείπει τοὔνομα.

(34b Mü.) Deinde succedit Iasonium,
ex eo nomen adeptum, quod Iason
navigans ad Colchos illuc appulsus
fuerit; ubi est nemus profundae laurus
plenum araque Apollinis. Littus autem
longum, omne ventis occiduis et meri-
dianis expositum.
(36b Mü.) Post Iasonium lucum-
que Apollinis Dionysius *Anaplum*
continuans ponit Rhodiorum τὸν
Περίβολον, ad quem rudentibus naves
alligabant Rhodii, metuentes maris
tempestatem; cuius, ut idem scribit,
tria saxa ad suam aetatem servata
exstitisse dicit, reliqua permulta tem-
poris vetustate cecidisse.
(37a Mü.) Post Rhodiorum Peribolon
Dionysius ponit Archium nuncupatum locum campestrem, agri bonitate
praeditum et vitium amantem, collibus
cinctum circumsurgentibus, ad mare
procidentibus; per medium eorum
fluvius descendit in maritimam oram
mollem et profundam. Hunc incoluit
Archias Thasius Aristonymi filius; qui
cum in hoc loco urbem condere pa-
raret, a Chalcedonensibus prohibitus
est metuentibus exaedificatum locum
contra se fore. Archias illis, qui cum eo
solum vertissent, Aenon dedit habitan-
dum locoque nomen reliquit Archium.

46.–47. 1 Ἰασόνιον Wescher, <G>? (*Iasonium*
Gilles): ιασιόνιον B || 3 <προσ>ορμισαμένων
Güngerich || 4 εὔπορος Wescher: πόρος
B || 6 καὶ πᾶσα Güngerich: πᾶσα καὶ B
|| 10 σφίσι διαμφισβητοῦσιν Wieseler:
συνδιαμφισβητοῦτες B || 11 ἐφώρμουν B[1]
(-ώρμων B[2])

III Text und Übersetzung   65

46. Darauf folgt Iasonion, war doch dort Iason mit seinen Gefährten gelandet. Es gibt am Ort einen Hain mit einer Fülle von dicht gewachsenem Lorbeer sowie einen Altar des Apollon. Die Küste ist langgezogen und gänzlich den Winden von Westen und Süden ausgesetzt. **47.** Hernach kommen die Periboloi (‹Ringgemäuer›) der Rhodier, an welchen die Rhodier ihre Schiffe vertäuten und gegen jene, die ihnen das Meer streitig machten, auf der Lauer lagen. Von diesem Gemäuer sind bis heute durchbohrte Blöcke, wo die Schiffe angebunden waren, stehen geblieben, die meisten jedoch durch die lange Zeit verfallen.

48. Auf die Periboloi folgt das sogenannte Archeion. Es handelt sich um eine Ebene mit guter Erde und für den Weinbau geeignet; eingeschlossen ist sie von Hügeln, welche sich beidseitig erheben und ins Meer abfallen. Durch ihre Mitte fliesst ein Fluss einem sanften, tiefen Ufer entgegen. Der Thasier Archias, Sohn des Aristonymos, liess sich an ihm nieder und wollte dort eine Stadt gründen. Aber er wurde von den Chalkedoniern daran gehindert, fürchteten sie doch, eine Besiedlung des Ortes könnte gegen sie gerichtet sein. Archias zog also weiter und besiedelte Ainos; dem Ort hinterliess er indessen seinen Namen.

49. Μετὰ δὲ τὸ Ἀρχεῖον πολὺς καὶ εἰς βάθος διερρωγὼς ἐπανίσταται κρημνός· προσπίπτων δὲ τῇ τῆς ἄκρας ὑπεροχῇ, πρῶτος ἀθρόαν ἐκδέχεται τοῦ πελάγους τὴν ὕβριν ῥοώδει κοπτόμενος θαλάσσῃ. κατὰ κορυφὴν δ' αὐτοῦ Γ έ ρ ω ν Ἅ λ ι ο ς ἵδρυται· τοῦτον οἱ μὲν Νηρέα φασίν, οἱ δὲ Φόρκυν, ἄλλοι δὲ Πρωτέα, τινὲς δὲ πατέρα Σημύστρας, οἱ δ' Ἰάσονι καὶ τοῖς σὺν αὐτῷ φραστῆρα τοῦ πλοῦ καὶ τῆς ἐκβολῆς τῶν στενῶν ἡγεμόνα γενέσθαι. Λακιάδης (?) δέ τις μάντις <Μεγαρεὺς (?)> τὸ γένος ὤν, δίδωσι τὸν χρησμὸν τοῖς ἐπεσσομένοις τῇ γενέσει τῆς ἀποικίας, ἐξ ἐνυπνίου φαντασίας προειπών, ὡς χρὴ θύειν Ἁλίῳ τῷ Γέροντι· καὶ δημοσίᾳ τετίμηται.

50. Γείτων δ' αὐτῷ Π α ρ ά β ο - λ ο ς , ἀπὸ τῆς ἀνωμαλίᾳ τοῦ πελάγους κινδυνευομένης ἄγρας· εἰς γὰρ ἀκάλυπτον καὶ γυμνὴν κατιὼν τὴν ῥαχίαν τῆς θαλάσσης, ὁ ῥοῦς παραβόλους ὡς ἀληθῶς καὶ τῷ παρὰ μικρὸν ἀποτυγχανομένας δίδωσι τὰς θήρας τῶν ἰχθύων.

51. ἔνθεν Κ ά λ α μ ο ς κ α ὶ Β υ - θ ί α ς · ὁ μὲν ἀπὸ τοῦ πλήθους <τῶν καλάμων>, ὁ δὲ Βυθίας, <κείμενος

(37b Mü.) Dionysius […] post Archium, inquit, promontorium eminet; in altitudinem praecipitem abrumpitur discedens ad mare, fluctus maris densos et violentos, quibus crebris verberatur, excipiens. In promontorii vertice Senex Marinus statutus est, quem alii aiunt Nereum, alii Phorcyn, alii Proteum, quidam patrem Semystrae, nonnulli indicem navigationis et demonstratorem Iasoni fuisse ducemque angustiarum Bosporiarum. Quidam vates Latiades oraculum in somnio sibi visum dedit posteris colonis Megarensium oportere sacrificare Marino Seni; itaque in hoc loco publice colitur Senex Marinus.

(38a Mü.) Marino, inquit, Seni vicinus est Παράβολος, is est *Iactus Temerarius*, nuncupatus a piscatione temeraria incertaque ob maris asperitatem inaequalem. Fluctus enim descendens in littus asperum piscationes efficit temerarias, parum voti compotes et fere frustratorias. Deinde est Calamus et Bythias; ille a calamorum multitudine, hic ab alta protectione promontoriorum

---

49. 2 ἐπανίσταται Tournier: ἀπανίσταται Β || 3 προσπίπτων Β: προ- Tournier || 8 Νηρέα Wieseler: Νιρέα Β || 12 ἡγεμόνα γενέσθαι. Λακιάδης (?, Wieseler) δέ τις μάντις <Μεγαρεὺς (?)> (cf. *Megarensium* Gilles) τὸ γένος ὤν, δίδωσι τὸν χρησμὸν Güngerich: ἡγεμόνα γενέσθαι λευκία δὲ τοῦ μάντεως τὸ γένος ὄντα· δίδωσι δὲ ὁ χρησμὸς Β || 16 προειπών Güngerich: προειπόντος Β
50.–52. 2 ἀνωμαλίᾳ Tournier: ἀνωμαλίας Β || 6 ἀποτυγχανομένας Deubner: ἐπι- Β || 9 <τῶν καλάμων> Wieseler (coll. *a calamorum multitudine* Gilles) || 10 ὁ δὲ Βυθίας Wieseler: βυθίας ὁ δὲ Β || <κείμενος ἐν> Güngerich dub.

49. Nach dem Archeion erhebt sich ein hoher Uferhang, der zerklüftet in die Tiefe geht. Wo er am Vorsprung des Kaps abfällt, erfährt er zuvorderst die geballte Wucht der Flut, gepeitscht von der Brandung des Meeres. Auf dem Gipfel des Vorgebirges steht das Standbild eines Meergreises. Die einen behaupten, es sei Nereus, die anderen Phorkys, wieder andere Proteus, manche aber, es sei der Vater der Semystra, und einige schliesslich, es handle sich um den Fahrtenführer von Iason und dessen Gefährten, den Mann, der sie durch den Ausgang des engen Sunds lotste. Ein gewisser Lakiades, Seher aus Megara, gab den Nachkommen der Kolonisten das Orakel, welches ihm in einer Traumvision zuteilgeworden war und er ihnen vortrug: Man müsse dem Meergreis Opfer bringen. Und so erhielt er einen öffentlichen Kult.

50. Ihm benachbart ist Parabolos, wo Fischfang wegen der unberechenbaren Flut gefährlich ist. Weil es dort nämlich in die ungedeckte, offene Meeresbrandung hinabgeht, sorgt die Strömung dafür, dass das Fischen in der Tat waghalsig (παράβολος) ist und beinahe erfolglos bleibt. **51.** Mit Kalamos und Bythias geht es weiter. Der eine Ort heisst so, weil es dort eine Menge Schilfrohr (ὁ κάλαμος) gibt, Bythias der andere, der im Schutz der Vorgebirge liegt, in Ableitung von βυθός (‹Meerestiefe›). Einen Lorbeerbaum gibt es dort, gepflanzt von Medea, der Tochter des Aietes, wie die Legende besagt. **52.** Zu dieser Örtlichkeit parallel gibt es einen Hügel, der hingestreckt sich sanft zum Meer abneigt und darauf ein Heiligtum der Göttermutter, welchem die Leute, die dort hingezogen sind, den Namen Baka gaben.

ἐν> σκέπῃ τῶν ἀκρωτηρίων, ἀπὸ τοῦ
βυθοῦ κατὰ παρατροπὴν ὠνόμασται.
δ ά φ ν η δ᾽ ἐν αὐτῷ, Μ η δ ε ί α ς τῆς
Αἰήτου φυτόν, ὡς λόγος. 52. τούτῳ
15 παράλληλος λόφος ὕπτιος, ἠρέμα κατακλινὴς ἐπὶ θάλατταν καὶ Μ η τ ρ ὸ ς
Θ ε ῶ ν ἱ ε ρ ό ν · ἀπὸ δὲ τῶν ἐποικη-
σάντων αὐτῷ Βάκα (?) τοὔνομα.
53. Μεθ᾽ ὃν ἄκρα προτενής, πολὺν
ἐγκολπιζομένη λιμένα καὶ παχεῖ τῷ
προπίπτοντι κρημνῷ τὰς βορείους τῆς
θαλάττης πληγὰς ἀμυνομένη· καθ᾽ ὃ
5 μὲν γὰρ εἰς ἀμέτρητον ἐμβεβληκυῖα
τὸν βυθὸν πρὸς τὴν δύσιν ὑποστρέφει,
μεγέθει τε διαρκῆ καὶ πνευμάτων σκεπανὸν παρέχει τὸν ὅρμον· τῷ δὲ προ-
έχοντι πολλὴν καὶ θρασεῖαν ἐκδέχεται
10 τοῦ ῥεύματος τὴν βίαν ὁμοίαν δράκοντος. ποτὲ μὲν γὰρ οἷα παλινσπάστου
κυκεὼν πελάγους εἰλεῖται κατ᾽ αὐτήν,
ποτὲ δὲ ῥόθιον εἰς τὸ κάταντες ὠθεῖ
τὴν θάλασσαν. καὶ πολλὰς εἶδον ναῦς
15 μεστάς, οὐριοδρομούσας τοῖς ἱστίοις,
ὑποφερομένας εἰς τοὐπίσω μαχομένου
τῷ πνεύματι τοῦ ῥοῦ· πάλιν δ᾽ ἐν χρῷ
τῆς πέτρας ἀναστρέφει καὶ ἐξ ἀνακο-
πῆς οἷον ἀντίσπαστος τοῦ πελάγους
20 ἐναντίον αὐτὸς αὐτοδρομῶν ἐπείγεται·
δείκνυνται δέ τινες τρίβοι καὶ τύποι
τῶν ἐναλίων καρκίνων πεζῇ παρεξιόντων τὸ ῥοωδέστατον. καὶ φόβος καὶ
ἀπορία <τοῖς πλέουσιν> ἔπεισιν, ὅσα

circumsurgentium nominatur. In ipso
est laurus, Medeae Aeetae filiae planta,
ut fama est. Huic parallelus est collis
sensim supinus, declinans ad mare,
nominatus Bacca Isidis matris deo-
rum.

(39b Mü.) Post collem sensim supinum, inquit, promontorium protendi-
tur, multum portum insinuans, crasso
praeruptoque incursu boreales maris
ictus propulsans. Ab occasu enim portum praebet sufficienti magnitudine,
protectum a ventis; reliqua promontorii pars excipit fluctuum vim multam
audacemque et similem statuae virili.
Nunc enim mare miscet et convolvit in
orbem, nunc impetus undarum in contrariam partem impellit. Multas naves
vidi onustas secundo vento currentes
retrocessisse fluctu oppugnante ventum; rursus vero ad saxa promontorii
revertitur impetus undarum, et ex refractione velut avulsus et separatus
a pelago contra pelagum ipse per se
currens urgetur. Unde fit, ut nautae
necesse habeant, iter pedibus confi-
cientes funibus naves trahere, in quas
fluxus multus incursans nautas vi agit
et retrahit in contrariam partem; me-
tusque et desperatio subit, tamquam

11 σκέπῃ Güngerich: σκέπη B || 12 παρατροπὴν Tournier: περι- B
53. 3 προπίπτοντι Tournier: προσ- B || 4 ἀμυνομένη Wescher: ἀμυνόμενοι B || 7 διαρκῆ Tournier: διαρκεῖ B || 8 προέχοντι Tournier: προσ- B || 10 δράκοντος Müller: ἀνδριάντος B || 11 παλινσπάστου Wescher: παλιμπάστου B || 13 ῥόθιον Güngerich: ῥόθιος B || 14 εἶδον Güngerich, <G>? (vidi Gilles): οἶδα B || 21–23 δείκνυνται – ῥοωδέστατον post βεβαιοῦντες (34) transp. Güngerich || 23–25 καὶ φόβος –

53. Nach diesem Hügel erstreckt sich ein Vorgebirge, welches in einer Bucht einen grossen Hafen einschliesst und mit seinem steilen, massigen Abhang das von Norden anstürmende Meer abhält. Wo es aber mit Eintritt in die unermessliche Meerestiefe nach Westen abbiegt, gewährt es durch seine Grösse dem Ankerplatz genügend Schutz vor den Winden. An der äussersten Spitze hingegen erfährt es die gewaltige, trutzige Wucht der Strömung, als wäre sie ein Meerungeheuer. Bald windet sich nämlich, als würde das Meer zurückgezogen, ein Strudel um den felsigen Vorsprung, bald drängt ein Wogenschwall das Meer abwärts. Ich habe viele beladene Schiffe gesehen, die mit Segeln vom Fahrwind geschwellt zurückgedrängt wurden, wenn die Strömung mit dem Wind kämpfte. Dann wiederum wendet sich die Flut nahe am Felsen und rollt, als wäre sie durch den Aufprall in die andere Richtung gezerrt, dem Meer in schnellem Lauf selbständig wieder zu. Da kommen Wege und Spuren der Meereskrabben zum Vorschein, welche zu Lande an der stärksten Brandung vorbeikriechen. Angst und Ratlosigkeit überkommen die Seeleute, ob man es ein zweites Mal versuchen sollte. Ein Grossteil derer, welche vom Ufer her die Schiffe gegen die bergwärts strömende Wassermasse ins Schlepptau nehmen, werden dadurch in Bedrängnis gebracht. Es gibt indes eine Stelle, wo sie, weil nur wenig Wasser eindringt und es nahe beim Landeplatz verebbt, dicht bei den Felsen mit den Wogen kämpfen, indem sie gegen die Brandung die Ruder stemmen und dank dem Festland das wilde Meer bezähmen. Hestiai (< ἑστία ‹Herd›, ‹Hausaltar›, ‹Zufluchtsort›) heisst der Ort. Dort machten nämlich die Anführer der Kolonie mit ihren Schiffen Halt, nachdem sie am Kap Bosporios vorbeigefahren waren und sahen, dass eine grosse Abteilung der barbarischen Armee die Anlegeplätze eingenommen hatte. Und für jede Stadt, wo sie zuerst an Land gegangen waren, errichteten sie einen Herd des Hauses. Als sie merkten, dass die Barbaren auf dem Landweg gegen sie zogen, warteten sie ab, bis sie den Hauptharst von den dortigen Plätzen abschneiden konnten. Die Flotte schickten sie auf See und steuerten auf das Kap zu, welches jetzt unbewacht und menschenleer war; durch überlegene Strategie besiegten sie die Barbaren. Da sie durch die beiden Buchten abkürzen konnten, hatten sie eine kurze Fahrt, während für die anderen der Landweg rund (um das Vorgebirge) führte. Einige behaupten, Hestiai zählte nicht unter die Städte, sondern es habe sich um sieben megarische Häuser gehandelt, die nobelsten. Soll jeder glauben, was er will.

25 μὴ δευτέρας πείρας· ὅθεν τὰ πολλὰ μὲν
ὑπὸ τῶν ἀναδουμένων τὰς ναῦς καὶ ἐκ
τῆς γῆς ἐφελκόντων πρὸς ἀνάντη καὶ
πολὺν ἐμπίπτοντα τὸν ῥοῦν βιάζεται·
ἔστι δ' ὅπου καὶ μικρὸν ἐνδόντος καὶ
30 χαλάσαντος ἐν χρῷ τῆς ἀποβάσεως
καὶ παρ' αὐτὰς τὰς πέτρας ἁμιλλῶνται
τῷ ῥεύματι, στηρίζοντες εἰς τὰς ῥαχίας
τὴν εἰρεσίαν καὶ τὴν θαλαττίαν ἰσχὺν
τῇ τῆς ἠπείρου συμμαχίᾳ βεβαιοῦντες.
35 Ἑ σ τ ί α ι δ' ὁ τόπος ὠνόμασται·
κατέσχον γὰρ ἐνταῦθα ταῖς ναυσὶν οἱ
τῆς ἀποικίας ἡγεμόνες, ἐπειδὴ παρεξιόντες τὴν Βοσπόριον ἄκραν ὁρῶσι
πολλῷ πλήθει βαρβαρικοῦ στρατοῦ
40 κατεχομένας τὰς ἀποβάσεις. καὶ τὰς
μὲν ἑστίας ἱδρύσαντο κατὰ πόλιν ἑκάστην, ἔνθα πρῶτον ἀπέβησαν. ἐπεὶ δ'
αἰσθάνονται τοὺς βαρβάρους κατὰ
γῆν ἰόντας ἐπ' αὐτούς, ἀναμείναντες,
45 ἄχρι πλεῖστον ἀποσπάσαιεν ἐκείνων
τῶν χωρίων, ἐφιᾶσι τῷ ῥεύματι τὸν
στόλον καὶ εἰς ἀφύλακτον ἤδη καὶ
κενὴν ἀνδρῶν κατίσχουσι τὴν ἄκραν,
διαστρατηγήσαντες τοὺς βαρβάρους·
50 ἦν γὰρ τοῖς μὲν κατ' ἐπιτομὰς τῶν
κόλπων οὐ πολὺς ὁ πλοῦς, τοῖς δ' ἐν
κύκλῳ τῆς γῆς ἡ περίοδος. ἔνιοι δέ φασιν οὐ πόλεων, ἀλλ' οἴκων Μεγαρικῶν
ἑπτὰ τῶν ἀρίστων εἶναι τὰς Ἑστίας·
55 πεπιστεύσθω δ' ὅπως ἑκάστῳ φίλον.
 54. Κάμψαντι δὲ τὰς Ἑστίας εἰρη-
ναῖος ἤδη καὶ βέβαιος ὁ πλοῦς πρός
τε τῆς ἄκρας τὴν ἐπιστροφὴν καὶ τοῦ
ῥεύματος τὴν πελαγίαν καὶ μετέωρον
5 ὁρμήν· ἔνθεν φασὶ περᾶσαι πρὸ μὲν

non iterum tentandum sit. Nonnumquam fluctibus cedentibus ad ipsa saxa crepidinis littoreae contendunt contra fluctus, firmantes remos ad cautes et vim maris inhibent auxilio continentis. Postea vero quam coloniae deductores promontorium Bosporium praetergressi viderunt magnam multitudinem barbarici exercitus tenere oram maritimam, in quam descendendum erat, occuparunt locum nuncupatum Hestias, vacuum a custodibus, et barbaris anteverterunt. Fuit enim illis compendiaria navigatio, at barbaris longus terrae circuitus ob sinus. Demonstrantur autem quaedam semitae, impressiones in saxis cancrorum marinorum pedestri itinere rapidissimum fluxum praetereuntium.

(41b Mü.) Deinde adiungit Dionysius: A promontorio Hestiaco flexus iam navigationem quietam stabilemque efficit. Post Hestias sunt Χηλαί nuncupatae a similitudine figurae; harum quidem al-

πείρας huc transp. Billerbeck (mon. Güngerich, qui τοῖς πλέουσιν suppl.): post βιάζεται (28) exhibet B ‖ 30 ἐν χρῷ Tournier: ἐν τῷ ῥῷ B ‖ 41 ἱδρύσαντο Wescher: ἱδρύσαντος B

54. Wer Hestiai umfahren hat, dem bietet sich eine friedliche, ruhige Fahrt bis zur Biegung des Vorgebirges und zu dem Punkt, wo die Strömung den Ansturm der hohen Meereswellen erfährt. Von dort, sagt man, seien vor dem Trojanischen Krieg die Myser zusammen mit den Teukrern herübergekommen und bis nach Thessalien gelangt, wobei sie jede Gegend, welche sie betraten, unter ihre Herrschaft brachten. Und von dort, sagt man, sei Asteropaios, König der Paioner, die am Fluss Axios wohnen, in den Kampf um Ilion gezogen. **55.** Nach Hestiai kommen die Chelai, welchen die Ähnlichkeit mit der Form (< χηλαί ‹Krebsscheren› oder ‹Klauen›) den Namen gegeben hat: Wie die Vorstellung beim Anblick, so der Name. Von diesen vorspringenden Wellenbrechern ist der eine länger, der andere kürzer; Häfen bilden indes beide.

τῶν Τρωϊκῶν Μυσοὺς ἅμα Τεύκροις
καὶ μέχρι Θετταλίας ἀνύσαι κρατοῦντας ἁπάσης ὅσης ἐπήεσαν γῆς, ὑπὸ δὲ
τὸ Ἰλιακὸν ἔργον Ἀστεροπαῖον βα-
10 σιλέα τῶν ἐπ' Ἀξίῳ ποταμῷ Παιόνων.
55. Χ η λ α ὶ δὲ μετὰ τὰς Ἑστίας, κατὰ
τὸ ἐμφερὲς τοῦ σχήματος· εἰκὼν γὰρ
τῆς ὄψεως τοὔνομα· τούτων αἱ μὲν
μείζονες, αἱ δὲ βραχύτεραι, λιμένες δ'
15 ἀμφότεραι.
56. Καὶ παρ' αὐτὰς Δ ι κ τ ύ ν ν η ς
ἱ ε ρ ὸ ν Ἀ ρ τ έ μ ι δ ο ς · ἀνέθεσαν
δ' αὐτῇ τὰς κατὰ θάλατταν ἄγρας,
ὡς ἕξει μόνη θεῶν ἐπ' ἀμφότερον
5 εὔθηρος. ταύτην Κυζικηνοῖς σέβειν
προσέταξεν ὁ θεὸς ἀφορίᾳ τῆς
θαλάσσης πιεζομένοις· οἱ δ' ὑφείλοντο
λαθόντες· ἀφανοῦς δὲ γενομένης –
θεῷ γὰρ ἐπὶ πάντα [γὰρ] δύναμις –,
10 οἱ μὲν οὐδὲν ἀμείνονος ἐπειρῶντο
τῆς θαλάττης, τὸ δ' ἕδος ἦν, ἔνθα
καὶ πρότερον. ἀλλὰ [τοῦ] Κυζικηνοὶ
πλεύσαντες καὶ ἀπὸ τοῦ φανεροῦ
μετενεγκάμενοι χρυσέαις ἀλύσεσιν
15 ἐβεβαιώσαντο καὶ ἐκ τούτου μετέβαλε
μὲν αὐτοῖς τοῦ χόλου ἡ θεός ***

terae breviores, alterae maiores, ambae
vero portus exsistunt.

(41b Mü.) Apud ipsas templum est
Dianae Dictynnae.

57. (42b Mü.) Post, inquit Dionysius, Dianae Dictynnae aedem turbulenta est
et vehementer contento fluxu commota navigatio. Locus autem dicitur P y r -
r h i a s   C y o n , ut mihi videtur, a similitudine, quam habet mare hoc cum cane;
ut vero plurimorum obtinet sermo, a cane pastoritio littus hoc circumcursante
5 latranteque eos, qui violentia fluctus iuxta marginem littoris navigare haberent
necesse. Ibi quoque meatus freti arctissimus, dirimens duas continentes. Ibidem
etiam dicitur fuisse Darii transitus. Hinc enim <M>androcles Samius pontem
iunxit in Bosporo. Hic locus cum alia praebet historiae monumenta, tum sellam
in petra excisam; in hac enim aiunt sedentem Darium spectatorem fuisse pontis
10 et transeuntis exercitus.

54.–55. 15 ἀμφότεραι Tournier: -τεροι B
56. 7 πιεζομένοις Wescher: -μένης B || 9 γὰρ del. Wescher || 12 τοῦ del. Wescher
57. 7 <M>androcles Billerbeck (ex Herodoti codd.)

56. In der Nähe davon befindet sich ein Heiligtum der Artemis Diktynna («mit dem Netz»). Man weihte ihr den Fang aus dem Meer, weil sie als einzige unter den Göttern in der Lage wäre, sowohl im Jagen als auch im Fischen Erfolg zu bescheren. Sie zu verehren, trug der Gott den Kyzikenern auf, als sie durch das ausgefischte Meer in eine Notlage gebracht worden waren. Diese aber stahlen im Geheimen die Opfergaben. Da sich die Göttin nicht bemerkbar machte – eine Gottheit hat nämlich Macht über alles –, stellten sie das Meer auf die Probe, welches sich jedoch in keiner Weise gebessert hatte. Der Tempel blieb allerdings dort, wo er schon vorher gestanden hatte. Die Kyzikener aber, die abgesegelt waren und aufgrund dessen, was nun offenbar war, ihre Haltung geändert hatten, leisteten mit goldenen Ketten Genugtuung; und als Folge davon wendete die Göttin den Zorn von ihnen ab.

57. Nach dem Tempel der Artemis Diktynna, sagt Dionysios, ist die Schifffahrt turbulent und durch das zügige Fliessen höchst bewegt. Übrigens heisst der Ort Πυρρίας Κύων, so genannt, wie mir scheint, von der Ähnlichkeit, welche das dortige Meer mit einem Hund (κύων) hat; in Wahrheit, wie die meisten sagen, gehe der Name auf einen Hirtenhund zurück. Dieser sei am Strand hin und her gerannt und habe jene angebellt, die wegen der Wucht der Strömung dem Ufer entlang navigieren mussten. Dort ist zudem die Furt, welche die beiden Kontinente trennt, am engsten. Zudem heisst es, an ebendieser Stelle habe der Übergang des Dareios stattgefunden, denn von hier schlug der Samier Mandrokles eine Brücke über den Bosporos. Dieser Ort zeigt historische Monumente, besonders einen Thron, der in Stein gehauen ist. Auf diesem nämlich, so die Überlieferung, sei Dareios gesessen, habe auf die Brücke geschaut und beobachtet, wie das Heer darüber marschierte.

58. (46a Mü.) Post Pyrrhiam Cyonem Dionysius ponit promontorii in directam altitudinem editi oram maritimam sursum navigantibus arduam et difficilem praetervectis ob violentum coitum utriusque continentis repugnantem anguste praeterfluenti Bosporo. Fluctus enim ebullit effervescitque continuis vorticibus
5 non minus quam lebes igne subdito effervescere flammaeque excessu ebullire aestuosoque sonitu strepere solet. Itaque ora haec a natura sua nominata est Ῥοώδης, hoc est fluctuosa.

59. (46b Mü.) Deinde, inquit Dionysius, promontorium praetergresso occurrit petra a natura, non ab hominum manu facta, colore albo, alarum similitudinem aquilae prae se gerens et tamquam plantam pedis extendens atque in alteram partem contrahens, velut ludicrum quiddam naturae omnia imitantis; nomina-
5 tur P h i d a l i a , quam nescias dicerene debeas insulam an continentem, illam quidem ob naturam, hanc vero ob vicinitatem. Quidam aiunt appellatam esse Φαιδαλίαν ex eo, quod primum in ea piscatio appareat. Alii dicunt filiam Barbysae fuisse; cum autem complexu venereo se miscuisset cum Byzante, commotam verecundia stupri et metu patris se in mare proiecisse atque periisse. Neptunum
10 autem progenitorem cum misericordia adductum, tum benevolentia sui generis continentis magnam partem abrupisse eamque in profundo defixisse ac firmasse, posterisque insulam habitam fuisse sepulcrum Phidaliae. **60.** Sinus ab oriente interius recedit profundus et satis capax, brevi continentis circuitu conclusus. In medium sinum descendit χείμαρρους, is est rivus hibernus; nam summa aestate
15 deficit. In hoc sinu est P o r t u s M u l i e r u m nominatus sive ex eo, quod nihil offenditur neque a mari neque a continenti – non enim minus a fluctibus maris tutus est quam a vehementibus ventis terra protectus –, sive ex eo ita appellatus est, quod absentibus viris magnam multitudinem piscium hunc portum ingressam mulieres ceperunt.

61. (47b Mü.) Inde addit idem Dionysius: Portum Mulierum continuo subsequitur locus Κυπαρώδης nuncupatus a cypresso arbore.
62. (47b Mü.) Post Cyparodem Dionysius ponit t e m p l u m H e c a t a e super petram, quae accessu ventorum fluctibus percussa valde resonat; circum enim ipsam fluctus concitatus diffringitur. Haec vero quantum in se suscipit, tantum reiicit sub crepidinem orae maritimae.

63. (48b Mü.) Post templum, inquit, Hecatae sequitur <sinus> L a s t h e n e s appellatus a viro Megarensi Lasthene. Similis sinui nuncupato Cornu est intimo

63. 1 <sinus> Müller

58. Nach Pyrrhias Kyon verortet Dionysios die Meeresküste eines Kaps, welches steil in die Höhe ragt. Für jene, die stromaufwärts fahren, ist die Fahrt am Ufer vorbei beschwerlich und schwierig, denn die Annäherung der beiden Kontinente ist voller Tücken und widerstrebt dem Bosporos, der in schmalem Bett vorbeifliesst. Die Flut brodelt nämlich und braust auf wegen der ständigen Wirbel, nicht weniger als es der Fall ist, wenn das Wasser im Kessel über dem Feuer aufbraust, bei Überhitzung überkocht und ein tosendes Geräusch von sich gibt. Daher heisst diese Küste nach ihrer natürlichen Beschaffenheit Ῥοώδης, das bedeutet ‹die stark Brandende›.

59. Danach, fährt Dionysios fort, stellt sich demjenigen, der am Kap vorbeigefahren ist, ein Fels entgegen, von Natur und nicht von Menschenhand geformt, weiss von Farbe und den Flügeln eines Adlers ähnlich, wie wenn er den einen Fuss ausstreckte und auf der anderen Seite ihn einzöge, als wäre es ein Spiel der Natur, die alles nachahmt. Diese Landspitze heisst Phaidalia, und man weiss nicht, ob man sie als Insel oder als Festland bezeichnen sollte, jenes wegen der natürlichen Beschaffenheit, dies jedoch wegen der Nähe. Einige behaupten, sie heisse Φαιδαλία, weil an dieser Stelle zum ersten Mal Fischfang (ἁλιεία) wahrgenommen wurde (φαίνειν). Andere wiederum erzählen, Phaidalia sei die Tochter des Barbyses gewesen; da sie sich aber dem Byzas hingegeben hatte, sei wegen des Liebesaktes Scham über sie gekommen, und aus Furcht vor ihrem Vater habe sie sich ins Meer gestürzt und sei dort umgekommen. Poseidon aber, der Stammvater, hätte aus Mitleid und vor allem aus familiärem Wohlwollen einen grossen Brocken aus dem Festland herausgebrochen und auf dem Meeresgrund festgemacht. Der Nachwelt galt die Insel als Grab der Phaidalia. **60.** Im Osten dringt eine Bucht ins Innere des Landes ein, tief und ziemlich geräumig, eingefasst durch einen kurzen Umgang auf dem Festland. Mitten in den Meerbusen läuft ein χειμάρρους ein, also ein winterlicher Sturzbach; im Hochsommer ist er nämlich ausgetrocknet. In dieser Bucht befindet sich der Frauenhafen (Γυναικῶν λιμήν). Der Name kommt entweder daher, weil weder das Meer noch das Land ihm schaden, ist er doch nicht weniger vor der Meeresflut sicher als vor den Sturmwinden, geschützt durch das Hinterland. Oder er heisst deswegen so, weil die Frauen in der Abwesenheit ihrer Männer eine grosse Menge Fische fingen, welche in diesen Hafen geschwommen waren.

61. Dann fügt derselbe Dionysios an: Auf den Frauenhafen folgt unmittelbar der Ort Κυπαρώδης, genannt nach der Zypresse.

62. Nach Kyparodes lokalisiert Dionysios einen Tempel der Hekate auf einem Felsen, der vom sturmgepeitschten Wellenschlag heftig widerhallt; denn rund um diesen Felsen werden die herangetriebenen Wellen gebrochen. Und unter krachendem Getose an der Meeresküste treibt er so viel Wasser zurück, wie er an sich hatte anrollen lassen.

63. Nach dem Tempel der Hekate, fährt er fort, kommt der Meerbusen Lasthenes, der seinen Namen auf den Megarer Lasthenes zurückführt. Dem Horn ähnelt er – wenn man Kleines mit etwas Grossem vergleichen darf – durch den innersten sumpfigen Winkel sowie die Höhe der Bergvorsprünge und seine grosse

recessu palustri et promontoriorum eminentia et profunda altitudine, quantum magna cum parivs licet conferre. Ad introitum strictus est, procedens autem valde
5   dilatatur; tranquillus et tutus est, circumdatus montibus, quibus velut muris munitur contra ventos. In quem descendit quidam fluvius perennis quidem, sed navibus inaccessus. In hoc loco Amphiaraus ex oraculi divino praecepto colitur.

64. (50a Mü.) Post Lasthenium, inquit, C o m a r o d e s exsistit, a silva comarorum nominatum, mari fluctuoso verberatum. **65.** Post Comarodes consequitur littus editum, asperum cautesque concavae ex mari eminentes, quas antiqui B a c c h i a s nominarunt ex eo, quod circum ipsas concitato motu fluctus furere
5   et bacchari videntur. Hic Demetrium, Philippi ducem exercitus, cum vicissent Byzantii, Θερμημερίαν nominarunt locum a re ipsa, quae contigerat; pugnam enim navalem illius diei magna solertia et summo ardore pugnaverant. **66.** Sub oram autem prominentem subit et succedit sinus, in quo est P o r t u s   P i t h e c i. Quem aiunt regem barbarorum hunc locum accolentium Asteropaeo una cum
10 suis filiis ducem exstitisse traiectionis in Asiam; huic continens est ora praerupta et praeceps. **67.** Deinde consequitur littus inclinans in sinum nominatum Εὔδιον Καλόν, quem circuit littus adeo maris exiguo spatio contractum, ut continens quidem natura exsistat, at aspectu insula esse videatur. **68.** Inde statim succedit sinus nuncupatus P h a r m a c i a s a Medea Colchide, quae in hoc loco reposuit
15 pharmacorum arculas. Est autem pulcherrimus et commodissimus ad piscationes et ad naves appellandas aptissimus; etenim usque ad marginem littoris profundus a ventisque maxime tutus habetur, piscium multitudinem ad se allicit. Silvae autem densae et profunda nemora omnis generis et prata impendent velut, arbitror, certante terra cum mari. Eius circuitus adumbratur silva imminente in mare, per
20 quam mediam in sinum descendit fluvius sine strepitu fluens.

69. (52a Mü.) Pharmaciam, inquit Dionysius, subsequuntur saxosa littora et praecipitia in mare impendentia velut visionis flexamina ex eo, quod oculis flexibilem aspectum obiiciant. Aperitur enim Pontus tectus eminentibus promontoriis nullo amplius impediente verum aspectum; quod enim crebro finis esse videtur,
5   idem rursus invenitur principium. Postea maris latentis visio conciliat fidem rei,

64.–68. 1–2 *Comarodes* bis et *comarorum* Frick: *Comma-* ter ed. 1561 || 9 *Asteropaeo* Müller: *a Steropeo* ed. 1561 || 12 *adeo maris* Güngerich: *et mare* ed. 1561 || 13 *videatur* Hudson: *videtur* ed. 1561
69. 5 *idem* Müller: *idque* ed. 1561

Tiefe. Dort, wo man eintritt, ist er eng, weitet sich aber Zug um Zug bedeutend aus. Ruhig und geschützt liegt er da, von Bergen umgeben, die wie Mauern die Sturmwinde von ihm abhalten. In ihn ergiesst sich ein Fluss, der zwar stets Wasser führt, aber nicht schiffbar ist. An diesem Ort wird Amphiaraos gemäss göttlicher Vorgabe eines Orakels verehrt.

64. Nach dem Lasthenischen Golf, berichtet er, zeigt sich Komarodes, benannt nach dem dortigen Wald von Erdbeerbäumen (ἡ κόμαρος), den peitschenden Meereswogen ausgesetzt. **65.** Nach Komarodes kommt ein erhöhtes, rauhes Gestade, dazu ausgehöhlte Riffe, die aus dem Meer ragen. Die Alten nannten sie Bakchiai, weil rund um sie herum die aufgewühlte Flut wie Bacchantinnen zu toben schien. Da die Byzantier hier Demetrius, einen Heerführer Philipps, besiegt hatten, nannten sie den Ort Θερμημερία (‹Hitzetag›) nach dem, was sich zugetragen hatte. Die Seeschlacht an jenem Tag hatten sie nämlich mit grossem Geschick bei mörderischer Hitze geschlagen. **66.** Es erstreckt sich ferner unter der vorspringenden Küste eine Bucht, an welcher der Hafen des Pithekos (Λιμὴν Πιθήκου) liegt. Pithekos sei König der dort ansässigen Barbaren gewesen und habe Asteropaios sowie dessen Söhnen den Weg hinüber nach Asien gewiesen. Das anschliessende Ufer ist abschüssig und steil. **67.** Das Ufer, welches danach folgt, neigt sich zur Bucht namens Εὔδιος Καλός (‹Schöne Meeresruhe›). Umgeben ist sie von einer Küste, welche durch die knappe Meeresfläche dermassen eingeengt ist, dass sie von Natur aus zwar zum Festland gehört, beim Anblick aber als Insel erscheint. **68.** Von da kommt sogleich die Bucht Pharmakias; ihr Name geht auf die Kolchierin Medea zurück, die an diesem Ort Kästchen mit Zaubermitteln («pharmacorum arculas») hinterlegt hatte. Es handelt sich indes um eine wunderschöne Einbuchtung, äusserst zweckmässig für den Fischfang und höchst geeignet für das Anlegen von Schiffen, hat sie doch bis zum Strand tiefe Wasser und ist von den Winden bestens geschützt; sie zieht eine Menge Fische an. Ferner überragen dichte Wälder und tiefe Haine jeglicher Art die Bucht, dazu Wiesen, als würden, wie ich meine, Erde und Meer miteinander wetteifern. Ihren Umkreis überschattet ein Wald, der ins Meer hinabreicht und durchflossen wird von einem Wasserlauf, der geräuschlos in die See einmündet.

69. Nach Pharmakias, sagt Dionysios, folgen unmittelbar felsige Uferpartien, die jäh abfallend über das Meer hängen wie eine optische Täuschung, da es in den Augen flimmert, wenn man sie anschaut. In der Tat öffnet sich der Pontos, der von den aufragenden Vorgebirgen verdeckt ist, dem wirklichen Blick, wenn es weiter kein Hindernis mehr gibt. Was nämlich wiederholt als Ende erscheint, entpuppt sich dann wieder als Anfang. Danach erwirkt die Sicht auf das verborgene Meer Vertrauen in das, was man nicht für wahr hielt. Jene Felsen und Riffe an der Küste heissen Κλεῖδες und Κλεῖθρα τοῦ Πόντου, das bedeutet ‹die Schlüssel und Riegel des Pontos›. **70.** Hat man Κλεῖδες, die viel mehr den Blick auf den Pontos öffnen als dessen Zugang, hinter sich gelassen, erscheint eine Felsformation, die

quae non credebatur. Illa autem saxa et cautes littoris nominarunt Κλεῖδας καὶ Κλεῖθρα τοῦ Πόντου, hoc est Claves et Claustra Ponti. **70.** Iam praetergresso Claves aspectus magis quam Ponti adest petra in acutam verticem fastigiata, nucis pineae similitudinem gerens, quae D i c a e a , id est Iusta, nominatur ex eo, quod
10 triremibus navigantes in Pontum mercatores apud hanc petram deposuissent aurum pacti inter se non prius alterum illud esse sublaturum, quam ambo simul ad petram convenirent. Altero pactionem praetergresso sermo hominum habet aurum delituisse recusante petra impiam fidem socii perfidi, quousque simul ambo eo convenientes depositum acceperunt; petrae autem praemium remansit huius
15 iustitiae nomen.

71. (53b Mü.) Prope, inquit, petram Dicaeam nuncupatus Βαθύκολπος, is est Sinus Profundus, non tam circumscriptione sui intimi recessus perpulchri et in profundam latamque harenam porrecti, quam magna altitudine maris; clivi enim ardui et praecipites vicini proximi sunt orae maritimae. Fluvius in sinum exit, cui
5 idem quod sinui nomen est. Hic exsistit S a r o n i s herois Megarici a r a et iactus piscium sibi idoneo et maturo tempore conferta et continenti natatione primo sursum, deinde deorsum Bosporum commeantium, maris altitudine deceptorum.

72. (54a Mü.) Paulo, inquit, sub promontorio Saronico situs est Καλὸς Ἀγρός. Ob utramque commoditatem terrae et maris a natura nomen habet.

73. (54b Mü.) Post, inquit, Καλὸν Ἀγρόν est S i m a s promontorium et Veneris Meretriciae statua. Simam enim quandam habet hominum sermo valde pulchram et ingeniosam et sollertem hunc locum incoluisse, de praeternavigantibus merere solitam stipendia Veneris.

74. (55a Mü.) Ad haec Dionysius adiungit: Promontorium nuncupatum Simam praetergressos excipit S c l e t r i n a s sinus; nescio utrum ex asperitate silvestris terrae, anne a flumine in seipsum descendente. Atque etiam succedunt a r a e A p o l l i n i s e t M a t r i s d e u m , et brevi intervallo ad Pontum navigatio.

75. (57a Mü.) Post, inquit, Scletrinam exsistunt M i l t o n promontorium, nominatum a similitudine coloris, atque contigua domus cuiusdam nauarchi et littus arduum directumque et praecipitium ad solis ortum inclinatum. Circa autem ipsum est mare taeniis distinctum, et F a n u m cunctum contra frontem Fani
5 Asiatici situm. Aiunt hic Iasonem litasse duodecim diis. Haec Fana sunt oppidula iuxta Ponti ostium posita. Est etiam t e m p l u m d e a e P h r y g i a e , sacrum illustre et publice cultum.

in einen spitzen Giebel ausläuft, ähnlich einem Pinienzapfen, welche Dikaia genannt wird, das bedeutet ‹die Gerechte›, und zwar aus folgendem Grund: Zwei Kaufleute, welche auf Trieren in Richtung Pontos fuhren, hatten als Garantie des Vertrags bei diesem Felsblock Gold hinterlegt und abgemacht, dass keiner das Geld wegnehmen dürfe, bevor nicht beide gleichzeitig an diesem Felsen einträfen. Als der eine sich nicht an die Vereinbarung hielt, blieb das Gold, so die Sage, verborgen, denn der Felsen erhob Einspruch gegen den Treuebruch des unredlichen Geschäftspartners. Erst als beide zur gleichen Zeit dort zusammenkamen, konnten sie das deponierte Gold abheben. Als Belohnung dieser Gerechtigkeit erhielt der Felsen den Namen.

71. In der Nähe des Felsens Dikaia, sagt er, befindet sich der sogenannte Βαθύκολπος, das bedeutet ‹Tiefer Golf›, auch wenn der Name nicht vom Umfang in seinem innersten Winkel kommt, der wunderschön ist und sich auf einen riesigen, breiten Sandstrand ausstreckt, sondern vor allem aufgrund der grossen Meerestiefe. Schroffe, abschüssige Halden befinden sich in allernächster Nähe von der Meeresküste. In die Bucht mündet ein Fluss, der gleich heisst wie der Golf. Hier gibt es einen Altar, der dem megarischen Heros Saron geweiht ist, und es gibt eine Fischereistätte. Zu der Zeit, die ihnen geeignet und reif erscheint, schwimmen die Fische, von der Tiefe der Wasser getäuscht, in dichten Schwärmen zuerst den Bosporos hinauf, dann hinunter.

72. Ein bisschen unterhalb des Saronischen Kaps, sagt er, liegt Καλὸς Ἀγρός (‹Schönefeld›). Den Namen verdankt der Ort der natürlichen Annehmlichkeit, welche Land und Meer verbindet.

73. Nach Καλὸς Ἀγρός, sagt er, kommt das Vorgebirge Simas und eine Statue der Aphrodite Hetaira. Diesen Ort, erzählen die Leute, habe eine gewisse Simas bewohnt; bildhübsch wie sie war, geistreich und erfindungsreich, soll sie von jenen, die per Schiff vorbeikamen, für ihre Liebesdienste einen Lohn genommen haben.

74. Dem fügt Dionysios hinzu: Jene, die das sogenannte Kap Simas umfahren haben, kommen zur Bucht Skletrinas (< σκληρός? ‹rauh, ausgetrocknet›); ob ihr Name auf das rauhe Aussehen des Waldbodens zurückgeht oder vom Fluss stammt, der dort in sich selbst versickert, weiss ich nicht. Es folgen noch die Altäre Apollons sowie der Göttermutter, und die Fahrt zum Schwarzen Meer ist bloss noch eine kurze Distanz.

75. Nach der Bucht Skletrina, sagt er, kommt das Kap Milton, welches seinen Namen von der Ähnlichkeit mit der Farbe (ἡ μίλτος, ‹Rötel›) hat, dann angrenzend das Haus eines Schiffskapitäns; danach ein jähes, abfallendes Gestade, eine Steilküste, die nach Osten ausgerichtet ist. Das Meer rund um eben diesen Ort ist von Riffen aufgelockert. Ferner das Hieron, welches dem asiatischen genau gegenüberliegt; hier soll Iason den zwölf Göttern geopfert haben. Bei diesen Heiligtümern handelt es sich um kleinere Festungsanlagen nahe der Einfahrt ins Schwarze Meer. Zudem gibt es dort einen Tempel der Phrygischen Göttermutter, ein berühmtes Heiligtum mit einem öffentlichen Kult.

76. (57b Mü.) Dionysius, postquam commemoravit fanum deae Phrygiae, sic ait: Post haec C h r y s o r r h o a s fluvius per angustam et aditu difficilem vallem a tergo positam delabitur leni fluxu, harenam auro similem deferens. Circa hunc secturae sunt et terrae fossiones et cuniculi acti ad scrutandas metallorum venas, antiquorum virorum opera scrutantium divitis terrae facultates. Paulo ultra fluvium sunt nuncupata C h a l c a e a, locus vicinus mari fluctuoso quidem, sed tamen piscoso; nominatus es ab aere metallo. **77.** In summo vertice collis, secundum quem descendit Chrysorrhoas, exsistit T i m a e a, turris admodum excelsa, circumspecta et permulto mari illustris, ad salutem navigantium excitata. Utraque enim Ponti pars caret portibus naves excipientibus; nam maris insedati et turbulenti littus longum in neutram continentem flexiones habet. Ex hac turre faces ardentes noctu sublatae perferebantur, rectae viae ad Ponti ostium duces. At barbari verarum facium fidem auferebant, praetendentes ex Salmydessi littoribus fraudulentas faces, ut in errorem nautas inducerent in naufragiaque subducerent. Ora enim maritima importuosa est et maris vadum ob excessum aquarum ancoris non firmum, et paratum his, qui aberrarunt a recta via, naufragium signis veris confusis cum falsis significationibus. Iam vero lucernam exstinxit tempus omnia consumens et turrim magna ex parte dissolvit.

78. (58b Mü.) His, inquit, ante commemoratis locis proximus succedit P h o s - p h o r u s locus, qui vel a Diana vel a vicina antiqua Pharo cognomen traxit. **79.** Huic adiunctum et continens longum littus vocatum E p h e s i o r u m est P o r t u s a multis navibus Ephesiorum huc appulsis.

80. (59a Mü.) Post Ephesiorum Portum, inquit Dionysius, est A p h r o d y - s i u m formidabili tectum praecipitio. **81.** Hunc post est P o r t u s L y c i o - r u m ; is subharenosum littus et sterile habet, in parvo ambitu valde bonus et firmus tutusque est. **82.** Super hoc est Μ ύ ρ λ ε ι ο ν, domicilium eorum, qui ob seditionem a Μύρλεια in exilium proiecti huc solum verterunt.

83. (61a Mü.) Post, inquit, Μ ύ ρ λ ε ι ο ν est L i c n i a s, forsitan nominatus sive ex eo, quod ad similitudinem cunarum concavus sit, sive ex eo, quia secundum imas suas partes undique suam proiectam eminentiam dilatat. **84.** Apud hunc locum est collis saxeus nuncupatus G y p o p o l i s, cognomen adeptus sive ab

---

80.–82. 4–5 Μύρλειον et Μύρλεια Gilles in commentario ad loc.: *Myrlaeum* et *Myrlaea* ed. 1561
83. 1 vide supra 82

76. Nachdem Dionysios das Heiligtum der Phrygischen Göttin erwähnt hat, fährt er fort: Danach folgt der Bach Chrysorrhoas (< χρυσός + ῥέω); er durchfliesst in langsamem Lauf ein schmales, schwer zugängliches Tal, welches dahinter liegt, und führt goldfarbenen Sand mit sich. Rundherum gibt es Steinbrüche, Stollen sowie Schächte, um in Minen Erz zu schürfen; diese sind das Werk von Männern aus früherer Zeit, welche ein reiches Terrain nach seinen Ressourcen durchsuchten. Ein bisschen oberhalb des Baches befindet sich Chalkeia, ein Ort nahe am Meer, wo die Flut zwar stark ist, es aber dennoch viele Fische gibt. Der Name kommt von der Bezeichnung für ehernes Metall (< χαλκεῖον < χαλκός). **77.** Auf der Spitze des Hügels, hinter welchem der Chrysorrhoas herabfliesst, erhebt sich Timaia, ein sehr hoher Turm, ringsum vom weiten Meer her sichtbar und auffällig; errichtet wurde er zur Sicherheit der Seeleute. Beide Seiten des Schwarzen Meeres haben nämlich keine Häfen, um Schiffe aufzunehmen; denn die lange Küste des unruhigen, stürmischen Meeres bietet weder auf dem einen noch auf dem anderen Festland Einbuchtungen. Von diesem Turm aus wurden die ganze Nacht hindurch brennende Fackeln hochgehalten, um den richtigen Weg zur Mündung des Pontos zu weisen. Aber Barbaren zerstörten das Vertrauen in die echten Feuerzeichen, indem sie am Strand von Salmydessos trügerischen Fackelschein aussandten, um die Seeleute in die Irre zu führen und dem Schiffbruch auszuliefern. Die dortige Küste ist ohne Landeplatz, und zwar wegen der Strömung des Wassers ist der Meerboden nicht fest genug für eine Ankerung. In der Tat droht Schiffbruch jenen, die vom richtigen Weg abgekommen sind, weil sie die echten Feuerzeichen mit den falschen verwechselt haben. Aber die Zeit, die alles wegrafft, hat auch den Turm zu grossen Teilen zerfallen lassen.
78. In nächster Nähe vom eben erwähnten Gelände, sagt er, liegt der Ort Phosphoros, der entweder nach Artemis (Φωσφόρος, ‹der Lichtträgerin›) benannt ist oder nach dem benachbarten alten Leuchtturm (Φάρος). **79.** Daran angrenzend folgt eine lange Uferpartie, Hafen der Ephesier genannt, legten doch dort viele Schiffe aus Ephesos an.
80. Nach dem Hafen der Ephesier, vermerkt Dionysios, erhebt sich das Aphrodision, geschützt durch einen furchterregenden Abgrund. **81.** Der Hafen der Lykier schliesst sich als nächster an. Er hat einen etwas sandigen Strand, wo nichts wächst; in seinem geringen Umfang ist er recht gut, zuverlässig und sicher. **82.** Oberhalb dieses Hafens liegt Myrleion, die Siedlung jener, die aus Myrleia vertrieben worden waren und hier ansässig geworden sind.
83. Nach Myrleion, sagt er, kommt der Ort Liknias, vielleicht deswegen so benannt, weil er ähnlich hohlrund ist wie die Wiegen (< λίκνον, auch ‹breitrandiger Erntekorb›) oder weil er in den tiefst gelegenen Teilen seinen Rand auf alle Seiten ausdehnt. **84.** Bei ebendiesem Ort gibt es eine felsige Anhöhe, die Gypopolis (‹Geierstadt›) heisst. Der Name geht entweder auf die thrakische Roheit zurück, die als barbarisch und ungeschlacht gilt – der Sage nach wohnten hier die Untertanen von König Phineus, die an Grausamkeit alles übertrafen –

5 immanitate Thracica et barbara agrestique – aiunt enim hic habitasse Phineo regi subiectos crudelitate plurimum eminentes –, sive etiam appellatus est Gypopolis ex eo, quod vultures frequentes apud hunc locum versari gaudeant.

85. (63b Mü.) Paulo ultra Gypopolim (inquit Dionysius) est petra D o t i n a nominata, non in magnam maris altitudinem abdita neque supra aquam exstans; naves in ipsam impinguntur. Petrae nomen ironia dissimulantiaque ridet navigantium ignorantiam; δωτίνην vocant Dorienses ab aliis Graecis nominatam προῖκα.

86. (64a Mü.) Post Dotinam petram, inquit Dionysius, exsistit promontorium nuncupatum P a n i u m parallelum Cyaneis, hoc est quasi par et aemulum contra Cyaneas situm, intercedente medio maris littore. In fine autem promontorii parvae insulae, termini Pontici maris, a continente diremptae parvo maris spatio
5 intermedio, quod <nonnisi> perlevibus et perparvis navigiis permeari et transiri potest ob mare minime profundum. Sublimes autem C y a n e a e et supra mare elatae, aspectum gerentes similem Cyano (κυανῷ), sive a terra multiformi, sive ex refractione maris. Supra Cyaneas ara exsistit Apollinis a Romanis statuta.

87. (69b Mü.) A Cyaneis, inquit Dionysius, ad orientem multus Pontus patet in terminum aspectu incomprehenso et non percepto oculis vastum: visionis nescio maiorne voluptas an admiratio. A meridie autem est promontorium claudens pulchrum Ponti ostium et magnum pelagus et apertum astringens in fretum
5 angustum. Ex Cyaneis Europaeis traiicienti in Asiam primum quidem est promontorium nuncupatum A n c y r e u m . Ab hoc enim aiunt lapideam ancoram accepisse navigantes cum Iasone vatis admonitu, eidemque promontorio nomen dedisse Ancyreum.

88. (71b Mü.) Post, inquit Dionysius, promontorium Ancyreum est P y r g o s M e d e a e Colchidis, petra rotunda in directum tumulum elata. **89.** Ultra Pyrgon Medeae insula exsistit, quae maris perturbati fluctibus obruitur, tranquillo mari manifesta apparet. Huius extremas partes et cacumina C y a n e a s nominarunt,
5 ne secundum Asiam natura expers esset insularum et fabula fide careret, tradente Cyaneas olim inter se concurrisse, Symplegadesque a re, quae accidisset, nominatas esse. Inde stationem firmam habere apud utramque continentem ad vadum maris suis radicibus adnitentes fato, in utramque partem separationis servantes fidem.

90. (73b Mü.) [Dionysius] ait post Cyaneas esse promontorium C o r a c i u m et latum littus, cui nomen Π α ν τ ε ί χ ι ο ν ab exstructione fossarum omnem hunc locum ambientium.

86. 5 <*nonnisi*> Müller

oder Gypopolis heisst so, weil Geier dort gern in Scharen nisten (< γύψ und πόλις).

85. Ein bisschen oberhalb von Gypopolis, wie Dionysios erwähnt, gibt es eine Klippe namens Dotina, die sich weder in grosser Meerestiefe den Blicken entzieht noch hoch aus dem Wasser herausragt; auf ebendiese prallen die Schiffe auf. Der Name der Klippe ist Ironie und verstellter Spott über die Ignoranz der Schiffer: δωτίνη nennen die Dorier ‹Geschenk›, was bei den übrigen Griechen προίξ heisst.
86. Nach der Klippe Dotina erhebt sich, wie Dionysios sagt, das Kap namens Panion, parallel zu den Kyaneen – sozusagen paarig und wetteifernd mit den Kyaneen –, denn sein Gestade reicht bis in die Mitte des Meeres. Am Ende des Kaps gibt es kleine Inseln, Schranken des Pontos. Vom Festland sind sie durch einen schmalen Meeresarm getrennt, welchen man wegen des äusserst seichten Wassers bloss auf ganz leichten, kleinsten Schiffen durchfahren und passieren kann. Die Kyaneen hingegen ragen hoch auf, erheben sich über die See und sehen aus wie Blaustein (κύανος > Κυάνεαι), sei es wegen des vielgestaltigen Erdbodens, sei es wegen des Reflexes im Meer. Oben auf den Kyaneen steht, von den Römern errichtet, ein Altar des Apollon.
87. Von den Kyaneen, fährt Dionysios fort, breitet sich das Schwarze Meer weit nach Osten aus; seinen Horizont kann die Sehkraft nicht ermessen und das Auge nicht erfassen. Ob bei diesem Anblick der Genuss grösser ist oder die Bewunderung, ist schwer zu sagen. Im Süden schneidet eine Landspitze die schöne Einmündung des Pontos ab und verengt das weite, offene Meer zu einer schmalen Wasserstrasse. Wer von den europäischen Kyaneen nach Asien hinübersetzt, kommt zuerst zu einem Kap, welches Ankyrion heisst. Von ihm, erzählt man, nahmen Iasons Schiffgefährten auf Geheiss des Sehers einen steinernen Anker mit und gaben dem Vorgebirge den Namen Ἀγκύριον (< ἄγκυρα).
88. Nach dem Kap Ankyrion, sagt Dionysios, kommt der Turm der Kolchischen Medea, ein runder Felsen, der in eine aufragende Spitze endet. **89.** Jenseits vom Turm der Medea zeigt sich eine Insel, die von den Wogen des Meeres, wenn es tobt, überflutet wird, bei Meeresstille aber sichtbar ist. Ihre äussersten Teile sowie ihre Kuppen nannte man Kyaneen, damit die Landschaft auf der asiatischen Seite nicht ohne Inseln sei und das Vertrauen in die Sage nicht verloren ginge. Diese überlieferte ja, dass die Kyaneen ehemals aufeinanderschlugen und von dem, was passiert war, ihren Namen Symplegaden (‹Prallfelsen› < συμπληγάς, ‹Zusammenstoss›) hatten. Seitdem stünden sie am einen wie am anderen Festland unbeweglich still, im Meeresboden verwurzelt, wie es das Schicksal bestimmt hat, und halten so auf beiden Seiten der Trennung die Treue.
90. Nach den Kyaneen, sagt Dionysios, folgen das Kap Korakion und ein breiter Küstenabschnitt, dessen Name Παντείχιον (< πᾶν + τεῖχος) von den Schutzgräben herrührt, welche ringsum angelegt worden waren.

91. (74b Mü.) Pantichium, inquit, C h e l a e subsequuntur, quarum alterae nominatae a figura, alterae ab aliis rebus appellantur.

92. (75a Mü.) Inde subiungit Dionysii *Anaplus*: Post Chelas esse nuncupatum H i e r o n , hoc est Fanum, a Phryxo Nephelae et Athamantis filio aedificatum, cum navigaret ad Colchos, a Byzantiis quidem possessum, sed commune receptaculum omnium navigantium. Supra templum est murus in orbem procedens; in
5 hoc est arx munita, quam Galatae populati sunt ut alia pleraque Asiae. Possessio autem Fani controversa fuit, multis ipsam sibi vindicantibus ad tempus mari imperantibus, sed maxime omnium Chalcedonii hunc locum sibi hereditarium asserere conabantur. Verumtamen possessio semper remansit Byzantiis olim quidem ob principatum et domesticum robur – multis enim navibus mare possidebant –,
10 rursus vero cum emissent a Callimede, Seleuci excercitus duce.

93. (78b Mü.) In Fano, inquit, statua aerea est antiquae artis, aetatem puerilem prae se ferens, tendens manus. Causae multae afferuntur, cur haec statua sit in hanc figuram conformata. Quidam, inquit, aiunt audaciae signum esse navigantium, deterrens temeritatem navigationis periculis plenam atque ostendens
5 redeuntium salutis felicitatem et pietatem; non enim sine terrore utrumque est. Alii dicunt puerum in littore errantem aliquanto post venisse, quam e portu navis soluta esset, salutisque desperatione affectum manus ad caelum tendere, pueri autem preces deum exaudientem reduxisse navem in portum. Alii aiunt in magna maris tranquillitate, omni vento silente, nave diu retardata, nautas inopia potus la-
10 borasse, nauarcho autem visionem insedisse iubentem, ut nauarchus filium suum sacrificaret, non enim alio modo posse assequi commeatum et ventos. Nauarcho necessitate coacto et parato puerum sacrificare manus quidem puerum tetendisse, deum vero misericordia motum ob absurdum pueri supplicium obque pueri aetatem sustulisse puerum et ventum secundum immisisse. Haec quidem et his con-
15 traria, ut cuique placuerit, credibilia existimentur.

94. (81a Mü.) Sub Fani, inquit, promontorium subit et succedit A r g y r o - n i u m nominatum ex eo, quod multa pecunia emptum fuisset.

95. (81b Mü.) Post, inquit Dionysius, succedunt et subeunt loca nuncupata H e r c u l i s   Κλίνη, hoc est lectus, et N y m p h a e u m . Inde nominata

---

94. 1 modo *Argyronium* modo *Argyronicum* Gilles in commentario ad loc.

91. Auf Panteichion, berichtet er, folgen unmittelbar die Chelai, von welchen die einen den Namen von der Form (‹Krebsscheren›) haben, die anderen von sonst etwas.

92. Der *Anaplus* des Dionysios fährt dann weiter: Nach den Chelai befinde sich das Hieron, also das Heiligtum, welches Phrixos, der Sohn der Nephele und des Athamas, errichtet habe, als er zu den Kolchern segelte. Zwar sind die Byzantier seine Besitzer, aber es dient allen Seefahrern als Zufluchtsort. Oberhalb des Tempels gibt es eine kreisrunde Mauer, die eine befestigte Burg einschliesst. Die Galater haben sie zerstört wie das meiste andere in Asien. Der Besitz des Heiligtums war umstritten; viele haben es für sich beansprucht, wenn sie gerade die Herren über das Meer waren. Das gilt vor allem für die Leute aus Chalkedon, die nichts unversucht liessen, den Ort als ihr Erbe zu beanspruchen. In der Tat blieben aber immer die Byzantier die Besitzer, früher jedenfalls wegen ihres Vorrangs und ihrer heimischen Macht – herrschten sie doch über das Meer mit einer grossen Flotte –, dann wiederum, als sie es von Kallimedes, einem General des Seleukos, abkauften.

93. Im Heiligtum, berichtet er, befindet sich eine antike Bronzestatue, welche einen Knaben mit ausgestreckten Händen darstellt. Zahlreiche Gründe werden angeführt, weshalb man von dieser Gestalt ein Standbild gegossen habe. Die einen, sagt er, interpretieren sie als Signal an den Wagemut der Schiffer, welches vom Unterfangen der gefahrvollen Schifffahrt abschreckt und das Glück sowie die Frömmigkeit jener anzeigt, die heil zurückkommen; denn in beidem steckt der (überstandene) Schrecken. Andere behaupten, ein Knabe sei auf dem Strand herumgeirrt, war er doch, nachdem das Schiff den Hafen bereits verlassen hatte, um einiges zu spät eingetroffen. Aus Verzweiflung, was nun werden solle, habe er die Hände zum Himmel erhoben; eine Gottheit, so die Sage, erhörte die Gebete des Knaben und leitete das Schiff in den Hafen zurück. Andere wiederum erzählen Folgendes: Weil absolute Meeresstille herrschte und kein einziges Lüftchen wehte, blieb ein Schiff lange blockiert und litten die Matrosen unter quälendem Durst. Da sei dem Kapitän in einer Erscheinung befohlen worden, seinen eigenen Sohn zu opfern, denn anders könne er weder zu Proviant noch zu Fahrwind kommen. Dem Kapitän, der durch das Unausweichliche unter Zwang geraten war und sich anschickte, den Knaben zu opfern, streckte das Kind aber seine Hände entgegen. Durch das widersinnige Opfer und das Kindesalter zu Mitleid gerührt, soll die Gottheit den Knaben entrückt und einen günstigen Wind gesandt haben. Diese Geschichte und was dagegen spricht, mag glauben, wer will.

94. Abgelöst wird das Hieron, wie [Dionysios] sagt, durch das anschliessende Vorgebirge Argyronion (Ἀργυρώνιον), so benannt, weil es mit viel Geld gekauft worden war (< ἀργύριον und ὠνέομαι).

95. Danach, sagt Dionysios, folgen und kommen Örtlichkeiten wie Κλίνη, das bedeutet die ‹Liege›, des Herakles sowie das Nymphaion, von da weiter der Lorbeer, welchen man den Wahnsinnigen (Δάφνη Μαινομένη) nennt. Dort soll der Bebrykerkönig Amykos gewohnt haben, der im Faustkampf allen Männern seiner

Insana Laurus, apud quam aiunt Amycum Bebrycum regem habitasse pugillatus pugna omnibus suae aetatis hominibus praestantem, nisi a Polluce victus fuisset, Iovis et Ledae filio. Ille enim in expeditione Colchica ex provocatione conflixit cum Polluce ab eodemque Polluce periit poenasque dedit in externos crudelitatis, exortaque fuit planta illius insaniae insigne divinius, quam humana mens assequi queat; nam si quis hanc laurum intulerit in convivium, convivas simili insania afficiet et contumelia implebit. Hoc sane experientia didici naturam immortali memoriae regis illius iniquitatem tradidisse ex ipsa lauro.

96. <Μεθ' ἣν (i. e. post Laurum Insanam) Μουκάπορις κόλπος βαθύτατος· κέκληται δ'> ἀπό τινος τῶν τῆς Βιθυνίας βασιλέων· λιμὴν ἐν αὐτῷ πάνυ καλός. Μεθ' ὃν ἀκρωτήριον Ἀιετοῦ Ῥύγχος, τοὔνομα μὲν ἀπὸ τοῦ σχήματος, πετρῶδες δ' ἅπαν καὶ ἀγχιβαθές. 97. Ἔνθεν κόλπος Ἄμυκος ἐπίκλησιν καὶ Γρωνυχία πεδίον ὕπτιον· θῆραι δ' ἐν αὐτῷ κητώδεις ἰχθύων. ἑξῆς Παλῶδες ἀπὸ τῆς ὁμοίας προχώσεως τοῦ κατὰ Βυζάντιον.

98. Ἔπειτα Κατάγγειον κόλπος ἰχθύων ἐπαγωγὸς ὡς οὐχ ἕτερος, μᾶλλον δέ, εἰ χρὴ μηδὲν ὑποστειλάμενον τἀληθὲς εἰπεῖν, μόνος εὔθηρος ἐκ τῆς Χαλκηδονίων ἀκτῆς· τὰ ἄλλα μὲν γὰρ διαφέρει τοσούτῳ τῶν Εὐρωπίων, ὅσῳ θάλαττα τῆς γῆς. ἐπ' αὐτῷ δ' Ὀξύρρους ἄκρα. 99. μεθ' ἣν πολὺς καὶ ἐπίπεδος αἰγιαλὸς Φρίξου

(83b Mü.) Inde Dionysius: Post, inquit, Laurum Insanam sequitur sinus profundus valde, nominatus Moucaporis a rege quodam Bithyniae; portus in ipso perbonus. Post quem est promontorium Ἀετόρηχον a figura nominatum; est autem petrosum totum et proximum habens mare profundum usque ad oram littoris. Inde sinus Amycus appellatus et Gronychia, campus supinus et planus; in ipso autem piscationes cetaceorum piscium. Deinde Paludes a simili exaggeratione paludum, quae sunt in penitissimo sinu nuncupato Cornu Byzantii.

(86b Mü.) Post (inquit Dionysius) Paludes subsequitur sinus nuncupatus Κατάγγειον, ad se maxime alliciens pisces, si quis alter, ac potius – si nihil decet supprimere eum, qui veritatem dicit – solus ex littore Chalcedoniorum est bene piscosus; verum tamen tantum differt ab Europaeo, quantum differt mare a terra. ἐπ' αὐτῷ Ὀξύρρους

96.–97. 1–3 Μεθ' ἣν – κέκληται δ' suppl. Güngerich || 3 ἀπό τινος τῶν Güngerich: τῶν ἀπὸ B || 11 κητώδεις B: κητωδῶν Wescher
98.–101. 1 Κατάγγειον Gilles e <G> ut videtur: Κατάγγιον B, cf. Schol. τοῦ […] Καταγγίου || 7 ὅσῳ Müller: ὅσον B || 9 Φρίξου Müller: Φρύξου B

83b. 14 penitissimo Müller: penitimo ed. 1561

Zeit überlegen war, bevor Pollux ihn besiegte, der Sohn des Zeus und der Leda. In der Tat hatte er, als die Expedition nach Kolchis stattfand, Pollux zum Zweikampf herausgefordert, verlor aber gegen diesen und wurde für seine Grausamkeit den Fremden gegenüber bestraft. Eine Pflanze wuchs auf, ein Zeichen seiner Tollheit, welches göttlicher ist, als dass der menschliche Geist es begreifen könnte. Bringt jemand zu einem Symposion (einen Zweig) von diesem Lorbeer mit, wird er die Symposiasten mit ähnlichem Wahnsinn schlagen und sie zu Beleidigungen verleiten. Eine Erfahrung hat mich nämlich belehrt, dass die Natur mit eben diesem Lorbeer ewig an die Ungerechtigkeit jenes Königs erinnern wollte.

96. Nach Δάφνη Μαινομένη kommt die überaus tiefe Einbuchtung Mukaporis, benannt nach einem König Bithyniens. Der Hafen dort ist ausgezeichnet. Anschliessend das Vorgebirge Ἀετοῦ Ῥύγχος (‹Adlerschnabel›), dem die Form den Namen gegeben hat; es besteht gänzlich aus Felsen und fällt in tiefes Meer ab. **97.** Dann folgt der Golf namens Amykos mit der hoch gelegenen Ebene Gronychia; in ihm fängt man Thunfische. Anschliessend Palodes (‹der Sumpf›), so genannt wegen seiner Ähnlichkeit mit dem Schwemmboden bei Byzantion (§ 23).

98. Anschliessend die Bucht Katangeion, die so viele Fische anzieht wie keine andere, oder vielmehr – wenn man offen sagen muss, was wahr ist – die einzige Bucht an der Chalkedonierküste, wo es ergiebigen Fischfang gibt. Im Übrigen unterscheidet sie sich aber von jener auf der Seite der Europäer wie Meer von Land. Neben der Bucht dann das Vorgebirge Oxyrrhus (‹Eilenstrom› < ὀξύ und ῥέω). **99.** Der folgende ausgedehnte, flache Strand heisst Hafen des Phrixos. **100.** Daneben eine weitere Lände, Phiela, im Besitz der hochmächtigen Chalkedonier. **101.** Dahinter eine sanfte, runde Anhöhe, deren Fuss kreisförmig ist. Man glaubt eine Art Theater zu sehen, eine Laune der Natur; und wie zu erwarten, hat sie davon auch den Namen.

καλεῖται Λ ι μ ή ν. **100.** μεθ' ὃν ἄλλος ὅρμος Φ ι έ λ α Χαλκηδονίων τῶν μέγα δυνηθέντων ἀνδρῶν. **101.** ἐπὶ δ' αὐτῷ βουνὸς ὕπτιος καὶ περιφερής, εἰς κύκλου σχῆμα περιγράφων τὴν βάσιν· θ έ α τ ρ ο ν δέ τις εἰκάσειεν ὁρᾶν, ἀπρονόητον ἐπιτήδευμα τῆς φύσεως· τοῦτο δ' ἄρα καὶ κέκληται.

102. Πλησίον δ' ἄκρα Λ έ μ β ο ς ὄνομα· κέκληται δ' ἀπὸ τοῦ σχήματος· καὶ συνεχὴς αὐτῷ <βαθὺς> αἰγιαλός· κατὰ στόμα δ' αὐτοῦ νῆσος πάνυ βραχεῖα, καθ' ἣν λευκαινόμενος ὁ βυθὸς ὑφάλοις ῥαχίαις ἐπὶ τὴν Εὐρώπην ἀποτρέπει τῶν ἰχθύων τὸν δρόμον· πτοούμενοι γὰρ δὴ τὴν ὄψιν ἐπιφόρῳ τῷ ῥεύματι τέμνουσι τὸν πόρον· Β λ ά - β η ν αὐτὸ Χαλκηδόνιοι καλοῦσιν, ἑτοῖμον ὄνομα θέμενοι καὶ τῇ πείρᾳ τοῦ συμβαίνοντος οἰκεῖον.
103. Ἔνθεν τὸ καλούμενον Π ο - τ α μ ώ ν ι ο ν καὶ μετ' αὐτὸ Ν α υ - σ ί κ λ ε ι α, καθ' ἥν, φασί, Χαλκηδόνιοι ναυμαχίᾳ περιεγένοντο τῶν ἐναντία σφίσι πλεόντων, **104.** Ἐ χ α ί α τε περίρρουν ἀκρωτήριον καὶ Λ υ - κ ά δ ι ο ν κόλπος ἐπιεικῶς βαθύς· ἡ μὲν ἀπ' ἀνδρὸς Μεγαρέως, Λυκάδιον δ' ἀπό τινος τῶν ἐπιχωρίων. **105.** πλησίον δ' αὐτοῦ Ν α υ σ ι μ ά χ ι ο ν, ἄλλης ναυμαχίας παράσημον χωρίον.

ἄκρα (hoc est, in ipso vel post ipsum est promontorium Oxyrrhoum). Post Oxyrrhoum succedens littus planum et multum appellatur Phrixi portus. Post quem alter portus et Phiela Chalcedoniorum valde potentum. ἐπὶ δὲ αὐτῷ (id est, in ipso vel post ipsum) Phiela est tumulus supinus et rotundus in circuli figuram circumscribens basim. Theatrum aliquis coniectaret se videre improvisum a natura constitutum.
(86b Mü.) Prope autem est promontorium nominatum Lembus a similitudine lembi. Sub littus illi continuum est insula valde brevis, iuxta quam maris vadum exalbescens cautibus sub aqua iacentibus in Europam avertit piscium cursum, cuius aspectu exterriti fretum transeunt secundo Bospori fluxu. Chalcedonii ipsam insulam appellant Βλάβην, apto nomine et proprio experientiae rei, quae accidere solet.

(87a Mü.) Inde est Potamonion; post Potamonion succedit Nausiclia, apud quam dicunt Chalcedonios bello navali superasse adversarios contra se navigantes. Inde Echaea, περίρρουν promontorium, et sinus appellatus Lycadium satis profundus; illud quidem a viro Megarensi, Lycadium sive Cycladion a quodam indigena.
(88b Mü.) Prope Lycadium promontorium, inquit Dionysius, est Nausi-

---

11 post Φιέλα aliquid excidisse susp. Güngerich
102. 3 <βαθὺς> Billerbeck (mon. Wieseler) || 4 αὐτοῦ Güngerich: αὐτῷ B || 8 ἐπιφόρῳ Müller: ἐπίφορον B
103.–106. 6 Λυκάδιον Yates: Κυκλάδιον B

102. In der Nähe befindet sich das Kap namens Lembos. Es heisst so wegen seiner Form (< ὁ λέμβος ‹der Nachen›). Und daran anschliessend ein tiefer Küstenstreifen mit einer ganz kleinen Insel an seiner Front. Da dort der Meeresgrund unter dem Wasser weiss erscheint, lenkt er die Fische in ihrer Bahn nach Europa ab. Bei seinem Anblick sind sie nämlich verschreckt und durchschwimmen die Furt in der Strömung, die ihnen zusagt. Blabe (< ἡ βλάβη ‹der Schaden›) nennen die Chalkedonier das Inselchen, geben also den richtigen Namen, passend zur Erfahrung mit dem, was dort passiert.

103. Von dort geht es weiter mit der Örtlichkeit namens Potamonion, und nach dieser kommt Nausikleia, wo die Chalkedonier, erzählt man, in einer Seeschlacht die Feinde schlugen, die gegen sie angesegelt waren. **104.** Ferner Echaia, ein umbrandetes Kap, sowie die Bucht Lykadion, die ziemlich tief ist. Ersteres hat seinen Namen von einem Megarer, letztere von einem Einheimischen. **105.** In der Nähe davon befindet sich Nausimachion (< ναυσί + μάχη), berühmter Ort einer weiteren Seeschlacht. **106.** Von da kommt man nach Kikonion. Der Name stammt von der ausserordentlichen Rüpelhaftigkeit und Verworfenheit der Bewohner (Kikonen). In einem Aufstand überwältigt, wurden sie aus dem Land vertrieben.

106. ὅθεν Κικόνιον· ὠνομάσθη δὲ καθ' ὑπερβολὰς χαλεπότητος καὶ μοχθηρίας τῶν ἐποικησάντων· στάσει γὰρ δὴ βιασθέντες ἐξέπεσον τῆς χώρας. 107. Κατόπιν δ' αὐτοῦ τὸ μὲν ἄκραι Ῥοιζοῦσαι λεγόμεναι [τοῦ] περὶ αὐτὰς ἀγνυμένου καὶ ῥοιζοῦντος <τοῦ> κύματος, τὸ δὲ Δίσκοι· μείζων μὲν ὁ πρῶτος, παρὰ πολὺ δ' ὑποδεέστερος <ὁ δεύτερος>, ἄμφω δὲ καθ' ὁμοιότητα τοῦ σχήματος. 108. τούτοις συνεχὲς Μέτωπον τῷ κατὰ τὴν Εὐρώπην παράλληλον· μεθ' ὃ λιμὴν κάλλιστος ἔκ τε μεγέθους καὶ ἡσυχίας· περιγράφει δ' αὐτοῦ τὸ μέγεθος ἠὼν βαθεῖα καὶ μαλθακή. 109. Τὰ δ' ὑπὲρ τῆς θαλάσσης πεδίον ἔπαντες εἰς τὴν ἀκτήν· κέκληται δὲ Χρυσόπολις, ὡς μὲν ἔνιοί φασιν, ἐπὶ τῆς Περσῶν ἡγεμονίας ἐνταῦθα ποιουμένων τοῦ προσιόντος ἀπὸ τῶν πόρων χρυσοῦ τὸν ἀθροισμόν, ὡς δ' οἱ πλείους, Χρύσου, παιδὸς Χρυσηΐδος καὶ Ἀγαμέμνονος, τάφος· ἐνταῦθα γὰρ αὐτὸν φεύγοντα κατὰ δέος Αἰγίσθου καὶ Κλυταιμνήστρας ἀφικέσθαι, διανοούμενον ἐς Ταύρους εἰς Ἰφιγένειαν

machium, locus altera pugna navali illustris. Inde Ciconium nominatum ab excessu malitiae incolarum; seditione enim violenta pressi ex loco exciderunt. (88b Mü.) A tergo autem Ciconii sunt partim Ῥοιζοῦσαι ἄκραι, ex eo nominatae, quod circa ipsas franguntur fluctus et cursu murmurante feruntur, partim Disci, maior quidem primus, multo minor secundus, ambo appellati a similitudine figurae. (90b Mü.) Post Discos (inquit Dionysius) sequitur portus magnitudine et tranquillitate pulcherrimus et optimus; ipsius magnitudinem circumscribit littus profundum et molle. (90b Mü.) Supra mare iacet campus acclivis in littus, appellatur autem Chrysopolis, ut quidam dicunt, ex eo, quod Persae imperantes in hunc locum cogerent auri acervos exactos ab urbium tributis, ut vero multi tradunt, a Chryse, filio Chryseidi et Agamemnonis, ibi mortuo et sepulto. In hunc enim locum dicunt Chrysen fugientem metu Aegisthi et Clytaemnestrae pervenisse, cogitantem in Tauros transire ad soro-

107.–108. 2–4 [τοῦ] ... <τοῦ> κύματος transp. Güngerich || 6 <ὁ δεύτερος> Miller || 8 τούτοις Müller dubitanter: τούτω B || Μέτωπον τῷ Müller: καὶ τῶ πόντω B || 10 ὃ Müller: ὂν B
109. Test. St. Byz. χ 59 (Χρυσόπολις): Διονύσιος δ' ὁ Βυζάντιος τὸν ἀνάπλουν τοῦ Βοσπόρου γράφων περὶ τοῦ ὀνόματος αὐτοῦ τάδε φησί· «κέκληται δὲ Χρυσόπολις, ὡς μὲν ἔνιοί φασιν, ἐπὶ τῆς Περσῶν ἡγεμονίας ἐνταῦθα ποιουμένων τοῦ προσιόντος ἀπὸ τῶν πόλεων χρυσοῦ τὸν ἀθροισμόν, οἱ δὲ πλείους ἀπὸ Χρύσου παιδὸς Χρυσηΐδος καὶ Ἀγαμέμνονος».
6 πόρων B: πόλεων Güngerich (e St. Byz.)

107. Hinter Kikonion gibt es einerseits die Rauschespitzen, so genannt, weil die Flut dort unter Getöse (< ῥοιζεῖν ‹tosen, rauschen›) gebrochen wird, andererseits die Disken. Der erste ist grösser, der zweite bedeutend kleiner, beide aber wegen der Ähnlichkeit mit einer Scheibe (ὁ δίσκος) so genannt. **108.** Ihnen benachbart befindet sich Metopon, gegenüber demjenigen auf der europäischen Seite. Hinterher folgt ein Hafen, wunderschön wegen seiner Grösse und weil er windgeschützt ist. Ein tief eingezogenes, seichtes Ufer umschreibt sein weites Rund.

109. Über dem Meer liegt ein Gelände, welches sich zur Küste neigt. Es heisst Chrysopolis und wird, wie einige meinen, deswegen so genannt, weil die Perser, die damals das Gebiet beherrschten, das Geld (ὁ χρυσός) aus den Tributen dort horteten. Nach vorherrschender Meinung hingegen geht der Name auf das Grab des Chryses zurück, des Sohnes der Chryseïs und des Agamemnon. Dorthin nämlich sei er gekommen, als er aus Angst vor Aigisthos und Klytaimnestra geflohen war in der Absicht, zu den Taurern überzusetzen, zu seiner Schwester Iphigenie; denn diese Iphigenie, so die Sage, war Priesterin der Artemis. Da er dort einer Krankheit erlegen sei, habe er dem Ort seinen Namen hinterlassen. Freilich könnte dieser auch deswegen so heissen, weil der Hafen günstig angelegt ist und Leute Wunderbares gern mit Gold vergleichen.

περαιοῦσθαι τὴν ἀδελφήν· ἤδη γὰρ εἶναι τὴν Ἰφιγένειαν Ἀρτέμιδος ἱέρειαν·
νόσῳ δὲ καμόντα καταλιπεῖν ἀφ' ἑαυτοῦ τῷ χωρίῳ τοὔνομα. Δύναιτο δ'
ἂν καὶ διὰ τὴν τοῦ λιμένος εὐκαιρίαν
οὕτω κεκλῆσθαι, χρυσῷ παρομοιούν-
των τὸ θαυμαστόν.
110. Ἔνθεν ἄκρα προπίπτει ταῖς
τῆς θαλάττης πληγαῖς ἐπίδρομος· πολὺς γὰρ ἐπ' αὐτὴν ὠθούμενος ὁ ῥοῦς
πρὸς τὴν καλουμένην ἀνθαμιλλᾶται
Β ο ῦ ν · ἔστι δ' οἷον ἀφετήριον τοῦ
πρὸς τὴν Εὐρώπην διάπλου, καὶ κίων
λίθου λευκοῦ, καθ' ἧς βοῦς, Χάρητος
Ἀθηναίων στρατηγοῦ παλλακὴν Βοΐδιον ἐνταῦθα καμοῦσαν ἀποκηδεύ-
σαντος· σημαίνει δ' ἡ ἐπιγραφὴ τοῦ
λόγου τἀληθές. Οἱ μὲν γὰρ εἰκαίαν καὶ
ἀταλαίπωρον ποιούμενοι τὴν ἱστορίαν
οἴονται τῆς ἀρχαίας λήξεως εἶναι τὴν
εἰκόνα, πλεῖστον ἀποπλανώμενοι
τἀληθοῦς.
111. Μετὰ δὲ τὴν Βοῦν Ἡ ρ α -
γ ό ρ α κρήνη καὶ τ έ μ ε ν ο ς ἥρωος
Ε ὐ ρ ώ σ τ ο υ . μεθ' ὃν αἰγιαλὸς
ὕπτιος, Ἱ μ έ ρ ῳ ποταμῷ καταρ-
δόμενος, καὶ ἐν αὐτῷ τ έ μ ε ν ο ς
Ἀ φ ρ ο δ ί τ η ς · παρὰ δ' αὐτὸν ὀλί-
γος ἰσθμὸς πολλὴν πάνυ περιγράφει
χερρόνησον, ἐφ' ἧς ἡ π ό λ ι ς μικρὸν
ὑπὲρ Χ α λ κ η δ ό ν ο ς ποταμοῦ· καὶ
λιμένες ἀμφοτέρωθεν κατὰ τὰς ἐπὶ τὸν
ἰσθμὸν ἀναχωρήσεις· αὐτοφυὴς μὲν ὁ
πρὸς ἑσπέραν ἀφορῶν, χειροποίητος
δ' ὁ πρὸς τὴν ἕω καὶ Βυζάντιον· αὐτὴ
δ' ἀνέστηκε λόφου μὲν χθαμαλωτέρα,

rem Iphigeniam, sacerdotem initiatam
Dianae; sed illum morbo laborantem
hic sepultura affectum fuisse suoque ex
nomine loco nomen reliquisse. Posset
etiam ob portus commoditatem ita ap-
pellari ab iis, qui mirabilia auro com-
parare solent.
(92a Mü.) Post Chrysopolim, inquit
Dionysius, promontorium maris ic-
tibus expositum prominet; multa enim
navigatio ad ipsum impulsa contra
promontorium nominatum Bovem
concertat. Est autem is locus tamquam
e carceribus emittens traiicientes in
Europam. In hoc promontorio exsistit
columna lapidis albi, in qua extat Bos,
Charetis imperatoris Atheniensium
coniunx, quam hic mortuam sepelivit.
Inscriptio autem significat sermonis
veritatem. At illi, qui vanam reddunt
historiam, putant antiquae Bovis sta-
tuam, aberrantes a veritate.
(93b Mü.) Post, inquit Dionysius, locum appellatum Bovem sequitur fons
nominatus Hermagora et delubrum herois Eurosti. Secundum id exsistit littus
supinum et planum, lenissimo fluvio
irrigatum, in ipsoque Veneris templum.
Atque iuxta ipsum parvus isthmus multam circumscribit cherronesum, in qua
urbs Chalcedon, paulo supra fluvium
appellatum Chalcedonem sita, portus
utrimque habens in flexibus in isthmum
recedentibus, unum quidem ad ves-
peram spectantem, alterum ad solis ortum; ipsa quidem effertur colle quidem

---

110. 3 ῥοῦς Güngerich: πλοῦς B ǁ 4 τὴν
καλουμένην Müller: τὸν καλούμενον B ǁ 7
Χάρητος Yates: ῥάχητος B
111. 1 Ἡραγόρα Müller: Ἡρα- B ǁ 13 αὐτὴ
Tournier: αὕτη B

110. Im Folgenden stösst ein Kap ins Meer vor und wird von diesem umbrandet. Die starke Strömung, die dorthin treibt, steht in einem Wettkampf mit dem Vorgebirge Bus (< Βοῦς ‹Kuh›). Es ist gleichsam die Startlinie für die Überfahrt nach Europa. Zudem gibt es eine Säule aus weissem Stein, auf welcher eine Kuh dargestellt ist. Dort nahm Chares, der General der Athener, in Trauer Abschied von seiner verstorbenen Geliebten Boïdion. Die Inschrift bewahrheitet die Erzählung. Die Leute freilich, die ihre Forschung aufs Geratewohl machen, ohne sich Mühe zu geben, halten das Standbild für die Erbschaft aus alter Zeit und irren sich dabei gewaltig.

111. Auf das Kap Bus folgend befinden sich die Quelle des Heragoras sowie das Heiligtum des Heros Eurostos. Daneben liegt, vom Fluss Himeros bewässert, eine flache Uferpartie mit einem Heiligtum der Aphrodite. Daran anschliessend grenzt ein bescheidener Isthmus die grosse Halbinsel gänzlich ab, auf welcher sich über dem Fluss Chalkedon ein wenig erhöht die (gleichnamige) Stadt befindet. Auf beiden Seiten, wo der Isthmus einbuchtet, gibt es einen Hafen. Der eine schaut von Natur aus nach Westen, der andere wurde künstlich nach Osten hin angelegt, in Richtung Byzantion. Die Stadt erhebt sich zwar nicht so hoch wie ein Hügel, liegt aber auch nicht so tief wie eine Ebene. Infolge ihrer frühen Gründung, ihrer Geschichte und deren Wechselfälle, birgt sie viele Sehenswürdigkeiten, darunter besonders den Tempel mit dem Orakel des Apollon; dieses steht den bedeutendsten in nichts nach.

15 πεδίου δὲ τραχυτέρα· πολλὰ δ' ἐν αὐτῇ
θαυμάσια κατά τ' ἀρχαιότητα τῆς κτίσεως καὶ πράξεις καὶ τύχας καὶ τὰς ἐπ'
ἀμφότερα μεταβολάς, μάλιστά γε μὴν
τέμενος καὶ χρηστήριον Ἀπόλλωνος,
20 οὐδενὸς τῶν ἄκρων ἀποδεέστερον.

112. Ἔστω δὲ τέρμα τῷ λόγῳ –
ταὐτὸν δὲ καὶ τοῖς ἐπιοῦσι τὸν Βόσπορον – τῆς ἱστορίας.

humilior, planitie vero asperior. Multa in urbe hac admiratione digna ob antiquitatem et res gestas et fortunas et in utramque partem mutationes, maxime autem admirabilia Apollinis templum et oraculum nullo summorum oraculorum inferius.

(93b Mü.) Verum finis esto meae Bospori historiae.

112. Hiermit will ich meinen Erfahrungsbericht schliessen und die Besucher des Bosporos entlassen.

Σχόλια

2 a. περὶ τοῦ Εὐξείνου Πόντου.
b. τίς ἡ Μαιῶτις λίμνη καὶ ἀφ' ἧς αἰτίας ἔχει τοὔνομα.
c. περὶ τῶν εἰς τὸν Πόντον περιοικούντων.
3 a. ὅτι ὁ Εὔξεινος Πόντος οὐκ ἔστι θηρίων γόνιμος καὶ ἡ τούτου αἰτία.
b. πόθεν εἰκὸς *** τὰς τοῦ Πόντου πέτρας Συμπληγάδας ὀνομάζεσθαι.
4 ὅτι ἡ Βοσπόριος ἄκρα ***
5 περὶ τοῦ καλουμένου Κέρατος.
6 a. περὶ μεγέθους τῆς πόλεως, ὅ ἐστι μιλίων δ' καὶ σταδίων ε' καὶ ἔτι τῆς θέσεως.
b. αἰτία, δι' ἣν Κέρας καλεῖται.

7 a. περὶ τῆς ἄκρας, ἣ Βοσπόρειος καλεῖται καὶ δι' ἣν αἰτίαν.
b. τοῦτο καὶ Ἀρριανὸς λέγει ἐν τοῖς Βιθυνιακοῖς αὐτοῦ.
c. σημείωσαι τὴν σύνταξιν· οὐκ εἶπε ‹κληρονομεῖ [ἀπὸ] τοῦ ὀνόματος›, ἀλλὰ ‹τοὔνομα›.
8 περὶ τοῦ βωμοῦ τοῦ τῆς Ἐκβασίας Ἀθηνᾶς καὶ πόθεν εἴρηται.
9 περὶ τοῦ πρὸς τῇ Βοσπορίῳ ἄκρᾳ νεῲ τοῦ Ποσειδῶνος καὶ τῶν ἱστορουμένων περὶ αὐτόν.
11 a. περὶ τῶν λιμένων τῆς πόλεως τῶν ὑπὸ τῇ ἄκρᾳ τῇ Βοσπορείῳ.
b. περὶ τοῦ νῦν ἔτι σῳζομένου λιμένος τοῦ ἐν τῷ καλουμένῳ Νεωρίῳ.
13 περὶ τοῦ τῆς Δημήτρας καὶ Κόρης νεώ.
14 a. περὶ τοῦ τῆς Ἥρας καὶ Πλούτωνος νεώ.
b. ὅτι ἐκ Μεγαρικοῦ ἔθους Πολυείδῳ μάντει καὶ τοῖς ἐκείνου παισὶν ἐνήγιζον κατ' ἔτος Βυζάντιοι.
15 περὶ τῶν ἐν τῇ Βυζαντίδι καλουμένων Σκιρωνίδων πετρῶν, καὶ ὅτι καὶ Κορίνθιοι Μεγαρεῦσιν ἐκοινώνησαν τῆς ἐκεῖ ἀποικίας.

17 περὶ τοῦ καλουμένου Μελία κόλπου.
18 περὶ τοῦ καλουμένου Κήπου.
19 περὶ τοῦ Ἀψασιείου καὶ διὰ τί οὕτως καλεῖται.
21 a. περὶ τοῦ καλουμένου Ἰνγενίδα καὶ τοῦ Περαϊκοῦ καὶ πόθεν ἑκατέρῳ τὸ ὄνομα.
b. περὶ τοῦ καλουμένου Κιττοῦ.

3 b. inter εἰκὸς et τὰς ca. 10 litterae obscuratae
4. post ἄκρα ca. 30 litterae obscuratae
7 b. Ἀρριανός Wescher ex Ἀρι- B
7 c. ἀπὸ secl. Güngerich
13. νεώ Güngerich: νήσου B
14 b. ἔθους Billerbeck (mon. Wieseler): ἔθνους B ‖ μάντει Wescher: μάντι B

Scholien

2 a. Über das Schwarze Meer.
  b. Was die Maiotis-See ist und woher ihr Name kommt.
  c. Über die Kolonisten am Pontos.
3 a. Dass das Schwarze Meer sich für Ungeheuer nicht eignet und weshalb dies so ist.
  b. Weshalb es zutreffend ist, die Felsen am Pontos Symplegaden zu nennen.
4 Dass die Bosporische Landspitze ***
5 Über das sogenannte Horn.
6 a. Über die Ausdehnung der Stadt, welche (im Umfang) vier Meilen und fünf Stadien beträgt sowie auch über die Lage.
  b. Grund, weshalb man vom Horn spricht.
7 a. Über die Landspitze, welche Bosporeische heisst, und weshalb dies so ist.[1]
  b. Das sagt auch Arrian in seiner Schrift *Bithyniaka* (*FGrHist* 156 F 20a).
  c. Beachte die Syntax: Er konstruierte κληρονομεῖ nicht mit Genitiv (τοῦ ὀνόματος), sondern mit Akkusativ (τοὔνομα).
8 Über den Altar der Athena Ekbasios und woher der Beiname kommt.
9 Über Poseidons Tempel bei der Bosporischen Landspitze und was darüber berichtet wird.
11 a. Über die Häfen der Stadt am Fuss der Bosporeischen Landspitze.
  b. Über den noch heute existierenden Hafen im sogenannten Neorion (‹Dock›).
13 Über den Tempel der Demeter und der Kore.
14 a. Über den Tempel der Hera und des Pluton.
  b. Dass die Byzantier nach megarischer Gewohnheit dem Seher Polyeidos und seinen Söhnen jährlich Tieropfer darbrachten.
15 Über die sogenannten Skironischen Felsen, welche sich im Gebiet der Byzantier befinden, und dass auch Korinthier sich den Megarern an der dortigen Kolonisation anschlossen.
17 Über den sogenannten Golf Melias.
18 Über den sogenannten Kepos.
19 Über das Hapsasieion und weshalb es so heisst.
21 a. Über den Ort namens Ingenidas und jenen namens Peraikos und woher ein jeder seinen Namen hat.
  b. Über den Ort namens Kittos.

---

[1] Weshalb der Scholiast im Toponym zwischen Βοσπόρειος (so auch 11 a) und Βοσπόριος (4 und 9) schwankt, bleibt unklar. Während das letztere die gängige Form ist, beugt sich das Ktetikon Βοσπόρειος (Soph. fr. 707) dem metrischen Zwang; s. St. Byz. β 130.

22 περὶ Καμαρῶν.
23 a. περὶ τῆς Σαπρᾶς Θαλάσσης καὶ ὅθεν αὐτῇ τὸ ὄνομα.
b. ὅτι ἡ Σαπρὰ Θάλασσα εἰς δ΄ χωρία διῄρηται.
c. περὶ τῶν ποταμῶν τοῦ τε Κυδάρου καὶ Βαρβύσου.
d. ἀπ᾽ ἀρχῆς ἐς τέλος ὁ χρησμὸς οὕτως·
Ὄλβιοι, οἳ κείνην ἱερὴν πόλιν οἰκήσουσιν,
ἀκτὴν Θρηϊκίην στενυγρὸν παρά τε Στόμα Πόντου,
ἔνθα δύο σκύλακες πολιὴν μάρπτουσι θάλασσαν,
ἔνθ᾽ ἰχθὺς ἔλαφός τε νομὸν βόσκονται ἀν᾽ αὐτόν.
e. ἐξήγησις τοῦ χρησμοῦ τοῦ ὑπὲρ τῆς ἀποικίας δοθέντος.
24 a. Κεροέσσης γένεσις.
b. περὶ Βύζαντος.
25 a. περὶ τοῦ Δρεπάνου, ὅ ἐστιν ἀρχὴ τῆς ἐπὶ θάτερα τοῦ Κέρως περιαγωγῆς.
b. περὶ τοῦ λόφου τοῦ καλουμένου Βουκόλου.
28 περὶ Νικαίου βωμοῦ καὶ τοῦ Νέου Βόλου.
29 περὶ τοῦ Κανώπου καὶ Κύβου καὶ Κρηνίδων.
30 περὶ τοῦ *** ἐν τῷ καλουμένῳ Βαθεῖ τοῦ ἐν τοῖς Λουκίου νῦν ὀνομαζομένου.
31 περὶ τῶν καλουμένων Χοιραγρίων <καὶ> ὅθεν λέγεται.
32 περὶ τοῦ τάφου Ἱπποσθένους, καθ᾽ ὃν λήγει μὲν τὸ Κέρας, ἄρχεται δὲ ὁ ἰσθμὸς τοῦ Πόντου.
33 περὶ Συκίδων τῶν νῦν Συκῶν λεγομένων.
34 περὶ Σχοινίκλου τεμένους.
35 περὶ τοῦ Αὐλητοῦ καλουμένου.
36 περὶ τοῦ λεγομένου Βόλου.
37 περὶ τοῦ λεγομένου Ὀστρεώδους.
38 περὶ τοῦ ὀνομαζομένου Μετώπου.
39 περὶ τοῦ καλουμένου Αἰαντίου καὶ ὅτι Αἴας παρὰ Βυζαντίοις ἐτετίμητο.

40 περὶ τοῦ λεγομένου Παλινορμίκου.
41 περὶ τοῦ νεὼ Πτολεμαίου τοῦ Φιλαδέλφου.
42 περὶ Δελφῖνος καὶ Καράνδα.
43 περὶ Θερμάστεως ἄκρας.
44 περὶ αἰγιαλοῦ Πεντηκοντορικοῦ λεγομένου.
45 περὶ τῶν λεγομένων τοῦ Σκύθου καὶ ὡς ἐκ τούτου ὁ Μινώταυρος.

46 περὶ τοῦ Ἰασονίου λεγομένου.

---

23 d. τέλος Wescher: τέλους B ‖ στενυγρὸν Bergk: τ᾽ ἔνυγρον B
28. καὶ τοῦ Güngerich: τοῦ καὶ B
30. lac. ind. Güngerich
31. Χοιραγρίων mon. Tournier: Χοιραγίων B
46. Ἰασονίου Wescher: Ἰασιονίου B

22 Über Kamarai.
23 a. Über das Faule Meer und woher sein Name kommt.
b. Dass das Faule Meer in vier Örtlichkeiten eingeteilt wird.
c. Über die Flüsse Kydaros und Barbyses.
d. So lautet das Orakel von Anfang bis Ende:
Glücklich sind sie, welche jene heilige Stadt bewohnen werden und die thrakische Küste am engen Ausgang des Pontos,
wo zwei Welpen nach Wasser der weissgrauen See schnappen,
wo sich Fisch und Hirsch denselben Weidegrund teilen.
e. Erklärung des Orakelspruchs, der zur Kolonisierung gegeben wurde.
24 a. Geburt der Keroëssa.
b. Über Byzas.
25 a. Über das Drepanon, wo der Umgang auf die andere Seite des Horns beginnt.
b. Über den Hügel namens Bukolos.
28 Über den Altar des Nikaios und über Neos Bolos.
29 Über den Kanopos und Kybos sowie Krenides.
30 Über *** im Ort namens Bathy, im Lukios-Viertel, wie es jetzt heisst.[2]
31 Über die Örtlichkeit, die Choiragria heisst, und woher der Name kommt.
32 Über das Grab des Hipposthenes, wo das Horn endet, und der Isthmos des Sunds beginnt.
33 Über Sykides, jetzt Sykai genannt.
34 Über das Heiligtum des Schoiniklos.
35 Über den Ort namens Auletes.
36 Über den Ort namens Bolos.
37 Über den Ort namens Ostreodes.
38 Über den Ort, der Metopon heisst.
39 Über das sogenannte Aiantion und weshalb Aias bei den Byzantiern verehrt wurde.
40 Über das sogenannte Palinormikon.
41 Über den Tempel des Ptolemaios Philadelphos.
42 Über Delphin und Karandas.
43 Über die Klippe Thermastis.
44 Über die Uferstrecke namens Pentekontorikon.
45 Über den sogenannten Skythenplatz und wie es kam, dass der Minotauros von diesem (Skythen) abstammte.
46 Über das sogenannte Iasonion.

---

2 Dazu s. Grélois (2007) 122 Anm. 638.

47 περὶ τῶν ὀνομαζομένων Ῥοδίων Περιβόλων.
48 περὶ τοῦ καλουμένου Ἀρχείου καὶ ὅθεν ὠνόμασται.
49 περὶ τοῦ λεγομένου Γέροντος Ἁλίου.
50 περὶ τοῦ ἐπονομαζομένου Παραβόλου.
51 περὶ τοῦ καλουμένου Καλάμου καὶ Βυθίου καὶ τῆς ἐν τῷ χωρίῳ δάφνης.
52 περὶ τοῦ λεγομένου Βάκα.
53 a. περὶ ἄκρας τῆς ἐπονομαζομένης Ἑστίας, ἔνθα νῦν τὸ Μιχαήλιον.
b. πόθεν ὄνομα τῷ τόπῳ ἐπετέθη Ἑστίαι.

54 περὶ τοῦ κόλπου τοῦ νῦν Φιλεμπορίου λεγομένου καὶ ὅτι ἐντεῦθεν Μυσοὶ μὲν σὺν Τεύκροις ἐπὶ τὴν Εὐρώπην, Ἀστεροπαῖος δὲ εἰς Τροίαν ἐπεραιώθησαν.

56 a. περὶ τοῦ πρὸς Χηλαῖς τῆς Δικτύνης ἱεροῦ τῆς Ἀρτέμιδος.
b. ὅτι ἐντεῦθεν Κυζικηνοὶ τὴν Δίκτυναν Ἄρτεμιν τιμᾶν ἤρξαντο.

96 περὶ τοῦ λεγομένου Ἀιετοῦ Ῥύγχους.
97 περὶ τοῦ Ἀμύκου κόλπου καὶ Γρωνυχίας πεδίου, ὃ νῦν Βεννύχιον λέγεται.

98 περὶ τοῦ καλουμένου Καταγγίου, νῦν δὲ κατὰ παραφθορὰν Κατακίου.

99 περὶ Φρύξου Λιμένος.
102 a. περὶ ἄκρας Λέμβου καλουμένης.
b. περὶ τοῦ λεγομένου Βαθέος ἐν τῷ Ἀσιανῷ μέρει αἰγιαλοῦ καὶ νήσου κατὰ στόμα τοῦδε κειμένης, ἣ Βλάβη ἐπονομάζεται.
106 περὶ Κικονίου καὶ ὅθεν ὠνομάσθη.
107 περὶ Ῥοιζουσῶν καὶ Δίσκων.
109 περὶ Χρυσοπόλεως καὶ πόθεν ὠνόμασται.
110 a. περὶ ἀκρωτηρίου, ὃ Βοῦς καλεῖται καὶ τίς αὕτη ἡ Βοῦς.
b. τὸ ἐπίγραμμα τὸ ἐπὶ τῆς λιθίνης βοὸς δηλοῦν, τίνος ἐστηλώθη χάριν.
Ἰναχίης οὐκ εἰμὶ βοὸς τύπος οὐδ' ἀπ' ἐμεῖο
κλῄζεται ἀντωπὸν Βοσπόριον πέλαγος.
κείνην γὰρ τὸ πάροιθε βαρὺς χόλος ἤλασεν Ἥρης
ἐς Φάρον· αὐτὰρ ἐγὼ Κεκροπίς εἰμι νέκυς·
εὐνέτις ἦν δὲ Χάρητος, ἔπλων δ' ὅτε πλῶεν ἐκεῖνος
τῇδε Φιλιππείων ἀντίπαλος σκαφέων.
Βοΐδιον οὔνομα δ' ἦεν ἐμοὶ τότε· νῦν δὲ Χάρητος
εὐνέτις ἠπείροις τέρπομαι ἀμφοτέραις.

51. Καλάμου Wescher: Καλαλάμου B
96. Ῥέγχους B
98. παραφθορὰν Wescher: παραφορὰν B
110 b. πάροιθεν B || εἰς Φάρον B

47 Über das Ringgemäuer der Rhodier, wie man es nennt.
48 Über die Örtlichkeit namens Archeion und woher sein Name kommt.
49 Über den sogenannten Meergreis.
50 Über den Beinamen Parabolos.
51 Über die Örtlichkeiten namens Kalamos sowie Bythios und den Lorbeerbaum, welcher dort wächst.
52 Über die Örtlichkeit namens Baka.
53 a. Über die Landzunge mit dem Beinamen Hestiai, wo sich jetzt das Michaelion befindet.
b. Woher es kommt, dass man dem Ort den Namen Hestiai gab.
54 Über den Golf, der jetzt Philemporion heisst, und dass Myser von dort zusammen mit den Teukrern nach Europa, Asteropaios hingegen nach Troia übergesetzt waren.
56 a. Über das Heiligtum der Artemis Diktyna, welches sich bei den Chelai befindet.
b. Dass es einen Grund gab, weshalb die Kyzikener Artemis Diktyna verehrten.
96 Über den sogenannten Adlerschnabel.
97 Über den Golf des Amykos und die Ebene Gronychia, welche jetzt Bennychion heisst.
98 Über (die Bucht) namens Katangion, jetzt durch lautliche Entstellung Katakion.[3]
99 Über den Hafen des Phryxos.
102 a. Über das Kap namens Lembos.
b. Über Bathy am Asiatischen Uferabschnitt sowie über die Insel, welche an seiner Front liegt und Blabe heisst.[4]
106 Über Kikonion und woher der Name kommt.
107 Über ‹Rauschespitzen› und Diskoi.
109 Über Chrysopolis und woher der Name kommt.
110 a. Über das Vorgebirge namens Bus und wer die nämliche Kuh ist.
b. Die Inschrift auf der Stele mit der Kuh, die anzeigt, zu wessen Ehren diese errichtet wurde:
«Ich bin kein Abbild der Kuh, der Tochter des Inachos; auch heisst nicht das Meer, das vor meinen Augen liegt, nach mir Bosporos. Jene nämlich hat Heras heftiger Zorn schon vorher bis zum Pharos getrieben. Ich jedoch, die ich tot hier liege, stamme aus Kekrops' Land. Mit Chares teilte ich das Lager und fuhr mit ihm zur See, als er gegen Philipps Schiffe hierher segelte. Boïdion hiess ich damals. Nun aber, des Chares Gefährtin, ergötze ich mich am Blick über zwei Kontinente.»

---

3   Dazu s. Grélois (2007) 228.
4   Zu Bathy s. Grélois (2007) 228 Anm. 1218.

111 a. περὶ τῆς Ἡραγώρου κρήνης καὶ τεμένους Εὐρώστου ἥρωος.
b. περὶ Ἰμέρου ποταμοῦ.
c. περὶ Χαλκηδόνος πόλεως καὶ ποταμοῦ ὁμωνύμου αὐτῇ.
d. περὶ τοῦ ἐν Χαλκηδόνι χρηστηρίου καὶ τεμένους Ἀπόλλωνος.

111 a. Über die Quelle des Heragoras und das Heiligtum des Heros Eurostos.
b. Über den Fluss Himeros.
c. Über die Stadt Chalkedon und den Fluss gleichen Namens.
d. Über das Orakel in Chalkedon und das Heiligtum des Apollon.

IV Kommentar

Werktitel

Der Titel Διονυσίου Βυζαντίου Ἀνάπλους Βοσπόρου lässt sich über den Vatopedi Codex (B) bis auf den Heidelberger Archetypus (A) zurückverfolgen und dürfte so auch in der verlorenen Handschrift <G> gelautet haben, welche Pierre Gilles als Vorlage seines Werkes über den Thrakischen Bosporos benutzt hatte. Das jedenfalls ergibt sich aus seiner Einleitung, wenn er selbstbewusst festhält, er habe Dionysius von Byzanz, den lange vergessenen antiken Verfasser der Bosporosfahrt, wieder ans Licht gebracht (2a Mü. «nisi [...] Dionysio Byzantio, antiquissimo *Bosporici anapli* scriptori, iam tot annos in caecis tenebris iacenti, lumen attulero»). Bestätigung findet der Titel auch durch ein Quellenzitat, welches Stephanos von Byzanz im Artikel ‹Chrysopolis› (χ 59) seiner *Ethnika* folgendermassen einführt: ‹Dionysios von Byzanz, der die Fahrt den Bosporos hinauf beschreibt› (Διονύσιος δ' ὁ Βυζάντιος τὸν ἀνάπλουν τοῦ Βοσπόρου γράφων); zum wörtlichen Zitat s. unten § 109. Dass die beiden Artikel (τὸν und τοῦ) vom Lexikographen stammen, ist höchst wahrscheinlich. Der ursprüngliche Werktitel dürfte auch hinter dem Eintrag in der *Suda* (δ 1176) Περιήγησιν τοῦ ἐν τῷ Βοσπόρῳ ἀνάπλου stehen.

Neben dem Appellativ, wie ihn der Werktitel des Dionysios gibt und ἀναπλέουσιν verbal ausgedrückt zu Beginn der Beschreibung ausdeutet, findet sich Ἀνάπλους auch als Topikon für einen begrenzten Abschnitt der Wasserstrasse auf der europäischen Seite, so bei Ps.-Skylax (67,8) ‹Anaplus heisst eine Örtlichkeit den Bosporos entlang, bis man zum Hieron kommt› (καλεῖται δὲ Ἀνάπλους ὁ τόπος ἀνὰ Βόσπορον μέχρι ἂν ἔλθῃς ἐφ' Ἱερόν). In byzantinischer Zeit bezeichnet ἀνάπλους manchmal gar den ganzen Bosporos (so bei Malalas 4,9 τὸν ἀνάπλουν τῆς Ποντικῆς θαλάσσης), häufiger aber einen bestimmten Ort südlich von Hestiai (§ 53), vgl. Hesychios (*Patria* § 22), Stephanos von Byzanz (δ 35; κ 34), Prokop (*Aed.* 1,5,1) und Eustathios (zu Dionys. Per. 140 [*GGM* II 240]).[1]

---

[1] Zum Ort s. *TIB* 12,248–249.

Proömium

Die knappe Einleitung bringt neben dem Rechtfertigungstopos die Attraktivität des Bosporos auf den Punkt. Sie ist gleichsam eine Kurzfassung der Vorrede, mit welcher Polybios (4,38,11-13) seine Beschreibung der Wasserstrasse beginnt: ‹Da die meisten Menschen, wie es der Fall ist, von der Eigenart und der günstigen Lage des Ortes (nämlich Byzantion) keine Ahnung haben – liegt er doch etwas ausserhalb jener Teile der Welt, welche man zu besuchen pflegt –, wir alle aber Kenntnis davon erlangen und die Örtlichkeiten, sollten sie so aussergewöhnlich und verschieden sein, am liebsten selbst besichtigen wollen, dies aber unmöglich ist und wir dennoch wenigstens einen möglichst zuverlässigen Eindruck und eine Vorstellung davon bekommen wollen, ist es angesagt zu erzählen, wie es sich verhält und was der Grund ist, weshalb die erwähnte Stadt einen derart grossen Erfolg hat.› (11. Ἐπεὶ δὲ παρὰ τοῖς πλείστοις ἀγνοεῖσθαι συνέβαινε τὴν ἰδιότητα καὶ τὴν εὐφυΐαν τοῦ τόπου διὰ τὸ μικρὸν ἔξω κεῖσθαι τῶν ἐπισκοπουμένων μερῶν τῆς οἰκουμένης, 12. βουλόμεθα δὲ πάντες εἰδέναι τὰ τοιαῦτα, καὶ μάλιστα μὲν αὐτόπται γίνεσθαι τῶν ἐχόντων παρηλλαγμένον τι καὶ διαφέρον τόπων, εἰ δὲ μὴ τοῦτο δυνατόν, ἐννοίας γε καὶ τύπους ἔχειν ἐν αὐτοῖς ὡς ἔγγιστα τῆς ἀληθείας, 13. ῥητέον ἂν εἴη τί τὸ συμβαῖνόν ἐστι καὶ τί τὸ ποιοῦν τὴν τηλικαύτην καὶ τοιαύτην εὐπορίαν τῆς προειρημένης πόλεως). Dem Zauber dieser Wasserstrasse konnte sich auch Pierre Gilles nicht entziehen, der das Einleitungskapitel zu *De Bosporo Thracio* zu einer wahren Ouvertüre ausgestaltete. Und wenig überraschend hat das Proömium des Dionysios Eingang in den entsprechenden *RE*-Artikel gefunden: «Die ganze Gestalt, eine Folge ineinandergeschobener, malerischer Vorgebirge, welche in den verschiedenartigsten Bildungen von beiden Gestaden aus sich in das Meer lagern und dadurch eine zahllose Menge der herrlichsten Baien und Buchten bilden, hinter welchen die mannigfaltigsten Thaleinschnitte und Senkungen sich öffnen».[2] Nicht nur übertrifft der Bosporos mit seinen Naturschönheiten, den zahlreichen Buchten, Häfen und geeigneten Ankerplätzen sowie seinem Fischreichtum die anderen bekannten Meeresengen, sondern er sticht sie auch durch die zahlreichen touristischen ‹highlights› aus. Lang ist die Liste der von Dionysios erwähnten Heiligtümer: ein Tempel, bei welchem Iason geopfert hatte, Kultstätten des Apollon, des Poseidon, der Göttermutter, der Aphrodite, der Hera, der Athena, der Artemis, der Persephone und der Nymphen.[3] Mit Semystra und Io (§ 24) erfolgt der gebührende Hinweis auf den Gründungsmythos, und für die historische Perspektive steht die Brücke, welche Dareios über den Bosporos schlagen liess (§ 57).

---

2 *RE* III 1,743,31.
3 Dazu oben S. 19.

1 ἀναπλέουσιν: ‹für Leute, die stromauf fahren›; so galt es bereits für die Argonauten auf ihrem Weg aus Thessalien durch die Propontis (und den Bosporos), dann der Pontosküste entlang nach Kolchis, Eust. ad *Od.* 12,70 (II 9,11) Ἀργώ [...] ἐκ τῆς Προποντίδος καὶ τοῦ Πόντου εἰς τὴν Κολχίδα γῆν ἐκ Θετταλίας ἀναπλέουσα. Und wer den Moiris-See besuchen wollte, musste den Nil hinauffahren, Hdt. 2,4,3 ἀνάπλοος ἀπὸ θαλάσσης [...] ἀνὰ τὸν ποταμόν.

κατὰ τὸ ... Στόμα: Wieselers Konjektur κατὰ für überliefertes καὶ ist durch die parallele Formulierung κατὰ τὸν καλούμενον Κιμμέριον Βόσπορον (§ 2) abgestützt. Verbunden damit ist die Frage nach der hiesigen Bedeutung von στόμα. Im Autorengebrauch bezeichnet dieser hydrographische Begriff entweder den ‹Ausfluss des Pontos› (τὸ στόμα τοῦ Πόντου) in die Bosporische Wasserstrasse, inklusive den ganzen Mündungsbereich von den Symplegaden bis zum sog. Hieron (so Arrian. *Peripl. M. Eux.* 25,4). Anderseits steht στόμα aber auch für den Thrakischen Bosporos insgesamt, so z. B. bei Polybios 4,39,3 καλεῖται δὲ τὸ μὲν τῆς Μαιώτιδος στόμα Κιμμερικὸς Βόσπορος· [...] τὸ δὲ τοῦ Πόντου παραπλησίως ὀνομάζεται μὲν Βόσπορος Θράκιος, ἔστι δὲ τὸ μὲν μῆκος ἐφ' ἑκατὸν καὶ εἴκοσι στάδια. Und ähnlich heisst es bei Ptolemaios 3,11,3 τῷ στόματι τοῦ Πόντου, ὃ καλεῖται Θρακικὸς Βόσπορος, so auch 5,1,1; vgl. ferner Schol. zu Ap. Rhod. 2,168; St. Byz. δ 35 und Eust. ad Dionys. Per. 140 (*GGM* II 240, mit Diskussion der Bezeichnungen).[4]

δυσχερὴς ἦν: Dass der Indikativ Imperfekt auch ohne Modalpartikel ἄν den Irrealis ausdrücken kann, hat Güngerich (S. XLVII) zu Recht gegen Müllers entsprechende Ergänzung (<ἄν> ἦν) verteidigt und auf denselben eliminatorischen Gebrauch beim Potentialis hingewiesen, § 101 θέατρον δέ τις εἰκάσειεν ὁρᾶν; s. Schwyzer/Debrunner (1959–1966) II 352, sowie (für die Koine) Blass/Debrunner/ Rehkopf (1976) § 360.

πρὸς ἀμφοτέραν τὴν ἤπειρον ἐπιμιξίαν: vgl. den verwandten Ausdruck § 20 τῇ πρὸς τὴν ἤπειρον κοινωνίᾳ.

<καὶ> Während die Konjunktion für einen korrekten Satzbau unerlässlich ist, kann der Artikel, wie ihn Müller – wohl wegen Hiatprophylaxe – ergänzt (<καὶ τὴν>) entfallen. Wiederaufnahme des Artikels in einer Aufzählung erfolgt in der Regel dann, wenn das additive Glied durch ein Attribut erweitert ist, so § 6 διὰ στηνότητα τοῦ πόρου καὶ τὰς ἐκ τῶν ἠπείρων πληγὰς καὶ ἀντιτυπίας, und § 111 κατά τ' ἀρχαιότητα τῆς κτίσεως καὶ πράξεις καὶ τύχας καὶ τὰς ἐπ' ἀμφότερα μεταβολάς. Zur Toleranz von sog. leichten Hiaten s. oben S. 22.

ἐγγυβαθῆ ... ἀνάχυσιν: Das Hapax dürfte der *variatio* geschuldet sein, verwendet doch Dionysios zweimal das synonyme Kompositum ἀγχιβαθής (§ 6 und § 96).

εὔθηρος ... σκεπανή: Der Gedankengang ist ausserordentlich verknappt; Beziehungswort der beiden Adjektive ist wohl θάλαττα. Auf den Fischreichtum des

---

4   Über στόμα und dessen schwankende Bedeutung handelte ausführlich Gilles, s. Grélois (2007) 71–73.

Bosporos sowie die zahlreich vorhandenen Uferplätze, wo sich gut fischen lässt, weist Dionysios wiederholt hin (s. oben S. 16); dadurch erklärt sich auch die mehrfache Verwendung von εὔθηρος (§§ 6. 17. 56. 98). Ein wiederkehrendes Motiv sind ferner die windgeschützten Häfen (§§ 5. 11. 53. 108. 109). Dass σκεπανή (‹Schutz bietend›) auf die Schifffahrt deutet, muss aus λιμένων extrapoliert werden; vgl. § 53 πνευμάτων σκεπανὸν [...] τὸν ὅρμον, ferner *Anth. Pal.* 7,699,5 οὐ γάρ σοι σκεπανή τις ὑφόρμισις.

τοῦ ῥεύματος τὸ μὲν πλέον κατιόντος: Die starke Strömung der Wasserstrasse, von Dionysios auch sonst erwähnt (vgl. bes. §§ 3. 53), führt Polybios in ausführlicher Diskussion (4,39,7–10) auf die zahlreichen Flüsse zurück, welche in der Maiotis entwässern, sowie die Enge des Sunds; dazu s. Walbank (1957) 490–491, und vgl. auch Str. 7,6,2. Damit verbunden ist eine gewaltige Brandung an den Vorgebirgen (§§ 53. 58. 62) und, für den Thrakischen Bosporos charakteristisch, der häufige Richtungswechsel und die Rückströmungen, auf welche der Verfasser nun zu sprechen kommt. Der Verlauf ist nicht gerade, sondern gekrümmt (σκολιὸς πόρος) und voller Wirbel (δινήεις ῥόος), wie ihn Apollonios in den *Argonautika* (2,549. 551–552) beschreibt. Das *Etymologicum Magnum* vergleicht ihn mit dem Buchstaben ξ und einem Kriechtier, 718,32 σκολιὸν πόρον λέγουσι τὸν ἀπὸ Βυζαντίου πλοῦν ἕως τοῦ στομίου τοῦ Πόντου [...]. ἔοικε δὲ τῷ ξ στοιχείῳ καὶ θηρίῳ ἔρποντι. Dem Phänomen der Gegenströmungen widmet Polybios fast ein ganzes Kapitel (4,43,3–10), und es beschäftigte auch Pierre Gilles (14a–16a Mü. = Grélois [2007] 86–88), der von sieben Wendungen (*repulsus*) bzw. Krümmungen (*anfractus*) spricht, welche einen Richtungswechsel, also eine Rückströmung bewirken, und sich dabei auf den bithynischen Geographen Hipparchos beruft. Dieser, so das Referat bei Strabon (1,3,12), habe gar von gelegentlichem Einhalten des Wasserlaufs gesprochen (μονάς ποτε ἐποιεῖτο); zu den für den Bosporos charakteristischen Strömungsformationen s. Russell (2017) 34 Anm. 47 (mit weiterer Literatur).

κατ' ἐπικράτειαν ἀναστρέφοντος: geht auf die Rückströmung, vgl. Polyb. 4,43,5 οἷον ἐξ ὑποστροφῆς.

τῶν ἀκρωτηρίων ... παραλλήλων ἀναπτυσσομένων καὶ ἐκ τῆς κατ' εὐθὺ πορείας ἀναλυόντων τοῦ ῥεύματος τὴν βίαν: Nur wenig später (§ 3) wiederholt Dionysios fast wortgleich, es seien die dicht gereihten Vorsprünge (συνεχέσι καὶ παραλλήλοις ὑπεροχαῖς ἀκρωτηρίων), welche die Wirbel verursachten, die Strömung rückstauten (δῖναι συνεχεῖς καὶ ἀνακοπαὶ τῆς θαλάττης) und vom geraden Verlauf abbrächten (οὐδ' εὐθυτενής). Ähnliches lesen wir bei Pierre Gilles, wenn er aus eigener Anschauung über den gebrochenen Lauf der Wasserstrasse spricht und den Grund dafür weniger in der Enge des Sundes ortet (15b Mü. «existimo non tam locorum angustiis, ut quidam putant»)[5] als in den Vorgebirgen, welche

---

5   So die Meinung des Polybios, 4,43,4 ἐπὰν [...] φερόμενος ἐκ τοῦ Πόντου καὶ συγκλειόμενος ὁ ῥοῦς βίᾳ προσπέσῃ, τότε δὴ τραπεὶς ὥσπερ ἀπὸ πληγῆς ἐμπίπτει τοῖς ἀντίπερας τῆς Ἀσίας τόποις.

der Strömung hinderlich sind, diese brechen und sie dadurch verlangsamen («quam anfractibus promontoriorum, quibus ut refractus retardatur»). Ja, mit Wucht würden die felsigen Hindernisse den Richtungswechsel verursachen und den Bosporos manchmal gar zum Rückfluss zwingen («Bospori decursum sursum versus recurrere cogant»).

τὴν περιαγωγήν: innerer Akkusativ zu ἀναστρέφοντος. Durch die gespreizte Wortstellung vermeidet der Autor eine vierfach aufeinanderfolgende Endung des Genitiv Plurals (-ρίων, -λήλων, -μένων, -όντων); für einen ähnlichen kausalen Gebrauch vgl. § 4 φέρεται δ' ὁ ῥοῦς ἕλικα πορείαν.

Von der Maiotis und dem Schwarzen Meer, vom Eingang des Bosporos, seiner Länge und Breite sowie dem stürmischen Verlauf

2 ὅσα μὴ πρὸς τὴν ἔξω θάλασσαν ἰσώσασθαι: Adverbieller Gebrauch von ὅσα (μή) auch § 6 ὅσα μὴ πρὸς τοῖς ἄκροις. Zur Konstruktion mit Infinitiv vgl. Thuc. 1,2,2 νεμόμενοί τε τὰ ἑαυτῶν ἕκαστοι ὅσον ἀποζῆν, und s. Kühner/Gerth (1898–1904) 2,511 Anm. 3.

λίμνη Μαιῶτις, ἣν μητέρα καὶ τροφὸν τοῦ Πόντου: Wenn Dionysios von einer alten Überlieferung (λόγος ἐκ παλαιᾶς μνήμης παραδεδομένος) spricht, auf welche die Bezeichnung der Maiotis als ‹Mutter und Amme des Pontos› zurückgehe, gibt es dafür in der Tat gute Zeugen, so Hdt. 4,86,4; Dionys. Per. 163–165 (mit Eust. ad 163 [*GGM* II 246,4]); St. Byz. μ 20; Procop. *Bell.* 8,6,16; Plin. *Nat.* 6,20.

τὸ μὲν περίμετρον ... ἡ δὲ διάμετρος: Die Grösse der Maiotis wurde in der Antike sehr unterschiedlich geschätzt bzw. angegeben. Während Herodot (4,86,4) davon spricht, sie sei nur um weniges kleiner (οὐ πολλῷ τεῳ ἐλάσσω) als das Schwarze Meer, geben Strabon (2,5,23), Arrian (*Peripl. M. Eux.* 19,3) und Agathemeros (3,10) einen Küstenumfang von 9000 Stadien an. In der textlichen Ergänzung von 8000 Stadien folgen Müller (2b Anm.) und Güngerich hingegen Polybios 4,39,1 ὀκτακισχιλίων ἔχει σταδίων περιγραφήν. Mit der Angabe von 2000 Stadien für den Durchmesser der Maiotis von der Mündung des Tanais bis zu ihrer Ausmündung in den Kimmerischen Bosporos liegt Dionysios am nächsten bei der Schätzung Strabons (7,4,5), der die Entfernung mit 2200 Stadien angibt.[6]

ὁ Τάναϊς, ὅρος τῶν δυεῖν ἠπείρων, ἀνατέλλων ἐκ τῆς διὰ κρυμὸν ἀοικήτου: Dionysios schliesst sich der herrschenden Meinung an, die im Tanais (Don) den Grenzfluss zwischen Asien und Europa sieht, so Polyb. 3,37,3; Str. 7,4,5 und 11,1,1; ferner Ps.-Scyl. 68; Ps.-Scymn. F 16 Marcotte; Dionys. Per. 14, sowie Procop. *Bell.* 8,6,1–2. In der Verortung seiner Quelle in unbewohntem, kaltem Land hallt Stra-

---

6 Zu den diversen Distanzangaben s. Silberman (1995) 54 Anm. 206; Belfiore (2009) 214 Anm. 252.

bons Beschreibung nach, der den Teil Europas um den Tanais, die Maiotis und den Borysthenes wegen der dort herrschenden Kälte als unbewohnbar (2,5,26 διὰ ψῦχος ἀοίκητος) bezeichnet. Nicht anders heisst es 11,2,2 τοῦ δ' ὑπὲρ τῶν ἐκβολῶν (d. h. der beiden Mündungen des Tanais in die Maiotis) ὀλίγον τὸ γνώριμόν ἐστι διὰ τὰ ψύχη (Kälte) καὶ τὰς ἀπορίας (Nahrungsmangel) τῆς χώρας. Ganz unbewohnt sei das Gebiet zwar nicht, fährt der Geograph fort, doch hielten es dort bloss einheimische Nomaden aus, die gewalttätig seien und sich gegen die Nachbarvölker abschlössen.

στεναὶ δ' ἐκβολαί: vgl. Str. 7,4,5 Κιμμερικὸς Βόσπορος [...] τελευτᾷ δ' εἰς πολὺ στενότερον πορθμόν. διαιρεῖ δ' ὁ στενωπὸς οὗτος τὴν Ἀσίαν ἀπὸ τῆς Εὐρώπης.

ἀθρόαν: Die grosse Wassermenge der Maiotis erklärt Polybios durch die Entwässerung zahlreicher Flüsse sowohl aus dem asiatischen als auch dem europäischen Hinterland, 4,39,2 πολλῶν μὲν καὶ μεγάλων ποταμῶν ἐκ τῆς Ἀσίας ἐκβαλλόντων, ἔτι δὲ μειζόνων καὶ πλειόνων ἐκ τῆς Εὐρώπης, συμβαίνει τὴν μὲν Μαιῶτιν ἀναπληρουμένην ὑπὸ τούτων ῥεῖν εἰς τὸν Πόντον διὰ τοῦ στόματος (‹ins Schwarze Meer durch den Kimmerischen Bosporos›), τὸν δὲ Πόντον εἰς τὴν Προποντίδα. Entsprechend viel Wasser führt dann der Thrakische Bosporos in die Propontis ab (7–8).

πόλεις Ἑλληνίδες ... ἔθνη βάρβαρα: Die Siedlungsgeschichte der einheimischen Völker am Pontos sowie der griechischen Kolonisation (hier ἅς μετὰ τὴν τοῦ Βυζαντίου γένεσιν ἔνιοι τῶν Ἑλλήνων ἀπῴκισαν) hat keinen traditionellen Platz in einem ‹Periplus› wie dem des Bosporos und wird daher von Dionysios bloss mit einem Satz angedeutet. Auch wenn ein namentlicher Hinweis auf mögliche Quellenautoren fehlt, wird er sich im Bedarfsfall wohl vor allem bei Herodot (4. Buch), Polybios (4. Buch) und besonders Strabon (11. Buch) kundig gemacht haben.[7]

θάλαττα τρεπομένη ... ἐπιγλυκαίνει τὴν φυσικὴν δεινότητα: Auch hier scheint Polybios (4,40,8–10 und 42,1–5) die Vorlage abgegeben zu haben, beschreibt er doch ausführlich, wie einerseits Ablagerungen und Schlick der Zuflüsse die Maiotis versanden liessen und andererseits häufiger Regen sowie das Flusswasser sie von einem ursprünglichen Meer (ἐξ ἀρχῆς θάλαττα) in einen Süsswassersee (νῦν ἐστι λίμνη γλυκεῖα) verwandelt haben. Und dasselbe werde einst mit dem Pontos geschehen, in der Tat sei der Prozess bereits im Gang. Denselben Vorgang erwähnt Strabon in seinem Referat aus Straton/Eratosthenes, 1,3,4 γλυκυτάτην εἶναι τὴν Ποντικὴν θάλατταν, ähnlich auch Arrian, *Peripl M. Eux.* 8,3 ὁ πᾶς Πόντος πολύ τι γλυκυτέρου τοῦ ὕδατός ἐστιν ἤπερ ἡ ἔξω θάλασσα.[8]

Vom Inhalt abgesehen weist auch die zweimalige Schreibung von θάλαττα unmittelbar neben θάλασσα im gleichen Abschnitt auf eine ‹attische› Vorlage. Dass

---

7   Einen ausführlichen Überblick über die Besiedlung der Schwarzmeerküsten mit einem Katalog der einheimischen Bevölkerung wie auch der griechischen Kolonien gibt Danoff (1962) 866–1175, hier 1011–1140.
8   Zum Phänomen s. Danoff (1962) 897–900; Belfiore (2009) 170 Anm. 74.

dies nur Schreiberlaune war, ist freilich nicht ganz auszuschliessen; dazu s. Güngerich S. XXVIII. Zur Konstruktion eines Partizips als Träger der Haupthandlung (τρεπομένη) mit dem finiten Verb, welches den kausalen Nebengedanken trägt (μετέχει), s. Kühner/Gerth (1898-1904) 1,98 Nr. 2.
διὰ τοῦ Στόματος: zur Bedeutung von στόμα s. oben S. 107.

3 μῆκος μὲν ρκ' σταδίων, εὖρος δέ ... τεττάρων: Die Angaben über Länge und Breite des Bosporos sind in der Antike nicht einheitlich. Mit angegebenen 120 Stadien folgt Dionysios Herodot (4,85,3) und Polybios (4,39,4), der das Hieron des Zeus Urios und Byzantion als die jeweiligen Eckpunkte anführt (43,1), so auch Menippos im *Periplus Bithyniens* (St. Byz. χ 15), während Arrian (*Peripl. M. Eux.* 12,2), mit einer Verlängerung von 40 Stadien vom Hieron bis hinauf zu den Kyaneen, auf eine Gesamtlänge von 160 Stadien (25,4) kommt. Wie bei der Länge der Wasserstrasse unterscheiden sich die antiken Autoren auch in deren Breite, hängt diese doch davon ab, wo gemessen wird. Wenn unser Verfasser vier Stadien angibt, bezieht er sich auf die engste Stelle bei Πυρρίας Κύων (§ 57), wo Dareios eine Brücke über den Bosporos schlagen liess; Vorläufer in dieser Angabe sind Herodot (4,85,1), Strabon (2,5,23), Philostrat (*Imag.* 1,12,1), ferner Eust. ad Dionys. Per. 142 (*GGM* II 241,25).[9]

Ἡρακλέους ἀνακαθηραμένου τὸν Πόντον, ὡς λόγος: Auf welchen Mythos hier angespielt wird, ist nicht klar, und auch Eustathios in seinem Kommentar zur *Periegese* des Dionysios (*GGM* II 243,39) sagt bloss allgemein ‹Andere indes berichten, Herakles habe die dortigen Orte gesäubert und den Namen ἄξεινον (πόντον) in Εὔξεινον geändert›. Von einem Abenteuer am Thrakischen Bosporos selbst ist weiter nichts bekannt, doch der Kontext von *Herculis* Κλίνη (§ 95) könnte ein Fingerzeig sein. Erwähnt wird dort der Bebrykerkönig Amykos, den Pollux anlässlich der Argonautenfahrt im Zweikampf besiegt hatte. Und mit den Bebrykern, erzählt Apollodor (*Bibl.* 2,5,9), hatte sich auch Herakles auf seinem Weg zur Amazonenkönigin Hippolyte angelegt, als er dem Myserkönig Lykos im Kampf gegen Amykos beistand und dessen Bruder Mygdon tötete.

Für die folgende Beschreibung der wilden Strömung, die einige Elemente aus dem Proömium aufnimmt (s. oben), lässt sich kein direktes Vorbild ausmachen. Inspirierend dürfte auch hier wieder Polybios (4,43) gewirkt haben. Das Hauptaugenmerk liegt bei beiden Autoren auf der engsten Stelle des Bosporos (hier ἡ στενότατος), welche der Historiker beim Hermaion auf der europäischen Seite ansetzt (4 ἐπὰν δ᾽ εἰς τὸ τῆς Εὐρώπης Ἑρμαῖον, ἣ στενώτατον ἔφαμεν εἶναι). Dort sei die Strömung, vom Pontos kommend, eingeengt (φερόμενος ἐκ τοῦ Πόντου καὶ συγκλειόμενος ὁ ῥοῦς) und brande mit Wucht an das eine Festland an, bevor sie, zurückgeschlagen, an die gegenüberliegende asiatische Seite anpralle (βίᾳ προσπέσῃ, τότε δὴ τραπεὶς ὥσπερ ἀπὸ πληγῆς ἐμπίπτει τοῖς ἀντίπερας τῆς Ἀσίας

---

9 Für abweichende antike Bemessungen der Länge sowie der Breite s. *RE* III 1,743,3.

τόποις). Nicht anders hier bei Dionysios: Durch den engen Raum aufgewühlt und im Engpass zwischen den beiden Kontinenten eingezwängt, gleite der Bosporos auffallend und in stürmischem Fluss dahin (κυκώμενον γὰρ ἐν ὀλίγῳ τὸ ῥεῦμα καὶ τῇ στενοχωρίᾳ τῶν ἠπείρων θλιβόμενον σπασμῷ καὶ ταράχῳ κάτεισιν). Unser Verfasser könnte sich auch an Apollonios Rhodios (2,549–552) erinnert haben, der beschreibt, wie die Argonauten beim Durchgang durch die engste Stelle der gekrümmten Wasserstrasse (ὅτε δὴ σκολιοῖο πόρου στεινωπὸν ἵκοντο), eingeengt durch rauhe Felsen auf beiden Seiten (τρηχείης σπιλάδεσσιν ἐεργμένον ἀμφοτέρωθεν) die strudelreiche Strömung (δινήεις ῥόος, vgl. hier δῖναι συνεχεῖς) unter ihrem Schiff spürten und diese sie zur Vorsicht mahnte. Gilles hat in seiner Beschreibung des Bosporos dem stürmischen Verlauf ein ganzes Kapitel gewidmet (14a–18b Mü. = Grélois [2007] 86–93) und führt diesen weniger auf die Enge der Meeresstrasse zurück als auf sieben durch Vorgebirge bzw. Landspitzen verursachte Krümmungen (*anfractus*).

ὑποτροχάζουσι ... ἀλλήλαις: So gesucht das Verb und seine Verbindung mit dem Dativ auch scheinen mögen, es findet beim Astronomen Geminus eine Stütze, *Elem. astr.* 10,1 ὑποτροχάσασα ἡ σελήνη τῷ ἡλίῳ.

τῷ παρὰ μικρόν: Zwar ist τὸ παρὰ μικρόν weit häufiger, aber wie Güngerich (S. L–LI) zu Recht bemerkt, sollte hier nicht geändert werden, denn mit dem ablativischen τῷ verwendet Dionysios die Wendung auch später (§ 50); vgl. ferner Str. 2,1,8; 16,4,27; Plut. *Arat.* 33,4.

ἔνθεν μοι δοκοῦσι καὶ Συμπληγάδας ὀνομάσαι τὰς πέτρας, ... ψευδομένης τῆς προσόψεως τὴν δόξαν: Ausführlich auf diese Stelle kommt Gilles erst viel später im *Anaplus* (§§ 86 und 89) zurück, wo von den Kyaneen die Rede ist, den beiden kleinen Felseninseln, welche die griechische Mythologie mit den Symplegaden bzw. Plankten identifizierte. Wenn in der Erstausgabe von *De Bosporo Thracio* (1561, S. 174) «symplegades» klein geschrieben ist, stimmt dies mit dem vorangestellten καὶ und der von Gilles angestrebten Entmythologisierung überein: 65b Mü. «Dionysius Byzantius ut Cyaneas constituat insulas esse, tamen omnes Bospori anfractus ait symplegadas dici posse»; für analoge Äusserungen s. Grélois (2007) 75 und 213–214. Diese Interpretation untermauert Gilles mit einem Exkurs über die natürliche Beschaffenheit der Kyaneen als Felsenriffe, erwähnt in diesem Zusammenhang die mythischen Symplegaden und weist dabei auf die sprachlichen Varianten des Toponyms «synormadas» (συνορμάδες < συνορμάω ‹aufeinander zustürmen›) «et symplegadas» (συμπληγάδες < συν-πλαγῆναι ‹aufeinanderprallen›, ‹Prallfelsen›). Es handle sich um ein Phänomen der Natur («physicam veritatem»), wie Eratosthenes es erklärt habe: «illae [sc. Cyaneae] redeunt, illae aequore certant, ex eo, ut ait Eratosthenes, quod angustum fretum et flexuosum multis anfractibus circumsaeptum navigantibus videtur tum concurrere [συνορμάδας] et congredi [συμπληγάδας] occultari, claudi, tum rursus digredi aperirique: proximo enim accessu aperiuntur, mox digressu rursum delitescunt Cyaneae». Den Rückgriff auf Eratosthenes entnahm Gilles dem Scholion des Tzetzes zu Lycoph. 1285 (2,363,5–7 Scheer) πέτραι Συμπληγάδες· [...] ὁ δὲ Ἐρατοσθένης συνορμάδας καλεῖ. Doch das Scholion zu Euripides, Med. 2 verweist richtigerweise auf Simonides (F 268 Poltera = PMG 546), der die Symplegaden συνορμάδες genannt habe. Allerdings wird dort im Eintrag ἄλλως (A) der Geograph aus dem dritten Buch seiner Geographumena ausführlich zitiert. Den Namen Συμπληγάδες führt er auf das Zusammenlaufen (συνδρομή) der Felsen und ihr Auseinanderstieben (διάστασις) zurück – eine Sinnestäuschung (φαντασία), wie er sagt. In der Tat erscheint das Toponym Συμπληγάδες erstmals bei Euripides (Med. 2 und 1263), während es sich bei den Vorgängern jeweils um das einschlägige Adjektiv zu πέτραι handelte, so eben bei Simonides, semantisch mit συνδρόμων [...] πετρᾶν von Pindar (Pyth. 4,208–209) variiert und als σύνδρομα πετράων syntaktisch abgewandelt bei Apollonios Rhodios (2,346); ferner Eur. IT 422 τὰς συνδρομάδας πέτρας, Theocr. Id. 13,22 κυανεᾶν [...] συνδρομάδων. Dieser gelehrte Kontext war dem belesenen Gilles bekannt. Ob sich auch Dionysios all dieser Vorbilder bewusst war, wissen wir nicht. Jedenfalls zeigt z.B. Strabon (1,2,10; 3,2,12. 5,5), dass sich auch in der geographischen Literatur Συμπληγάδες als Toponym für die beweglichen Felsen am Eingang des Bosporos eingebürgert hatte.

Beginn des europäischen Ufers

4 Wie über die Länge des Bosporos herrscht auch über dessen Breite in der Antike keine einheitliche Meinung, s. oben § 3. Wenn Dionysios hier die Distanz zwischen Byzantion, auf der Bosporischen Landspitze gelegen, und dem asiatischen Ufer mit sieben Stadien (1295 m) angibt, deckt sich dies mit Plin. Nat. 5,149 in his [sc. angustiis] Calchadon [...] vii stadiis distante Byzantio; vgl. aber 9,51 die Angabe von 1000 Schritt (d.h. eine römische Meile = 1480 m). Mit der Angabe «inter promontorium nuncupatum Bovem sive Damalim» nimmt Gilles die präzisere topographische Bezeichnung Βοῦς (§ 110), auch Δάμαλις genannt, vorweg. In der Tat handelt es sich um die Landspitze (ἄκρα) von Chrysopolis, die den Chalkedoniern als Ausgangspunkt für die kürzeste Überfahrt nach Europa diente. Für Βοσπόριος ἄκρα als fester Ortsname ist Dionysios offenbar der einzige Zeuge, vgl. §§ 5. 6. 7 (περὶ [...] τῆς ἄκρας, ἣν Βοσπόριον καλοῦμεν). 24. 38 und 53. Wenn das Scholion zu § 7 für das Toponym auf Arrian (ἐν τοῖς Βιθυνιακοῖς = FGrHist 156 F 20a) verweist, geht dies wohl allgemein auf den Mythos von Io und ihrer Verfolgung durch Hera und kann nicht als Nebenzeugnis für den Ortsnamen gelten.

Das Horn

5 Die günstige Lage von Byzantium, die der Stadt Sicherheit garantiert und ihr Wohlstand und Reichtum einbringt, hat Polybios (4,38,1-10) in einer kurzen *laus urbis* skizziert.

Auch die hiesige Beschreibung des Wasserstroms, der sich an der Βοσπόριος ἄκρα teilt, dürfte direkt auf Polybios zurückgehen, der als erster den Namen ‹Horn› (Κέρας) erwähnt, 4,43,7 ὁ γε ῥοῦς [...] ἐπ' αὐτὸ φέρεται τὸ Βυζάντιον, περισχισθεὶς δὲ περὶ τὴν πόλιν βραχὺ μὲν εἰς τὸν κόλπον αὐτοῦ διορίζει τὸν καλούμενον Κέρας, τὸ δὲ πλεῖον πάλιν ἀπονεύει. Zu Topographie und Geschichte des Κέρας s. *RE* XI 1, 257-262; *TIB* 12,448-450.

Wie Güngerich (S. LI) richtig bemerkt, ist die Bosporische Landspitze, die aus dem vorigen Paragraphen in περὶ αὐτὴν wieder aufgenommen wird, das Subjekt sowohl von ὠθεῖ (zum Verb vgl. §§ 53 und 110) als auch von ὑποδέχεται, dies zusammen mit ἐκδέχεσθαι bei Dionysios ein mehrfach belegtes Kompositum (§§ 11. 17. 38. 49. 53).

θήρας ἰχθύων ἀγωγόν: Auf den Fischreichtum des Bosporos bzw. des Horns kommt Dionysios wiederholt zu sprechen, so §§ 1. 5. 6. 16. 17. 18. 21. 23. 28. 36. 50. 56. 59. 60. 71. 76. 97. 98. 102; s. ferner oben S. 16.

Was Dionysios im folgenden Abschnitt in dichtem Stil und bei verknappter Syntax über die Schiffbarkeit des buchtenreichen Horns aussagt, klärt sich in der üppigen Beschreibung des Prokop (*Aed.* 1,5,9-13) auf. Nicht nur preist er die ruhigen Gewässer des Golfes, die besseren Wetterbedingungen, welche dort herrschen; er erwähnt auch die zahlreichen Ankerplätze (12 αἱ νέες [...] ὁρμίζονται), und Häfen gebe es zuhauf (13 λιμὴν δὲ ὅλος πανταχῇ ἐστιν). Hier muss man freilich bedenken, dass aus dem Byzantion der vor-severischen Zeit Justinians Konstantinopel zur Reichsmetropole herangewachsen war mit den bevorzugten Vorstädten am Horn und dem Bosporos.

βαθὺς μὲν πλέον ἢ καθ' ὅρμον: Die Konstruktion des proportionalen Vergleichs (d.h. Komparativ gefolgt von ἢ κατά) findet sich öfters bei Thukydides, den Güngerich (S. XL) zu Recht zu den stilistischen Vorbildern unseres Verfassers zählt, so z.B. 1,13,5 κατὰ γῆν τὰ πλείω ἢ κατὰ θάλασσαν, ferner 1,37,3; 2,50,1; 6,15,3.

ἃ πρὸ τῶν πνευμάτων: Gegen den Einwand von Wescher («subaudi verbum ἐστί vel ἔχει, nisi forte corrigendum sit ἀπὸ») sowie die Konjekturen von Wieseler (ἀμύνουσι πρὸς τὴν βίαν) und Müller (ἀποτρόποις) verteidigt Güngerich (S. LII) die Paradosis (als *lectio difficilior*) sowohl mit dem elliptischen Stil des Autors als auch mit einem ähnlichen Gebrauch der Präposition bei Xenophon, *Anab.* 7,8,18 πορευόμενοι κύκλῳ, ὅπως τὰ ὅπλα ἔχοιεν πρὸ τῶν τοξευμάτων («sie rücken in Kreisformation vor, um ihre Schilde gegen die Wurfgeschosse vor sich herzuhalten»).

ποταμοῖς βαθεῖαν καὶ μαλθακὴν καταφέρουσιν ἰλύν: Ähnlich hält Pierre Gilles (15b-16a Mü. = Grélois [2007] 87-88) fest, dass die ins Κέρας abfliessenden

Gewässer nach starken Regenfällen derart aufgewühlt seien, dass sie sich mit dem Wasserlauf am byzantischen Vorgebirg nicht vereinigen könnten «flumina sinum Cornu ingressa, turbida ex multis pluviis, non possunt subire cursum fluxus delati a loco Bove nuncupato ad promontorium Byzantinum». Infolgedessen würden sie fünfzehn Stadien zurückgestaut, wobei sich ihre trüben Wellen vom klaren, hellen Wasser des herabkommenden Bosporos abhöben («aquae turbidae ascendentes amplius stadia quindecim, divisae a decursu fluxus clari et cerulei descendenti»). Daraus resultieren dann die Ablagerungen, von welchen Dionysios hier spricht.

6 Für die folgende Beschreibung von Byzantion auf dem hohen Landvorsprung, der von drei Seiten vom Meer bespült wird, sowie der wehrhaften Befestigung lässt sich zwar keine direkte Vorlage ausmachen; hingegen gibt es manche Gemeinsamkeiten mit der Schilderung von Cassius Dio (75,10). Von späteren Autoren sind Zosimos (2,30,2–4) und vor allem Prokop (*Aed.* 1,5) zu nennen. Für eine kritische Auswertung der Angaben zu Topographie und Ausmessung s. Mango (1985) 16–17; Belfiore (2009) 295 Anm. 34.

τῇ θαλάττῃ <περίρρους> πᾶσα: vgl. § 104 περίρρουν ἀκρωτήριον. Wieseler stützt sich bei seiner Ergänzung auf die kurz darauf doppelt wiederholte Aussage: τὸ περικλυζόμενον («umspült») αὐτῆς (sc. Πόλεως) und vor allem ἡ δὲ (sc. Θάλαττα) πᾶσαν περιρρεῖ τὴν πόλιν.

τοῦ ... ἰσθμοῦ: vgl. Zos. 2,30,2 μέρος ἐπέχουσα (sc. ἡ πόλις) τοῦ ἰσθμοῦ. Kurz darauf variiert Dionysios den Begriff mit αὐχήν, so auch § 12.

Den Gesamtumfang (μέγεθος τοῦ παντός) des Stadtgebiets gibt der Verfasser mit 35 Stadien an; gemeint ist wohl allein die Küstenlinie und die weiteren fünf Stadien für die Landseite, wie es Gilles (*Top. Const.* 1,2) berechnet, «Dionysius ait [...] ambitum Byzantii circiter quadraginta stadia complexum fuisse». Über diese Berechnung sind die Meinungen geteilt, s. *RE* III 1,1119.

διείργεται τὸ μὴ νῆσος εἶναι: ganz ähnlich § 12 τοῦ διείργοντος τὸ μὴ νῆσον εἶναι τὴν πόλιν αὐχένος. Wie bereits zuvor (s. oben § 5) ist die stilistische Anleihe bei Thukydides unverkennbar: 6,1,2 διείργεται (sc. Σικελία) τὸ μὴ ἤπειρος εἶναι; vgl. ferner Polyaen. 2,2,4 τὴν χώραν ἐλαχίστῳ διειργομένην ἰσθμῷ μὴ νῆσον εἶναι.

πλὴν οὐκ: Die verstärkende Verbindung von οὐκ mit πλήν ist wohl der *imitatio* von Demosthenes, einem stilistischen Vorbild des Dionysios, geschuldet, vgl. *Or.* 18,45; 56,23, und s. Schwyzer/Debrunner (1959–1966) II 543. Der vermeintliche Pleonasmus οὐκ ἀθρόως [...] ἠρέμα (letzteres ein Lieblingswort des Verfassers, vgl. §§ 10. 12. 28. 42. 52) entfällt also.

ἀπὸ τοῦ Θρᾳκίου τείχους: Gemeint ist die wehrhafte Mauer auf der Landseite, welche seit alters her die Stadt gegen Angriffe thrakischer Völker schützte. Wie Hesychios in den *Patria* (§ 12) berichtet, soll Byzas sie unter Beistand von Apollon und Poseidon errichtet haben. Unter Septimius Severus wurde sie nach der Belagerung der Stadt (193/196 n. Chr.) von den Römern geschleift als Strafe dafür, dass die Stadt den Usurpator Pescennius Niger unterstützt hatte. Ihre Bauart als eigentliches Bollwerk beschreiben Herodian (3,1,6–7), wie bereits vor ihm Cassius Dio (75,10,3–5), der ihre strategische Bedeutung bei der Abwehr von Landtruppen hervorhebt, (5) τοῦ δὲ δὴ περιβόλου τὰ μὲν πρὸς τῆς ἠπείρου (d.h. das Hinterland) μέγα ὕψος <ἦρτο>, ὥστε καὶ τοὺς τυχόντας ἀπ' αὐτῶν ἀμύνασθαι. Zur Befestigung s. *RE* III 1,1120–1121; ferner Mango (1985) 14–15, der die Glaubwürdigkeit unseres Verfassers sowie der erwähnten Historiker bekräftigt.

ἐπ' ἀμφοτέραν ... τὴν θάλατταν: Gegen eine Umstellung der Wortfolge, wie sie Müller (1877) 67 vorschlägt («die worte πεδία γῆς sind vor ἐπ' ἀμφοτέραν oder nach θάλατταν zu stellen»), spricht die Vorliebe des Verfassers für das Hyperbaton auch dort, wo es wie hier nicht um Hiatprophylaxe geht, so z.B. § 24 τοῦτο πρὸς Ἀπόλλωνος εἴκασαν τὸ τέρας, ferner § 42 (ὁπότε [...] τὸν ὄρθιον ἀείδοι νόμον); s. Güngerich, S. XXXVI.

πεδία γῆς: Ganz ähnlich beschreibt Cassius Dio die hohe Lage der Stadt und die Neigung zum Meer, 75,10,2 αὐτή τε γὰρ ἐπὶ μετεώρου πεπόλισται, προέχουσα ἐς τὴν θάλασσαν.

Die mehrfache Schilderung des wild daher strömenden Bosporos wirkt geradezu selbstverliebt; wiederkehrende Begriffe dabei sind ῥοώδης (§§ 3. 10. 49. 53) und ἐλαύνεσθαι (§§ 4. 7). Gleichsam als Matrix der folgenden Beschreibung, wie sich der Bosporos wild vom Schwarzen Meer her herabwälzt, dabei beidseitig ans Festland prallt, am Bosporischen Vorgebirge geteilt wird und rechts in das Horn ausläuft, könnte Cassius Dio gelten, 75,10,2 ἐκείνη (sc. θάλασσα) χειμάρρου δίκην ἐκ τοῦ Πόντου καταθέουσα τῇ τε ἄκρᾳ προσπίπτει καὶ μέρει μέν τινι ἐς τὰ δεξιὰ ἀποτρέπεται κἀνταῦθα τόν τε κόλπον καὶ τοὺς λιμένας ποιεῖ.

καλεῖται δὲ Κέρας: Die folgende Namenserklärung erinnert an Strabon (7,6,2): Der sechzig Stadien weit ins Land auslaufende Meerbusen ähnele einem Hirschgeweih; denn er verzweige sich in viele einzelne Buchten (ἔστι δὲ τὸ Κέρας [...] κόλπος ἀνέχων ὡς πρὸς δύσιν ἐπὶ σταδίους ἑξήκοντα, ἐοικὼς ἐλάφου κέρατι· εἰς γὰρ πλείστους σχίζεται κόλπους). Eine vergleichbare Namensetymologie gibt es § 55 für die beiden vorspringenden Dämme Χηλαί, denn wer sie sieht, denkt an ‹Krebsscheren›.

ὄρη τε γὰρ αὐτὸν μεγάλα περιέχει: Ob Dionysios hier sowie § 37 im Partikelgebrauch (τε γάρ) epische Sprache nachahmt, ist unsicher, s. Güngerich S. XXXVIII. Wahrscheinlicher handelt es sich um Einfluss der Koine, vgl. etwa NT, *Rom.* 7,7 τήν τε γὰρ ἐπιθυμίαν οὐκ ᾔδειν, dazu s. Blass/Debrunner/Rehkopf (1976) § 443,3.

ἄντικρυς ἤπειρος: verstösst nicht gegen den Attizismus (ἀντικρύ), sondern dient hier der Hiatprophylaxe, so auch ἄχρις (§ 23); dazu s. Schwyzer/Debrunner (1959–1966) I 404–405.

μὴ μακρὰν περιάγειν: elliptisch für μακρὰν ῥῆσιν, eine Abbruchsformel wie ἔστω δὲ τέρμα τῷ λόγῳ am Schluss (§ 112) der Beschreibung.

Die Periegese: Βοσπόριος ἄκρα und Byzantion

7 Die Namensetymologie des Bosporos (διὸ καὶ Βόσπορος λέγεται, οἱονεὶ βοὸς πόρος, so Eust. ad Dionys. Per. 140 [*GGM* II 240,44]; ‹Rinderfurt›) ist fester Bestandteil der Gründungsgeschichte von Byzantion und wird schon früh mit der Sage von Io in Verbindung gebracht. Die Tochter des argivischen Königs Inachos und Priesterin der Hera ist Geliebte des Zeus. Doch ihre Verwandlung in eine Kuh rettet sie nicht vor der rachsüchtigen Gattin. Von einer Bremse in den Wahnsinn getrieben, irrt sie von Land zu Land, durchschwimmt die Meerenge und gelangt nach Asien. Am Kaukasus erfährt sie vom gefesselten Prometheus ihr weiteres Schicksal und findet schliesslich Ruhe in Ägypten. Diese Sagenelemente hat Dionysios hier aufgenommen, ihre Überlieferung jedoch aufgeteilt (διττὸς κατέχει λόγος). Die eine, entmythologisierte Fassung dient offensichtlich allein der Namensetymologie; mit der anderen, welche man im Stil eines Mythos erzähle, trifft er sich mit der Version in den *Patria*, wie wir sie bei Hesychios (§§ 6–8) finden. Es gebe verschiedene Versionen über die Gründung von Byzantion, heisst es dort (§ 6) zusammenfassend (οἱ μὲν οὖν διαφόροις ἐχρήσαντο λόγοις). Den interessierten Lesern wolle er aber die Überlieferung darlegen, welche glaubwürdig sei, und so beginne er passenderweise bei Io, der Tochter des Inachos (ἡμεῖς δὲ πιθανὴν τὴν ἱστορίαν τοῖς ἐντυγχάνειν ἐθέλουσιν παραστῆσαι βουλόμενοι ἐκ τῆς Ἰνάχου θυγατρὸς Ἰοῦς τὴν ἀρχὴν προσφόρως ποιούμεθα).

Uneinigkeit, wie Dionysios andeutet, herrschte aber auch darüber, welchen Sund Io auf ihrer Flucht durchschwommen hatte (τὸν μὲν Κιμμέριον, τὸν δὲ Θράκιον καλεῖσθαι Βόσπορον). Den ersten bekannten literarischen Beleg für die Legende gibt Aischylos, wobei im *Gefesselten Prometheus* die Namensgebung auf den Kimmerischen Bosporos geht (729–730 ἰσθμὸν [...] Κιμμερικὸν ἥξεις, 733–734 Βόσπορος δ' ἐπώνυμος | κεκλήσεται); hingegen dürfte der Tragiker in den *Supplices* mit dem nicht weiter bestimmten πόρον (545) den Thrakischen gemeint haben (das Scholion zur Stelle erklärt τὸν Βόσπορον), während Callim. *Dian.* 252–254 vom Kimmerischen spricht. Breit durchgesetzt hat sich jedoch die Identifikation von βοὸς πόρος mit dem Thrakischen, so z. B. bei Polybios (4,43,6), Arrian (*FGrHist* 156 F 20b), beim Mythographen Apollodor (*Bibl.* 2,1,3), dem Periegeten Dionysios (140–141) und eben auch in den bereits erwähnten *Patria* des Hesychios (§ 8).

τὸ ἐπιχώριον πάθος: Ob die Wortwahl πάθος die Liebesaffäre impliziert, welche Zeus mit Io hatte, bleibt unsicher, auch wenn die Wortverbindung einen singulären Eindruck macht. Im neutralen Fall meint Dionysios in Bezug auf die Namensgebung lediglich das ‹lokale Ereignis›, nämlich Ios Durchquerung der Meerenge nach Asien.

τῆς τοπικῆς ἱστορίας: soviel wie ‹Lokalgeschichte›, vgl. Dion. Hal. 7,70,2 τὰς ἀρχαίας καὶ τοπικὰς ἱστορίας.

κληρονομεῖ ... τοὔνομα: Das Verb κληρονομεῖν verbindet sich in der Regel mit dem Genitivus partitivus, doch bei nachklassischen Autoren ist Akkusativ nicht ungewöhnlich, vgl. etwa Polyb. 15,22,3 κληρονομήσειν [...] τὴν ἐπ' ἀσεβείᾳ δόξαν, ferner fr. 83 Büttner-Wobst αὕτη (sc. τύχη) [...] κληρονομεῖ τοιαύτην φήμην und NT, Hebr. 1,4 κεκληρονόμηκεν ὄνομα.

8 Ἐκβασίου ... Ἀθηνᾶς: Die Epiklese, welche Dionysios mit ἐκβάντες gleich etymologisiert, gilt auch für Apollon, dem die Argonauten nach ihrer Landung in Kyzikos einen Kult stifteten, Ap. Rhod. 1,966 ἔνθ' οἵ γ' Ἐκβασίῳ βωμὸν θέσαν Ἀπόλλωνι, ebenso 1,1186. Und auf Siphnos wurde Ἄρτεμις Ἐκβατηρία verehrt (Hsch. ε 1288). Diesen Schutzgottheiten opfern die Schiffsleute nach glücklicher Landung und Heimkehr.

στολαγωγήσαντες: ein Hapax wie στολαγωγός beim Sophisten Polemon (*Cyn.* 35); zu weiteren Hapaxlegomena s. oben S. 21.

9 Ποσειδῶνος νεώς: Den Poseidontempel am Meer erwähnt auch Hesychios in den *Patria*, § 15 Ποσειδῶνος δὲ τέμενος πρὸς τῇ θαλάττῃ ἀνήγειρεν (sc. ὁ Βύζας).

λιτός: Wenn Gilles παρ' ὃ καὶ λιτός mit «apud quod fuit lapis» übersetzt, las er λίθος entweder in <G> oder konjizierte das Wort. Das Letztere könnte durch die in § 87 erzählte Begebenheit motiviert gewesen sein: Das Kap Ankyrion habe seinen Namen davon, dass die Argonauten auf Geheiss eines Sehers von dort einen steinernen Anker (ἄγκυρα) mitgenommen hätten. Im Kommentar zu dieser Stelle bezieht sich Gilles auf einen Mythos, wie ihn Apollonios in den *Argonautika* (1,953–960) erzählt: Auf ihrem Weg nach Phrygien hätten die ionischen Nachkommen des Neleus einen Ankerstein, welcher von den Argonauten in Kyzikos zurückgelassen worden war, als *ex voto* der Athena, Iasons Helferin (Ἰησονίη Ἀθήνη), geweiht. Dazu zieht er an der hiesigen Stelle eine Parallele, «huic [sc. lapidi] similem illum quem tradit Dionysius fuisse Byzantii», und kurz darauf «Hic lapis ut fuit Byzantii prope aram Minervae Ecbasiae, ita ille Cyzici prope templum Apollinis Ecbasii» (70a Mü. = Grélois [2007] 201–202).

ἐπιβεβηκώς: syntaktisch Participium coniunctum zu νεώς, aber *ad sensum* auf Poseidon bezogen, wie danach οὐκ ἐφίησι, sodann ἀπεῖπεν und ἀγαπῶν und schliesslich – eher ambivalent – ἐνδεικνύμενος.

τὴν πρόσοικον θαλάττῃ φιλοχωρίαν: vgl. Platon, *Leg.* 705a πρόσοικος γὰρ θάλαττα χώρᾳ τὸ (sc. γειτόνημα) μὲν παρ' ἑκάστην ἡμέραν ἡδύ. Geht es bei Platon um die praktischen Vorteile, welche eine Hafenstadt bietet, hat Poseidon als Gott des Meeres seine Kultstätte erwartungsgemäss in der Nähe der Wasserstrasse. Eine ausgesprochene Vorliebe für φιλοχωρεῖν und dessen Ableitung φιλοχωρία zeigt Dionysios von Halikarnass, so 1,13,3. 27,3. 34,3; 3,9,7; 5,63,1; 8,47,3 und 9,51,4.

10 Wie Mango (1985) 18 Anm. 29, richtig anmerkt, ist die Lokalisierung der Sportplätze unterhalb (ὑπό) des Poseidontempels unlogisch, denn der Gott hatte sich ja geweigert, sein Heiligtum *oberhalb* des Stadions versetzen zu lassen (§ 9). Vom unveränderten Standort am Meer gesehen, befinden sich die erwähnten Anlagen also oben auf der Ebene (ἐν τοῖς ἐπιπέδοις), wie Dionysios sie vorher beschrieben hat, πεδία γῆς (§ 6). Gilles' Übersetzung «sub templo Neptuni» zeigt, dass seine griechische Vorlage (<G>) ebenfalls die irrige Platzierung ὑπό überlieferte.

ἠρέμα: Zu diesem wiederkehrenden Begriff s. oben § 6.

ἐπάντης: vgl. § 109 πεδίον ἔπαντες εἰς τὴν ἀκτήν. Es handelt sich um eine gesuchte Variante zu ἀνάντης, wie sie vorgegeben ist bei Thukydides 7,79,2 τοῦ λόφου ἐπάντους ὄντος.

11 τρεῖς λιμένες: Cassius Dio (75,10,5), der die Lage und Befestigung von Byzantion vor der Belagerung durch Septimius Severus beschreibt (s. oben § 6), erwähnt lediglich zwei Hafenanlagen innerhalb der Befestigungsmauer (οἵ τε λιμένες ἐντὸς τείχους ἀμφότεροι), deren Zufahrt in Kriegszeiten mit Ketten verschlossen wurden (κλειστοὶ ἁλύσεσιν ἦσαν), und deren lange Molen an der Spitze mit Türmen bewehrt waren (αἱ χηλαὶ αὐτῶν πύργους ἐφ' ἑκάτερα πολὺ προέχοντας ἔφερον). Gemeint sind wohl die Häfen Bosporion/Phosphorion (St. Byz. β 130) sowie Neorion (eigtl. ‹Schiffshaus, Dock›), den das Scholion zur hiesigen Stelle erwähnt, περὶ τοῦ νῦν ἔτι σῳζομένου λιμένος τοῦ ἐν τῷ καλουμένῳ Νεωρίῳ. Wenn Dionysios hingegen drei Häfen anführt und davon den mittleren (d.h. Neorion) ausführlicher beschreibt, könnte es sich beim überzähligen entweder um ein zweites Becken des einen oder anderen Hafens handeln (so Mango [1985] 15), oder es verbirgt sich dahinter eine Vorgängeranlage der *Scala Timasi*, wie sie Gilles (22a Mü.) erwähnt; zu den Hafenanlagen s. Berger (1999) 111–112, ferner Grélois (2007) 103, 367, 373–375.

ὑποδομήσεσι: s. oben S. 21, ein Hapax als (stilistisch gehobene?) Variante zum architektonischen Fachausdruck ὑποδομή (‹Stützmauer›), der inschriftlich mehrfach belegt ist, z.B. *IG* IV 823,36 (aus Troizen) τὰ ὑπὲρ τᾶς ὑποδομᾶς.

12 τὸ δ' ἔνθεν: ebenso § 23; in der Periegese wie blosses ἔνθεν (§§ 40. 51. 97) eine Übergangsformel zu einem weiteren Standort bzw. Monument.

συνάπτοντα ... τὸ τεῖχος: Mit dem Rundturm endete die vorkonstantinische Mauer am Ufer; s. Berger (1995) 163–164.

πεδίον ... κατιόν: Das überlange Hyperbaton begünstigte den irrigen Bezug des Partizips auf αὐχένος. Dass die innere Ebene sich beidseitig zum Meer hinunter neigt, sagte Dionysios bereits zuvor (§ 6); für einen ähnlichen Ausdruck vgl. § 109 πεδίον ἔπαντες εἰς τὴν ἀκτήν, ferner § 50 Πάραβολος, [...] εἰς γὰρ ἀκάλυπτον καὶ γυμνὴν κατιὼν τὴν ῥαχίαν τῆς θαλάσσης.

τοῦ διείργοντος ... αὐχένος: zur Formulierung s. oben § 6.

Γῆς Ἀνησιδώρας τέμενος: Die Epiklese ist in der Regel für Demeter bezeugt; so erwähnt Pausanias 1,31,4 im attischen Phlya ein Heiligtum der Δημήτηρ Ἀνησιδώρα, vgl. auch Plut. *Mor.* 745 A. Allgemeiner auf γῆ bzw. Γῇ bezogen erscheint der Beiname bei den Lexikographen, so Hsch. α 5096 und *Et. Magnum* α 1404; s. *RE* I 2,2183. Wie hier aus § 13 hervorgeht, unterscheidet Dionysios jedoch zwischen Gaia und Demeter.

Mit Verweis auf unseren Autor platziert Gilles (*Top. Const.* 3,1, p. 134–135 = Grélois [2007] 374) den Kultort der Gaia gleich wie die benachbarten Tempel von Demeter und Kore ausserhalb der Mauer, «profero Dionysium Byzantion, qui statim extra murum Byzantii antiqui ponit templum Telluris supra sinum Bospori et paulo post supra ipsum templa paria Cereris et Proserpinae».

κατὰ κορυφῆς: Mit Verweis auf § 110 κίων [...], καθ' ἧς βοῦς hält Güngerich zu Recht an der überlieferten Konstruktion mit Genitiv fest, auch wenn die Verbindung mit dem Akkusativ (κατὰ κορυφήν) die häufigere ist, vgl. aber Procop. *Bell.* 8,13,4 ὥσπερ ἐκ πύργων κατὰ κορυφῆς.

Küste des Horns

13 γραφαὶ ... ἱκαναί: Gegen Gilles Übersetzung «picturae multae» macht Güngerich (S. LIII–LIV) zu Recht geltend, dass die Ausdeutung von ἱκαναί als ‹viele› der anschliessenden Beschreibung vom künstlerischen Wert der Gemälde widerspreche. Das Adjektiv habe hier qualitative Konnotation («satis bonae vel satis pulchrae»), also so viel wie ‹ansehnlich›.

14 δύο νεῴ: Im Gegensatz zu Wescher, der mit νεώ von einem Dual ausgeht, ist hier mit Güngerich die Pluralform νεῴ anzunehmen. Zwar bleibt in der Handschrift *iota subscriptum* in der Regel vernachlässigt, doch wie ähnliche Ausdrücke im *Anaplus* zeigen, hat sich bei unserem Autor der Plural in entsprechenden Fällen durchgesetzt, so § 21 δύο τόποι, ferner § 2 ὄρος τῶν δυεῖν ἠπείρων.

Dionysios lokalisiert diese Heiligtümer bei einer Lände am Meer (κατὰ δ' ἀπόβασιν τῆς θαλάττης), spricht aber danach von Πλούτωνος ἄκρα sowie von Ἡραία (ἄκρα). Das Letztere bestätigt St. Byz. η 18 Ἡραία· ἄκρα οὕτω λεγομένη καταντικρὺ Καλχηδόνος, und beruft sich dafür auf Demosthenes von Bithynien (*FGrHist* 699 F 5 = fr. 4 Powell), der die Lände im felsigen Naturhafen als gefährlich beschreibt. Im Licht dieser frühen Quelle entfällt Gilles' Diskussion über die genaue, d.h. erhöhte Lage der Tempel und die Vermutung, ἄκρα sei hier gleichbedeutend mit *ora maris* (23a Mü. = Grélois [2007] 104).

οἱ σὺν Δαρείῳ Περσῶν κατὰ τὴν ἐπὶ Σκύθας ἔλασιν ἐνέπρησαν ... τιμωροῦντες: Wie Herodot (4,143–144; 5,26) berichtet, rächten sich Megabazos und Otanes, Generäle des Dareios auf dem Skythenfeldzug (513/512 v. Chr.), an Byzantion und anderen Städten an den Meerengen, weil sie Partei für die Griechen genommen hatten. Dass die Orte niedergebrannt wurden, erwähnt auch Strabon, 13,1,22 τῶν δὲ πόλεων ἐμπρησθεισῶν ὑπὸ Δαρείου. Wenn Gilles übersetzt «in expeditione Cyri contra Scythas», handelt es sich wohl um einen blossen Lapsus, denn in *Top. Const.* 3,4, p. 156 = Grélois (2007) 390, wo er die hiesige Übersetzung der §§ 12–14 übernimmt, schreibt er korrekt «in expeditione Darii contra Scythas».

ὁ Μακεδὼν Φίλιππος, ἡνίκα προσεκαθέζετο τῇ πόλει: Zwar ist Philipp II. von Makedonien die Belagerung von Byzantion (340/339 v. Chr.) misslungen, aber sie muss den Einwohnern der Stadt lange im Gedächtnis geblieben sein. Wenn hier von der Zerstörung des Plutontempels die Rede ist, könnte es sich um Holz und vor allem die Quadersteine handeln, welche für den Dammbau über das Horn – wie von Dionysios in § 27 beschrieben – benötigt wurden. Auch Hesychios kommt in den *Patria* auf die Belagerung zu sprechen und erwähnt neben Gräben allerlei poliorketisches Material, § 26 πολλὴν ἐπαγόμενος δύναμιν ἐπολιόρκει τὴν πόλιν διώρυξί τε καὶ παντοίοις πολεμικοῖς μηχανήμασι τοῖς τείχεσι προσπελάζων. Die Erzählung einer vereitelten Kriegslist teilt er (§ 27) mit Stephanos von Byzanz (β 130): Die Makedonen hatten unter der Stadtmauer einen verborgenen Zugang gegraben. Doch des Nachts liess Hekate φωσφόρος Fackeln aufscheinen; die Eindringlinge wurden entdeckt und die Eingeschlossenen gerettet. Die Namensvariante Phosphorion für den Hafen wird also aitiologisch begründet; vgl. § 78. Zur Belagerung von Byzantion durch Philipp s. Hammond/Griffith (1979) 573–582, hier bes. 578–579 und 582.

Πολυείδῳ μάντει: Der mythische Seher aus dem korinthischen Geschlecht der Melampodiden, der an verschiedenen Orten gewirkt hatte, so auch in Megara, vgl. Clem. Al. *Strom.* 1,21,134 Πολύειδος ἐν Μεγάροις, [Verg.] *Ciris* 112, ferner Paus. 1,43,5; s. *RE* XXI 2,1647–1657, bes. 1652–1653.

τοῦ μὲν λήγοντος ἔτους, τοῦ δ᾽ ἱσταμένου: offenbar, wie Güngerich (S. XXXVII) vermerkt, eine variierende Anlehnung an *Od.* 19,307 τοῦ μὲν φθίνοντος μηνός, τοῦ δ᾽ ἱσταμένοιο.

τὸ δ᾽ ἔθος Μεγαρικόν: Abgesehen von den Gründungssagen (§§ 7. 23–25) und unsicheren Rückschlüssen aus Ortsnamen auf ursprüngliche Siedler galt bei den Lokalhistorikern Megara als die Mutterstadt von Byzantion, weshalb Megarer bzw. megarischer Kontext bei Dionysios öfter erwähnt werden, vgl. vor allem §§ 32. 34. 39. 49; ferner Hesych. *Patria* § 20; St. Byz. β 190. Dass die Oikisten ihre Sitten und Bräuche auch am neuen Ort pflegen bzw. gesetzlich verankern, betont der Verfasser nochmals später (§ 39).

15 Σκιρωνίδες ... πέτραι: Der Name geht auf die Ähnlichkeit mit dem Skironischen Engpass (Σκιρωνὶς ἡ ὁδός) zurück; es handelt sich um den Steilabfall der Geraneia, die sich südlich von Megara vom Westen nach Osten zum Saronischen Golf erstreckt; vgl. Str. 9,1,4. Aus diesem topographischen Vergleich wurde wohl auf eine Beteiligung von Korinthiern unter den Kolonisten geschlossen: ἐκοινώνησαν γὰρ Κορίνθιοι τῆς ἀποικίας. Gilles (23a Mü. = Grélois [2007] 104) geht noch einen Schritt weiter und bemerkt, auch die Örtlichkeit Ἡραία ἄκρα (s. oben § 14) habe in Korinth ein Gegenstück gehabt, nämlich die kultisch verehrte Statue der *Iuno Acraea* auf der dortigen Akropolis (so Schol. Eur. *Med.* 1379 ἐς Ἥρας τέμενος Ἀκραίας θεοῦ). Kommt hinzu, was Livius (32,23,10) erwähne, ein Heiligtum der *Iuno Acraea* gegenüber von Sikyon gelegen.

τὰ εἰκότα θαυμάζονται: Wiederum dürfte Thukydides hier Pate gestanden haben (s. oben § 5), zumal er die Korinthier in eigenen Worten sich als allgemein geachtete, ja gar als geliebte Kolonisten darstellen lässt, die von den kolonisierten Korkyräern zu Recht Respekt einfordern, 1,38,2 ἐπὶ τῷ ἡγεμόνες τε εἶναι καὶ τὰ εἰκότα θαυμάζεσθαι. αἱ γοῦν ἄλλαι ἀποικίαι τιμῶσιν ἡμᾶς καὶ μάλιστα ὑπὸ ἀποίκων στεργόμεθα.

16 Auch hier fassen wir wieder die Vorliebe des belesenen Verfassers für Namensetymologien: Das weiter nicht belegte Toponym (τὰ) Κύκλα komme von einem kriegerischen Ereignis, hätten doch die Griechen die Barbaren, d. h. wohl Vorsiedler, an dieser Stelle umzingelt (κυκλωσαμένων > κύκλος). Auch für Athenas Epiklese fehlen sonstige Belege, zumal die Überlieferung σκέδας (B) fehlerhaft ist. Von den Verbesserungsvorschlägen, Σκεδασίου (Wescher) und Σκεδάδος Müller (1877) 68, trifft Wieselers Σκεδασίας (< σκεδάννυμι) wohl das Richtige. Die Hiatprophylaxe rechtfertigt, dass die Epiklese als Adjektiv dreier Endungen gebraucht wird; in § 8 verhindert die Wortumstellung Ἐκβασίου βωμὸς Ἀθηνᾶς den Hiat, die Epiklese wird zweiendig dekliniert, anders hingegen das Scholion mit der Erklärung τῆς Ἐκβασίας Ἀθηνᾶς.

17 Μελίας κόλπος ...· ὠνόμασται δ' ἀπό τινος ἥρωος: Hesychios erzählt in den *Patria* (§ 11), der Thrakerkönig Melias habe Byzas in den Kampf mit einem wilden Stier geschickt. Jener habe ihn überwältigt und den lokalen Gottheiten geopfert. Über Melias ist sonst nichts bekannt, weshalb sich die Frage stellt, ob der Ortsname zum referierten Aition den Anlass gegeben hat; so Kaldellis, *BNJ* 390 F 7, ad loc.

ἐπ' ἀμφότερον: so Tournier für überliefertes ὑπ' ἀ.; der Ausdruck kehrt wieder in § 56 sowie § 111 (ἐπ' ἀμφότερα).

18 Κῆπος: Der Ortsname ist nicht selten und wurde auch von Stephanos in die *Ethnika* aufgenommen, vgl. κ, S. 82–83, ferner ψ 8. Eine Örtlichkeit Κῆπος am Thrakischen Bosporos ist sonst nicht belegt. Denn wenn es bei Harpokration (κ 50) heisst Κῆπος [...] πόλις δέ ἐστι κατὰ Βόσπορον καλουμένη Κῆπος, so handelt es sich um eine Stadt am Kimmerischen Bosporos; dazu s. *RE* XI 251 Nr. 3.

παρέχει ... τὴν καταγωγήν: In B steht die Aussage am Schluss von § 19, wo von einem Zeusheiligtum die Rede ist; doch dies ergibt keinen befriedigenden Sinn. Frick setzte den Satz zu Recht hierher zurück und konnte sich dabei, wie die Übersetzung von Gilles zeigt, auf <G> stützen.

19 Ἀψασιεῖον ... Ζεὺς Ἀψάσιος: Weder die Epiklese des Zeus noch das entsprechende Heiligtum am Horn sind anderweitig bezeugt, weshalb bereits Gilles an der Richtigkeit der Überlieferung zweifelte, «Ἀψασιεῖον ab Arcadio nominatum in hoc loco situm est, et Jupiter Ἀψάσιος colitur. Ita vocatur a Dionysio, nisi codicis erratum sit: cum tamen a Callimacho in *Iambis* Apesas appellatus sit, sicut Stephanus scribit: *Non Jovi Apesanti sacrificavit equas Arcadicas*» (25a Mü.). Gilles zitiert also in lateinischer Übersetzung aus den *Ethnika*, α 356 Ἀπέσας· ὄρος τῆς Νεμέας, ὡς [...] Καλλίμαχος ἐν γ' (fr. 56 Pfeiffer) [...]. ἀφ' οὗ Ζεὺς Ἀπεσάντιος. Καλλίμαχος δὲ ἐν τοῖς Ἰάμβοις (fr. 223 Pfeiffer) τὸ ἐθνικὸν Ἀπέσας φησί «[...] τῷ Ἀπέσαντι πὰρ Διί | ἔθυσεν (‹stürmte los›) Ἀρκὰς ἵππος». Dass Gilles mit der Aldina (1502) ἔθυσεν ἀρκάδας ἵππους las, tut seiner hiesigen Argumentation keinen Abbruch. Die Diagnose, dass Ἀψάσιος im Text des Dionysios korrupt sei und sich dahinter die Epiklese Ἀπεσάντιος verberge, wurde in der Folge von den Herausgebern Frick und Wescher geteilt, von Wieseler mit Nachdruck verteidigt. Dagegen stellte sich wenig überzeugend Müller (25a Anm.), der für eine dorisierte Form Ἀλάσιος plädierte, dies in Ableitung von Ἀλήσιον ὄρος, dem arkadischen Berg im Umland von Mantinea und den dortigen Heiligtümern für Zeus Σωτήρ und Zeus Ἐπιδώτης (Paus. 8,9,2).

Optiert man für Ἀπεσάντιος, begibt man sich geographisch in die Argolis und widerspricht damit der Nachricht bei Dionysios, die Leute aus Arkadien (ὑπὸ τῶν ἀπ' Ἀρκαδίας) hätten den erwähnten Zeuskult gestiftet. Die Epiklese Ἀπεσάντιος geht, wie Stephanos von Byzanz (s. oben) und Pausanias (2,15,3) festhalten, auf die Verehrung des Zeus auf dem Gebirgszug Ἀπέσας zurück, welcher die Täler von Nemea und Kleonai trennt. Auf dieselbe Kultstätte bezieht sich offenbar auch eine Notiz aus Arrians zweitem Buch der *Bithyniaka* (*FGrHist* 156 F 16), welche das *Etymologicum Genuinum* unter dem Stichwort Ἀφέσιος Ζεύς (α 1452) überliefert. Auf ebendiesem Berg soll sich Deukalion aus der Sintflut gerettet haben und dort zum Dank Zeus einen Altar errichtet haben. Daraus ergibt sich für unsere Stelle zweierlei: Erstens dürfte Ἀφέσιος als Namensvariante von Ἀπεσάντιος betrachtet werden. Und zweitens gibt Deukalions Rettungslegende gleichsam eine Folie ab für die arkadischen Kolonisten, die Ζεὺς Ἀφέσιος – dem Nachbargott ihrer Heimat – für die glückliche Ankunft in der Bucht von Κῆπος danken. Über Arkader als (Mit-)begründer von Byzantion fehlen zwar weitere Zeugnisse, doch dies trifft auch auf andere im *Anaplus* genannte Siedler zu; s. Russell (2017) 215, und oben S. 17.

20 ταύτης (sc. ἄκρας) τὸ μὲν προέχον ... ἀστήρικτον παραθεῖ τὸν βυθόν: Dass mit der Überlieferung παραθεῖ βυθὸς ἀστήρικτος («Atque eam praeterit pelagus haud tutum», so Weschers Übersetzung) etwas nicht stimmen kann, hatte offensichtlich bereits Gilles bemerkt, denn in seiner Übersetzung «haud firma praeterit profundum mare» bezieht sich *haud firma* eindeutig auf den jäh abfallenden Felsvorsprung als Subjekt von παραθεῖ. Frei überhängend, also ‹ungestützt› und daher abbrüchig, säumt er das tiefe Ufer; zum Gebrauch des Verbs vgl. § 6 ἥ τ' ἄντικρυς ἤπειρος [...] πολλὴ παραθέουσα. Ins Lot gebracht wurde der Text von Güngerich: Einerseits passt ἀστήρικτος (‹ohne Stütze, ungestützt›) keineswegs zu βυθός und andererseits verbindet Dionysios dieses Wort immer mit dem Artikel, so §§ 16. 23. 29. 37. 42. 43. 51. 53.

τὴν ἐντομὴν τῆς πέτρας: zum inneren Akkusativ s. oben S. 21.

λυομένῳ καὶ <ἀποκόπτεσθαι> μέλλοντι: Auch hier konnte sich Güngerich in der Bereinigung des Textes auf seine Vorgänger abstützen: Müllers Ergänzung ἀποκόπτεσθαι liefert den fehlenden Infinitiv zu μέλλοντι und bereitet die Namensetymologie vor. Ob Gilles die logische Wortfolge «dissolvendae» (λυομένῳ) «et quam mox ruinam editurae» (<ἀποκόπτεσθαι> μέλλοντι) bereits in seiner Vorlage (<G>) fand, bleibt unsicher. Während es mehrere Komposita mit dem Vorderglied μέλλο- und einem nominalen Hinterglied gibt, z.B. μελλόγαμβρος (‹Verlobter›) und μελλόγαμος (‹Bräutigam›), μελλοθάνατος (‹todgeweiht›), bleibt die Verbindung mit einem Verb offenbar rar, so Aristoph. *Av.* 639 μελλονικιᾶν in Anspielung auf Nikias *Cunctator*.

21 Ἰγγενίδας ... Περαϊκός ... Κιττός: Von den drei Ortsnamen und den entsprechenden beiden Eponymen ist keiner anderswo belegt; dies deutet wiederum auf den lokalhistorischen Charakter des *Anaplus*. Oder handelt es sich bei den Namensetymologien lediglich um Autoschediasmos des Autors, wie Sykutris (1928) 1217 vermutet? Jedenfalls fehlt eine sichere Auskunft über Siedler, denn die gewählten Ausdrücke sind allgemein gehalten. Was Ingenidas betrifft, dürfte die Namensetymologie (ἥρωος ἐπώνυμος ἐγχωρίου) etwas Wahres an sich haben; für Thrakien sind nämlich Personennamen mit dem Stamm Ἰνγεν- belegt, s. Fraser/Matthews (2005) 174. Im Fall von Peron (ἑνὸς τῶν ἀρχαίων οἰκητόρων), den Namengeber der Bucht Peraïkos, lohnt zumindest ein Blick in Stephanos von Byzanz (π 85), der neben dem Peiraios, dem Hafen von Athen, auch einen gleichnamigen korinthischen Hafen auflistet (ἔστι καὶ τῆς Κορινθίας λιμήν); doch dies lässt nicht auf korinthische Beteiligung bei der Gründung von Byzantion schliessen, dazu s. oben § 15. Was schliesslich die Etymologie von Κιττός betrifft, hält Stephanos wiederholt fest, Toponyme seien nicht selten von dort wachsenden Pflanzen abgeleitet, vgl. z.B. σ 311, σ 339, τ 177. Einschlägige Ortsnamen verzeichnet auch Dionysios, so Δάφνη (*Insana Laurus*, § 95), Δρῦς (§ 26), Κάλαμος (§ 51), Κυπαρώδης (§ 61), Συκίδες (§ 33).

εὐδίου καὶ νηνέμου: abundante Redensweise bzw. Hendiadys findet sich bei Dionysios nicht selten, vgl. § 23 ἀκίνητον καὶ ἀπαθὲς ὑπὸ πνευμάτων, dortselbst auch νωθρὸν ἅμα καὶ ἀργόν, § 50 ἀκάλυπτον καὶ γυμνήν. Für weitere Beispiele s. oben S. 22.

22 Καμάρα: Wie bei den zuvor genannten drei Örtlichkeiten ist auch über Kamara weiter nichts bekannt, und ebenso wenig lässt sich das Toponym etymologisieren. Das Scholion geht mit περὶ Καμαρῶν von einer Pluralform aus; *TIB* 12,434 verzeichnet für das 9. Jh. ein nicht lokalisiertes Dorf Καμάραι in Ostthrakien

23 Σαπρὰ Θάλασσα: Dazu sowie zu den hier genannten Orten s. *TIB* 12,628. Dieses Meer wird in der uns erhaltenen Literatur nirgends erwähnt, aber offensichtlich machte Dionysios Anleihe bei Strabons Beschreibung der Σαπρὰ λίμνη (‹Fauler See›), der den westlichsten Teil der Maiotis bildet (7,4,1): «Er ist sehr sumpfig und kaum noch mit genähten Booten zu beschiffen (ἐλώδης δ' ἐστὶ σφόδρα καὶ ῥαπτοῖς πλοίοις μόγις πλώϊμος): die Winde nämlich legen leicht die Untiefen bloss und füllen sie dann wieder, so dass die Sümpfe für grössere Schiffe nicht durchquerbar sind» (Radt). Was das Toponym betrifft, sei hier auch an das Dorf *Faulensee* am Thunersee erinnert, dessen Namen man auf einen See zurückführt, der wegen seiner Versandung ‹fulend›, also faulend bzw. stinkend genannt wurde.

εἰς αὐτὴν: Gemeint ist der Zufluss ins Faule Meer (Σαπρὰ Θάλασσα), und dabei wird man wohl – gegen die Änderung αὐτὸν (so Tournier, gefolgt von Güngerich) auf τοῦ παντὸς κόλπου bezogen – bei der Überlieferung bleiben, nimmt doch der folgende Satz mit τῆς θαλάσσης das entsprechende feminine Bezugswort gleich wieder auf.

Πολυρρήτιον: ebenso unbekannt wie sein Eponym.

Βαθεῖα Σκοπιά: Das Adjektiv ist wie sein lateinisches Gegenstück *altus* zweideutig und kann je nach Standort bzw. Kontext ‹tief› oder ‹hoch› heissen; dasselbe gilt für τὸ βάθος. Es handelt sich offensichtlich um eine Thunfischwarte, wie sie während der Laichzeit der Fische in Buchten bei geeigneter Meerestiefe (πρὸς τὸ βάθος τῆς θαλάσσης) an erhöhter Stelle (σκοπιὰ ὑψηλή) des Ufers oder wie hier im flacheren Gelände errichtet wurden. Eine anschauliche Schilderung solcher Vorrichtungen und der Aufgabe des θυννοσκόπος, der auf seiner Warte beim Nahen der Schwärme die Fischer in ihren Booten dirigiert, geben Aelian, *Nat. an.* 15,5, sowie Oppian, *Hal.* 3,631–648; vgl. ferner Strabons einschlägige Beschreibung (5,2,6) für die tyrrhenische Stadt Populonium, ἔστι δὲ καὶ θυννοσκοπεῖον ὑπὸ τῇ ἄκρᾳ («unterhalb der Spitze», so Radt mit Kommentar, Bd. 6, 41), und für einen Überblick s. *RE* VI A 1,727–729.

Βλαχέρνας: Als Singular ist das Toponym lediglich hier belegt. Doch der Hinweis auf die barbarische Herkunft des Eponyms, Gilles' Übersetzung «Blachernas» und vor allem, wie er auf dieser Form beharrt (*Top. Const.* 4,5, p. 204 = Grélois [2007] 432), stützen die Überlieferung Βλαχέρνας. Die Örtlichkeit entwickelte sich zu einer Vorstadt von Byzanz und erscheint in den byzantinischen Quellen in der Regel im Plural (Βλαχέρναι); dazu s. Janin (²1964) 324.

Παλῶδες: s. *TIB* 12,560.

πρόχωσιν: Güngerichs Verbesserung von überliefertem παραχώρησιν wird nicht bloss durch den parallelen Ausdruck ἀπὸ τῆς προχώσεως τῶν ποταμῶν im gleichen Abschnitt gestützt, sondern vor allem durch den Bezug auf den gleichnamigen Ort auf der asiatischen Seite des Bosporos, § 97 Παλῶδες ἀπὸ τῆς ὁμοίας προχώσεως τοῦ κατὰ Βυζάντιον. Zu πρόχωσις (in der Überlieferung oft mit der Variante πρόσχωσις) vgl. Str. 14,1,24; Eust. ad Dionys. Per. 775 (*GGM* II 353,24).

μετέωρος: ‹oberflächlich› bzw. ‹seicht›, so Müller (1877) 69.

ἄχρις: anstatt ἄχρι zur Hiatprophylaxe, s. oben § 6 ἄντικρυς.

καὶ λειμῶνες: So wird auch die Überlieferung in <G> gelautet haben, übersetzt doch Gilles den Ausdruck mit «prata». Zwar ist in der Ausdeutung des folgenden Orakelspruchs von Hirschen die Rede, die im Winter aus den Wäldern kommen, um das Schilfgras (κάλαμον) abzufressen, aber dies zwingt nicht zur Textänderung von λειμῶνες zu καλαμῶνες, wie Müller (1877) 70 vorschlägt.

Das Gründungsorakel (497 Parke/Wormell = Q44 Fontenrose) ist hier zum ersten Mal nachweislich überliefert, allerdings auf die letzten beiden Verse beschränkt. Eingegangen ist es in die *Patria* des Hesychios (§ 3), der es vierzeilig zitiert, mit bemerkenswerten Abweichungen in Vers 3. Stephanos von Byzanz (β 190) und ihm folgend Eustathios zu Dionys. Per. 803 (*GGM* II 357) beschränken sich auf die Verse 1–3. Wenn das hiesige Scholion den Orakelspruch vierzeilig bietet, lässt dies auf Abhängigkeit von den *Patria* schliessen, auch wenn in den Versen 3–4 der Text identisch ist mit der Überlieferung (B) bei Dionysios. Ob unser Verfasser und Hesychios letztlich aus derselben Vorlage schöpften oder der Milesier auf eine ursprünglich vollere Fassung des *Anaplus* zurückgriff, lässt sich nicht mehr ausmachen. Was Vers 3 betrifft, ist die Version der Heidelberger Handschrift 398 (P) in den *Patria* (§ 3) attraktiver, πολιὴν λάπτουσι θάλασσαν. Das Verb λάπτειν passt ausgezeichnet zu Welpen, die das Wasser geräuschvoll mit der Zunge einschlürfen, vgl. Hsch. λ 324 λάπτοντες· πίνοντες τῇ γλώσσῃ· πεποίηνται δὲ ἀπὸ τῶν κυνῶν <ἢ> τῶν τοιούτων, οὕτω πινόντων μετὰ ψόφου. Wie Gilles (Grélois [2007] 111) bemerkt, kann sich das Gründungsorakel kaum auf eine Verortung am ‹Faulen Meer› beziehen, sondern zielt auf eine ehemals ähnliche Vegetation am Bosporischen Vorgebirge, «ubi cum essent nemora et orae maris palustres compascuae».

ἐλείτην: ein Hapax, zur stilistischen (?) Variation von ἕλειος, s. oben § 11.

ὑποφωλεύει: Das Kompositum ist sonst lediglich beim augusteischen Epigrammatiker Antiphilos von Byzanz belegt, der bekanntlich eine Vorliebe für Neologismen zeigt, *Anth. Pal.* 7,375,3 ὑποφωλεύουσαν (sc. τοίχοις). Ob hier bewusste Anlehnung vorliegt, lässt sich nicht entscheiden.

λιχνεύει: Die ‹gourmandise› der Fische erinnert an Lukian und seine satirische Beschreibung des Hundsfisches, der unter den Felsen schwimmt, um nicht gesehen zu werden, wenn er von der Angel den Köder abnascht, *Pisc.* 48 κύων [...] λιχνεύων περὶ τὰς πέτρας, ἔνθα λήσειν ἤλπισας ὑποδεδυκώς.

24 Die Gründungslegende, welche Dionysios in diesem Abschnitt referiert, hat ihr Pendant in den *Patria* des Hesychios (§§ 3–9). Mag die Reihenfolge der dort berichteten Geschehnisse von der hiesigen auch abweichen, in den konstituierenden narrativen Elementen stimmen sie mit Dionysios überein, so etwa in der Beschreibung der Flussläufe, (§ 3) Κύδαρός τε καὶ Βαρβύσης ποταμοὶ τὰς διεξόδους ποιοῦνται, was ihr jeweiliges Quellengebiet im Norden bzw. im Westen betrifft, ὁ μὲν τῶν ἀρκτῴων, ὁ δὲ τῶν ἑσπερίων προρρέοντες, und ihren Zusammenfluss beim Altar der Symestra, κατὰ τὸν τῆς λεγομένης Σεμέστρης νύμφης βωμὸν τῇ θαλάσσῃ μιγνύμενοι. Während Dionysios, wohl aus Lokalmythen referierend, Barbyses wahlweise mit den Argonauten in Verbindung bringt oder als Ziehvater des Byzas bezeichnet oder allgemeiner als einheimischen Heros, schweigt sich Hesychios darüber aus. Zu den beiden Flüssen s. *TIB* 12,279–281 und 484.

Semestre, wie Hesychios sie nennt, kommt eine bedeutende Rolle zu: Sie ist die Amme von Κερόεσσα, die Io dort geboren hat (§ 8 παρὰ τὸν Σεμέστρης βωμόν [...] ἀπεκύησε κόρην). Im Gründungsmythos von Byzantion figuriert diese nicht bloss als Eponyme des ‹Horns› (ἐξ ἧς καὶ Κέρας ὁ τόπος ὠνόμασται), sondern wurde auch von Poseidon Mutter des Byzas (§ 9 τῷ τε θαλαττίῳ μιγεῖσα Ποσειδῶνι τίκτει τὸν καλούμενον Βύζαντα); vgl. auch Procop. *Aed.* 1,5,1. Was die Liebesaffäre zwischen Zeus und Io betrifft, fällt die Erzählung in den *Patria* (§ 6) – wohl des Unterhaltungswertes wegen – etwas ausführlicher aus als bei Dionysios. Zum Kultort der Semystra s. *TIB* 12,643–644.

Die Episode über den Raben, der Apollon heilig ist (vgl. Ael. *Nat. an.* 1,48) und auf dessen Weisung jener mit der geraubten Opferbeute den Weg zum Gründungsort aufzeigte, berichtet auch Hesychios (§ 4). Wie Dionysios sieht er im Rinderhirten (βουκόλος), der den Flug des Vogels beobachtet hatte, den Eponym einer Örtlichkeit (ἀφ' οὗπερ καὶ Βουκόλια ἐκεῖνο τὸ χωρίον ἐκλήθη). Diese ist wohl identisch mit dem hiesigen Βουκόλος (§ 25), einer spitzen Anhöhe (λόφος ὀξύς).

Ἰώ ... ἐπὶ πολλὴν ἐπτοήθη γῆν: Der inhaltlich und sprachlich gedrängte Satz ist in mehrfacher Weise bemerkenswert. Müller (1877) 70 spricht von affektierter und nachlässiger Redeweise. «Auch scheinen hier poetische reminiscenzen ins spiel zu kommen, wie man aus dem müssigen epitheton πτερωτόν [...] schliessen darf.» In der Tat bildet das Kolon πτερωτὸν οἶστρον ἄφετος ἐν μορφῇ βοός einen iambischen Trimeter, sodass man in πτερωτόν wohl kaum mehr als ein metrisch bedingtes Füllsel zu sehen hat. Dass dem belesenen Verfasser hier Ios Klagebericht aus dem *Prometheus* des Aischylos vorgeschwebt haben dürfte, ergibt sich aus Vers 665–666 ἐμὲ | ἄφετον ἀλᾶσθαι γῆς ἐπ' ἐσχάτοις ὅροις, vgl. auch 566–567, ferner *Suppl.* 540–542. Opfertiere und solche, welche einer Gottheit geweiht sind, dürfen frei (ἄφετος) auf einer Weide herumlaufen; auf Ios dramatische Situation übertragen, bedeutet dies freilich auch, dass sie schutzlos durch Feld und Flur eilt.

Der kühne Gebrauch des inneren Akkusativs πτερωτὸν οἶστρον zu ἐπτοήθη ist wohl der poetischen *imitatio* geschuldet und widerrät daher Wieselers Ergänzung ‹διὰ› πτερωτὸν οἶστρον. Unprätentiös drückt sich Hesychios aus, § 7 Ἥρα δὲ χολωθεῖσα [...] οἶστρον ἐπιπέμπει τῇ δαμάλει καὶ διὰ πάσης αὐτὴν ἐλαύνει ξηρᾶς τε καὶ ὑγρᾶς.

ἐπειγομένη ταῖς ὠδῖσι ... ἀπερείδεται θῆλυ βρέφος: Literarische Anspielung im Verb ἀπερείδομαι dürfte auch hier im Spiel sein, fleht doch Leto die Insel Delos an, sie wie die wilden Tiere dort gebären zu lassen, Callim. *Del.* 120 ὠμοτόκους ὠδῖνας ἀπηρείσαντο λέαιναι.
ἴσα θεῷ τετιμημένος: Hier wie § 41 τοῦτον ἐτίμησαν ἴσα θεῷ Βυζάντιοι fassen wir episches Kolorit, *Il.* 9,603 ἶσον γάρ σε θεῷ τίσουσιν Ἀχαιοί, *Od.* 15,520 ἶσα θεῷ. Einfluss epischer Diktion vermutet Güngerich (S. XXXVII) auch anschliessend bei κόραξ [...] εἰς ὕψος ἀρθείς (vgl. *Od.* 12,248-249 τῶν [...] πόδας καὶ χεῖρας ὕπερθεν | ὑψόσ' ἀειρομένων, ferner 12,432) und beim Kolonende βουκόλος ἀνήρ, identisch mit dem Versauslaut *Il.* 23,845.

25 Δρέπανον ... ἄκρα: Der Bedeutung ‹Sichel› entsprechend, findet sich das Toponym häufig für Vorgebirge (‹Sichelhorn›) oder in der Variante Δρεπάνη auch für Städte und Inseln, vgl. St. Byz. δ 127; s. *RE* V 2,1697. Über die hiesige Örtlichkeit ist jedoch aus antiken Quellen nichts bekannt; s. *TIB* 12,338.
λόφος ... Βουκόλος: In den *Patria* des Hesychios (§ 4) heisst die Örtlichkeit Βουκόλια, s. *TIB* 12,299-300.

26 Μάνδραι καὶ Δρῦς: Sowohl Mandrai als auch Drys sind sonst kaum bekannt; s. *TIB* 12,341 und 514. Wie im Fall von Δρέπανον (s. zu § 25) ist Δρῦς als Toponym mehrerer Örtlichkeiten belegt, so für die thrakische Hafenstadt Samothrake gegenüber (Ps.-Scyl. 67, Demosth. *Or.* 23,132 und St. Byz. δ 138). Zum gleichnamigen Vorort von Chalkedon, auch als Ῥουφινιαναί bekannt, welchen Belfiore (2009) 304 Anm. 83 fälschlicherweise mit dem hiesigen unbedeutenden Flecken identifiziert, s. *TIB* 13,973-975.
<ἀπ'> ἄλσους: Die Überlieferung war mit dem unverständlichen Dativ ἄλσει wohl auch in <G> gestört, denn in Gilles' Übersetzung «Drys vero habet lucum» ist die erwartete Namensetymologie verdunkelt. Mit Hinweis auf ἀπό als der regulären Präposition bei Ableitungen (z.B. §§ 7. 17. 18. 21) bringt Güngerich (S. LVII) den Text überzeugend wieder ins Lot.
τέμενος Ἀπόλλωνος: Kultorte des Apollon gibt es mehrere am Bosporos, § 38 sowie §§ 46. 74 und 86 (diese drei mit Altar), 111 (Tempel mit Orakel).

27 Αὐλεών: Die antiken Quellen schweigen sich über diese Bucht aus; s. *TIB* 12,275. Hingegen begegnet das Appellativum αὐλών (‹enges Tal›) häufig als Toponym, vgl. St. Byz. α 542; s. *RE* II 2,2413-2415. Gilles beschreibt aus seiner Zeit den hiesigen Ort als lange, mondsichelähnliche Seitenbucht des Horns und bemerkt dazu kundig «sinus Auleonis sive Aulonis» (so 1561, S. 73). Seine Vorlage (<G>) hatte offensichtlich Αὐλεών, übereinstimmend mit der Hs B. Ob es sich hierbei um eine poetische Variante handelt, wie Müller (1877) 71 annimmt, bleibt mangels anderer Belege ungewiss.
<μεθ' ὃν γέφυρα>: so von Güngerich ergänzt. Was Gilles in seiner Vorlage <G>

gefunden hat, lässt sich aus seiner Übersetzung nicht mit Sicherheit erschliessen; sie diente jedoch Wieseler als Ausgangspunkt für die vorgeschlagene Ergänzung <Μετὰ δ' Αὐλεῶνα γέφυρα>, Φιλίππου [...] ἔργον usw. Zugunsten von Güngerichs hiesiger Version spricht, dass Anschluss an eine zuvor genannte Örtlichkeit mit μετὰ + Relativpronomen bei Dionysios häufig ist, vgl. §§ 16. 18, besonders 44. 53. 100 (wo jeweils wie hier eine bezeichnete Örtlichkeit vorausgeht). Die Ergänzung γέφυρα ergibt sich aus dem folgenden γεφυρωθέντος. Der Damm- bzw. Brückenbau fand anlässlich der Belagerung von Byzantion statt, s. oben § 14.

περὶ πολλὰ: So die Überlieferung. Güngerich (S. LVII) vermutete episches Kolorit und konjiziert adverbiales περιπολλά, kann sich dafür aber lediglich auf Ap. Rhod. 2,437 περιπολλὸν εὐφρονέων, also eine Singularform, berufen. Gegen diese gesuchte Deutung spricht hier das folgende verbale Kompositum, dessen Vorderglied θαλαττο- den partitiven Genitiv zu περὶ πολλά ersetzt. Die Übermacht der Byzantier zur See ist ein wiederkehrendes Element im *Anaplus* und dürfte im Kontext des Widerstandes gegen die Makedonen auch der Legendenbildung gedient haben; dazu s. unten zu § 65.

28 Νικαίου βωμὸς ἥρωος: Der Eigenname – dessen Überlieferung durch das Scholion sowie für <G> durch Gilles' Übersetzung «Nicei» gesichert ist – hat zu Diskussionen Anlass gegeben, ist doch über einen solchen Heros nichts bekannt. Mit Blick auf die ersten Siedler wird viel eher ein Kult für Nisos vermutet, Eponym von Nisaia, der späteren Megaris; so Wieseler (1876) 342–343. Sicherheit lässt sich hier nicht gewinnen, zumal im *Anaplus* Namen von Heroen und Örtlichkeiten erwähnt werden, die weiter nicht bekannt sind; vgl. §§ 17. 21. 23. usw.

Νέος Βόλος: vgl. § 36 Βόλος; *TIB* 12,547. Beide Örtlichkeiten sind weiter nicht bekannt. Es handelt sich um Fischfang mit dem Schlepp- bzw. Wurfnetz, vgl. Hsch. β 786 βόλος· θήρα [...] καὶ δίκτυον. Prägnant kann der Begriff sowohl den Fang selbst bezeichnen als auch den Ort, wo derartige Fischerei betrieben wird («Fischereistätte»); speziell für den Fang von Thunfischen s. *RE* VI A 1,727–731 und s. oben S. 16, ferner zu § 23.

ἰχθύων θήρας ἐκδόχιον: Mit Blick auf ἐκδόχιον, meint Wieseler (1876) 344, sei weniger an einen Ort zu denken, wo gefischt wird, als an eine Stätte, wo «frisch gefangene Fische zeitweilig aufbewahrt werden».

λεγόμενος: An der Kongruenz Νέος Βόλος [...] λεγόμενος wird man mit Blick auf den regulären Gebrauch im *Anaplus* nichts ändern; anders Tournier und Güngerich, die mit λεγόμενον auf das logische Bezugswort ἐκδόχιον abzielen.

29 Der Abschnitt hat in der Überlieferung merklich gelitten, weshalb sich das Scholion ausschweigt, die Übersetzung von Gilles knapp ausfällt und verschiedene Heilungsversuche unternommen wurden. Tourniers Verbesserung παρεξιοῦσι (wörtlich: ‹für jene, die vorbeifahren›) drängt sich im Licht des auch später verwendeten Verbs auf, § 53 παρεξιόντες τὴν Βοσπόριον ἄκραν, und kurz zuvor τῶν ἐναλίων καρκίνων πεζῇ παρεξιόντων τὸ ῥοωδέστατον. Zudem zeigen diese Parallelen die jeweilige Verbindung mit einem Akkusativobjekt. Ein solches ist zwar mit δὲ τὴν Ἀκτῖνα in B gegeben, wohl auch in <G>, wie Gilles' Übersetzung «Actinen» zeigt; doch das Toponym bleibt umstritten und damit auch seine syntaktische Funktion. Zuerst zur Namensform: Müller (1877) 71–72 meint, sie sei nach Fricks «sehr wahrscheinlicher vermuthung» von ἀκτῇ (‹Holunder›) herzuleiten. Und wenn Güngerich seine Konjektur Ἄκτινα mit einem Fragezeichen versieht, signalisiert er zwar Unsicherheit, will aber trotzdem «aliquo modo» (S. LVIII) am Pflanzennamen festhalten; so auch TIB 12,243–244. Der Akkusativ Ἀκτῖνα führt morphologisch auf Ἀκτίς als Nominativ, und die Bedeutung (‹Strahl, Speiche›) des Namens (τοὔνομα) müsste sich demnach aus der natürlichen Beschaffenheit des Ortes (φύσιν) erklären. In der Tat spricht Gilles (30a–b Mü. = Grélois [2007] 119) im Kontext der zeitgenössischen Topographie von einem langen Tal, welches sich gegen oben sukzessive verenge (daher wohl der Vergleich mit einem Strahl). Der Wasserlauf (hier Μείζων), wie ihn Dionysios beschreibe, mündete zur eigenen Zeit nicht mehr in die Bucht, sondern sei für Bewässerungszwecke abgeleitet worden. Wir gewinnen, so macht es den Anschein, aus Gilles' Beschreibung die nötigen Elemente zurück, um die in B beschädigte Überlieferung zu verstehen. An παρεξιοῦσιν δὲ τὴν Ἀκτῖνα (‹geht man an Aktis vorbei›) ist nicht zu rütteln; hingegen fehlt eine Ortsbezeichnung, worauf sich dann das folgende Kolon περὶ δ' αὐτὸν bezieht. Mit <κόλπος> folgt Güngerich nicht bloss Gilles' Beschreibung der Örtlichkeit, sondern erfüllt auch die sprachliche Erwartung; vgl. § 27 κάμψαντι δὲ τὴν ἄκραν ἐπιμήκης κόλπος, Αὐλεών ὄνομα. Anderseits empfiehlt es sich, mit Müller vor φύσιν den Artikel τήν zu ergänzen; vgl. §§ 2. 4. 101.

Κρηνίδες, Κύβοι, Κάνωπος: Evoziert Κρηνίδες einen *locus amoenus*, denkt man bei Κύβοι und Κάνωπος unweigerlich an eine antike Version von mondänen Touristenzielen wie der Côte d'Azur mit den Casinos in Monte Carlo; zu den Orten s. TIB 12,435. 474 und 483.

τρυφῆς: «delitiarum» Gilles. Der Vergleich mit der sprichwörtlich gewordenen ‹Vergnügungsmeile› des ägyptischen Kanobos fordert Millers Verbesserung von τροφῆς der Vorlage (B) geradezu heraus; zum alexandrinischen Vorort vgl. Str. 17,1,16–17.

Μείζων ... ποταμός: so in B, also der ‹Längere Fluss›; damit vergleichbar wäre der Lago Maggiore (‹der Grössere See›), der in der Schweiz ‹Langensee› genannt wird. Ob Gilles mit «Cison» wiedergibt, was er in <G> als Κείσων gelesen hätte (so Müller [1877] 72), lässt sich nicht eruieren. Für den einen wie den anderen Flussnamen fehlen weitere antike Belege; s. TIB 12,525.

30 ἰλὺς ἀκροβύθιος: Aus «palus» und «post paludem» (§ 31), der Übersetzung von Gilles, hat Wieseler mit ἰλὺς ohne Zweifel das ursprüngliche Wort der Vorlage zurückgewonnen. Offenbar konnte sich bereits der Scholiast keinen Reim auf die verderbte Überlieferung (ἄλλος B) machen und führte mit ἐν τῷ καλουμένῳ

Βαθεῖ einen angeblichen Ort Βαθύ ein, dazu s. Grélois (2007) 136 Anm. 722. Dionysios nennt auf seiner Fahrt freilich hin und wieder eine Örtlichkeit (wie hier ἰλύς), ohne ein Toponym dafür anzugeben, so etwa § 12 (πύργος), §§ 16. 102 (αἰγιαλός). Dass Gilles ἀκροβύθιος nicht übersetzte, könnte dem Hapax geschuldet sein. Müller (1877) 72–73 versteht «seicht», also ‹untief›, und verweist für die Wortbildung auf Basilius, *Hex.* 5,7 ἀκρόρριζα (vs. βαθύρριζα); mit dieser Interpretation dürfte er das Richtige getroffen haben.

θήρᾳ: θήρας B; die Bedeutung des Verbs hier (‹im Hintertreffen, im Nachteil sein›) verlangt, wie Güngerich festhält, die Konstruktion mit dem Dativ incommodi.

ἀπαντωσῶν: Die Koordination mit dem femininen Geschlecht von σπιλάδων ist unausweichlich, sind es doch die Klippen, welche den Weg in die Lagune versperren und dadurch reichen Fischfang verunmöglichen; so richtig von Güngerich (S. LIX) erklärt.

31 Χοιράγρια: Das Kompositum χοῖρος + ἄγριος wird kurz darauf mit συάγρους synonymisch wiederholt. Ein deutsches Äquivalent zu diesem Toponym ist die brandenburgische Stadt ‹Eberswalde›, die ihren Namen auf das ehemals dichtbewaldete, von Wildschweinen bewohnte Gebiet zurückführt. Der hiesige Ort ist anderweitig nicht belegt; zur möglichen Lokalisierung s. *TIB* 12,313 und Grélois (2007) 122.

Europäische/Thrakische Küste des Bosporos

32 τοῦ Πόντου: Wie in § 3 meint der Verfasser mit Πόντος auch hier im engeren Sinn die Wasserstrasse, also den Bosporos.

τάφος Ἱπποσθένους: Über einen megarischen Heros Hipposthenes ist sonst nichts bekannt, weshalb die Auskunft zur Skepsis mahne, so Russell (2017) 215. Sein Grabmal dürfte sich an der Südspitze des späteren Galata befunden haben; s. *TIB* 12,413–414.

33 Συκίδες: Die Örtlichkeit ist, wie das Scholion festhält, identisch mit dem späteren Συκαί, der Vorstadt von Konstantinopel auf dem gegenüberliegenden Ufer des Horns; s. *TIB* 12,664–665. Ob Stephanos im entsprechenden Eintrag der *Ethnika* (σ 311) auf die vorliegende Stelle aus dem *Anaplus* Bezug nimmt, lässt sich zwar nicht mit Sicherheit ausmachen, doch es gibt Berührungspunkte: Da ist einerseits die Namensetymologie, nämlich die Ableitung von den dort wachsenden Feigenbäumen (συκῆ), wobei der Lexikograph gegenüber Strabon (7,6,2 τῇ Συκῇ) auf der Pluralform Συκαί beharrt. Andererseits lehnt Stephanos eine Bildung Συκίς ab, wie sie bei Dionysios das Toponym Συκίδες voraussetzt. Eine mögliche Stütze, dass Συκίδες eine alternative Namensform war, findet sich (offenbar zeitgleich mit den *Ethnika*) in der *Vita Sancti Auxentii* 30 ἐν χωρίῳ ἐπιλεγομένῳ Συκίδες. Gilles erwähnt den Ort mehrfach und übersetzt stets mit «Sycodes» bzw. «Sycodem», so *Bosp. Thr.* (1561) p. 80 und 83 sowie *Top. Const.* 4,10, p. 221, wo er jedoch «Sycae» als alte Namensform bezeichnet. Ob in seiner griechischen Vorlage <G> jeweils Συκώδης stand? Für diese Namensvariante fehlen allerdings weitere Belege.

34 Σχοινίκλου τέμενος: so auch im einschlägigen Scholion. Der Wagenlenker des Amphiaraos hat in der Mythologie Tradition. Das Scholion Pind. *Ol.* 6,21d nennt ihn alternativ Βάτων ἐκαλεῖτο ἢ Σχοίνικος, und unter dem letzteren Namen erscheint er auch Hsch. σ 3037 Σχοίνικος· ὁ Ἀμφιαράου ἡνίοχος. Durchgesetzt hat sich Βάτων. Pausanias (2,23,2) schreibt ihm in Argos ein ἱερόν zu, welches dem Heiligtum des Amphiaraos, seines Verwandten, benachbart war; vgl. ferner Paus. 5,17,8 und 10,10,3, sowie Apollod. *Bibl.* 3,6,8. Wenn Dionysios den Wagenlenker unter dem Namen Schoiniklos verehrt sein lässt, verschwindet einerseits die traditionelle Verbindung mit Argos, wie sie Baton nachgesagt wird, und lässt andererseits eine, allerdings weiter nicht bekannte, Verbindung mit Megara zu. Gleichzeitig bringt der Verfasser den Wagenlenker in örtlichen Zusammenhang mit einem Heiligtum des Amphiaraos in Sykai; dieses erwähnt Hesychios in den *Patria*, § 16 Ἀμφιάρεω δὲ τοῦ ἥρωος ἐν ταῖς λεγομέναις Συκαῖς ᾠκοδόμησεν, αἳ τὴν ἐπωνυμίαν ἐκ τῶν συκοφόρων δένδρων ἐδέξαντο. Über Schoinik(l)os verlautet dort jedoch nichts; zum hiesigen Kultort s. *TIB* 12,633, ferner skeptisch Russell (2017) 215. Gilles schweigt sich in seiner Übersetzung über einen angeblichen Kult des Schoiniklos aus und verweist stattdessen auf «memoria et honore», womit die Byzantier Amphiaraos, den Sohn des Oikles («Oiclei filium»), bedacht hätten. Was in Gilles' Vorlage <G> gestanden hat, wissen wir nicht; möglicherweise schloss er aus Σχοίνικλος, der ihm unbekannt war, auf Oikles, den Vater des Amphiaraos.

αὐτῷ: so Wescher, αὐτὸ B; das Verb in ἐνεγκαμένων verlangt den Dativ.

Ἀμφιάρεω: attische Namensform (-άρεως), wie es vom Attizisten zu erwarten ist.

35 In dem kurzen Abschnitt über Auletes hat die Überlieferung sowohl in B als offensichtlich auch in <G> grösseren Schaden genommen. Wir folgen hier Güngerichs Rekonstruktion, welche in § 14 mit προστίθησι δ' ἡ μνήμη τοῖς χωρίοις τὴν ἐπωνυμίαν eine Stütze hat. Apollons Epiklese Python als Eigenname eines Flötenspielers bezeugt Plut. *Pyrrh.* 8,3. Doch wie oft im *Anaplus* kann weder der Ort Auletes noch der Flötenspieler identifiziert werden; s. *TIB* 12,275–276.

36 Die folgenden aufgezählten Örtlichkeiten befanden sich unweit der Einmündung des Horns in den Sund, also in der Umgebung von Sykai; über ihre genaue Lokalisierung hatte sich Gilles ausführlich Gedanken gemacht, s. Grélois (2007) 124–127 sowie 451. Artemis und Aphrodite wurden an verschiedenen

Orten in Byzantion und entlang des Bosporos verehrt, vgl. hier §§ 56. 78(?). 109 (Artemis) und §§ 73. 80. 111 (Aphrodite). Aus den Angaben des Hesychios müssen wir schliessen, dass dieser in den *Patria* die Kultorte der beiden Göttinnen auf Βοσπόριος ἄκρα meint, wenn er sie in die Nähe des dortigen Poseidontempels (s. hier §§ 9–10) platziert, § 16 Ἀνωτέρω δὲ μικρὸν τοῦ Ποσειδῶνος ναοῦ καὶ τὸ τῆς Ἀφροδίτης προσαγορεύεται τέμενος Ἀρτέμιδός τε πρὸς τὸ τῆς Θράκης ὄρος. Dasselbe gilt für die Angabe bei Malalas 13,13 ναοὺς ἐν τῇ πρῴην λεγομένῃ ἀκροπόλει [...] τῆς Ἀρτέμιδος σελήνης καὶ τῆς Ἀφροδίτης. Andererseits unterscheidet Hesychios offenbar die Kultorte der Artemis und der Hekate, auf deren rettendes Eingreifen während Philipps Belagerung Stephanos (β 130) hinweist. So nennt er ein Heiligtum der Ἑκάτη beim Hippodrom (§ 15) und erwähnt ein Standbild der Hekate als Fackelträgerin (§ 27 λαμπαδηφόρον Ἑκάτης ἄγαλμα). Einen weiteren Tempel der Hekate auf einem Felsen am mittleren Bosporos verzeichnet Dionysios (§ 62). Zu den verschiedenen Heiligtümern s. Dagron (1974) 367–374, hier 369–372; ferner Russell (2017) 184–186.

Βόλος: s. *TIB* 12,295 und oben § 28.

ταμιεύειν τῶν ἀνέμων: wohl eine dichterische Anleihe, *Od.* 10,21 ταμίην ἀνέμων (Aiolos). Zur Verehrung der Aphrodite als Herrin der Winde vgl. *Anth. Pal.* 10,21 (Philodemos) Κύπρι γαληναίη.

πραΰνουσα <καὶ> καθισταμένη: ein Hendiadys, vgl. § 37 ἡσυχίᾳ καὶ γαλήνῃ, und s. oben zu § 21.

37 **τὸ ... Ὀστρεώδης:** ‹Austernbank›, da ‹reich› (-ώδης) an Austern; für ähnliche Namensbildung vgl. Κυπαρώδης (§ 61) und Κομαρῶδες (§ 64). Die Verbindung von τὸ mit Ὀστρεώδης suggeriert entweder Ellipse von χωρίον oder dessen Ausfall. Lautete das Toponym ursprünglich gar als Neutrum Ὀστρεῶδες, vergleichbar mit τὸ Παλῶδες (§ 23 ‹Lehmboden›)? Da in der Fortsetzung (§ 38) der Akkusativ Ὀστρεώδη gebildet wird, ist hier wohl von der überlieferten Endung -ώδης auszugehen; diese reimt sich dann mit dem folgenden Bestimmungswort ὁ τόπος. Zur weiter nicht belegten Örtlichkeit s. *TIB* 12,554.

βύθιον ... κατὰ τῆς θαλάσσης ἔρμα: wörtlich ‹Sandbank tief unten im Meer›, «maris enim vadum», so Gilles; zu dessen Kommentar über die dortige Austernzucht s. Grélois (2007) 127. Nach Athenaios (3,91f–92a) eignen sich Flüsse (ποταμοί), Brackwasser (λίμναι) und das Meer (θάλασσα) für Austernzucht; am besten gedeihen sie im Meer, sofern Süsswasserzufuhr in der Nähe ist; s. *RE* II 2,2589–2592.

ἐπιλευκαινόμενον: der Gebrauch des seltenen Kompositums anstelle des Simplex λευκαίνειν dürfte der euphonischen Verbindung mit ὀστρέων geschuldet sein.

ἄσωτος ἡ χρῆσις: Austern waren eine beliebte Delikatesse und gaben daher zur Luxusschelte Anlass, vgl. etwa Sen. *Epist.* 95,25 *illa ostrea, inertissimam carnem caeno saginatam,* und für weitere Beispiele s. *RE* XVI 1,778–783.

38 τὸν Ὀστρεώδη: Gestützt auf das Schol. περὶ τοῦ λεγομένου Ὀστρεώδους änderte Güngerich den überlieferten femininen Artikel τὴν zu τὸν. Der Genitiv (τοῦ) passte freilich auch zu einem Nominativ Ὀστρεώδες (dazu oben § 37).
Μέτωπον: Steilhang des Festlandes gegenüber von Βοσπόριος ἄκρα, «Abfall der Hochfläche von Pera gegen den Galata Kai», so Oberhummer, *RE* XV 2,1470 Nr. 2; *TIB* 12,533; s. ferner Gilles' Lokalisierungsangaben bei Grélois (2007) 124–126. Das Metopon hat ein asiatisches Gegenstück, nördlich von Chrysopolis, § 108 Μέτωπον τῷ κατὰ τὴν Εὐρώπην παράλληλον.
ἀπότομον καὶ ἀκλινές: zu dieser Art von Synonymenhäufung s. oben § 21 (εὐδίου καὶ νηνέμου).
τετίμηται γὰρ Ἀπόλλων: einer der Kultorte Apollons am Bosporos, s. oben § 26.

39 Αἰάντιον: so in B überliefert, dasselbe im Scholion, περὶ τοῦ καλουμένου Αἰαντίου. Wescher vermutete «iotacismus» und änderte zu Αἰάντειον, worin ihm Güngerich gefolgt ist. Die Orthographie des Temenikons ist in der Tat schwankend; so schreibt z. B. Philostrat jeweils Αἰάντειον (*Vit. Apoll.* 4,13; *Her.* 20,2), Ptolemaios hingegen Αἰάντιον (3,13,16). Und genau diese Form empfiehlt Herodian (1,361,22 und 367,32), bezeugt durch Ps.-Arkadios (S. 267 Roussou). Die Bildung von Temenika bzw. deren Suffix wurde unter den Grammatikern diskutiert, vgl. dazu St. Byz. α 273 sowie κ 66; s. ferner Fraser (2009) 50 mit Anm. 110. Zur Örtlichkeit s. *TIB* 12,241.
ὃν κατά τινα μαντείαν: Für die umgestellte Wortstellung beruft sich Güngerich zu Recht auf Gilles, der «quem propter quandam vaticinationem» übersetzt. Ob die Vorlage <G> gegenüber B (ὅντινα κατὰ μαντείαν) das Richtige hatte, lässt sich jedoch nicht feststellen.
σέβουσι Μεγαρεῖς: Neben dem hiesigen Kultort des Aias am Bosporos gab es noch weitere; so erwähnt Hesychios in den *Patria* zwei benachbarte Altäre im Herzen von Byzantion, einen für Aias, den anderen für Achill, § 16 ἐγγὺς δὲ τοῦ καλουμένου Στρατηγίου Αἴαντός τε καὶ Ἀχιλλέως βωμοὺς ἀνεθήκατο. Die Verehrung der Megarer für den Telamonier leitet sich einerseits von Alkathoos her, dem Grossvater mütterlicherseits und König der Megaris. Andererseits beharrten die Megarer im Streit mit den Athenern um die Insel Salamis, der Heimat des Aias, auf der Darstellung Homers, der diesen im Schiffskatalog (*Il.* 2,557) als Anführer der Salaminier und Megarer dargestellt habe; diese Kontroverse referieren Strabon (9,1,10) sowie Plutarch (*Solon* 10,2) und s. dazu *RE* I 1,934–935.

40 Παλινόρμικον· ὠνόμασται <δ'> ἀπὸ τῆς δευτέρας καθορμίσεως: Im Gegensatz zu Gilles sowie später Wescher, der ihm folgt, bringt Güngerich mit der Interpunktion nach Παλινόρμικον die Syntax wieder ins Lot: ἐπιστρέφει ist Prädikat zu προπίπτων κρημνός, während ὠνόμασται die Namensetymologie von Παλινόρμικον einleitet. Dass in solchen Fällen das entsprechende Verb in der Regel vom kopulativen δέ begleitet wird, zeigen § 19 Ἀψασιεῖον· ὠνόμασται δ' οὕτως, sowie § 106 Κικόνιον· ὠνομάσθη δέ. An der hiesigen Stelle dient die rekonstruierte Partikel zudem der Hiatprophylaxe.

ἀπὸ τῆς δευτέρας καθορμίσεως: ein Hapaxlegomenon, abgeleitet von καθορμίζειν, dazu s. oben S. 21. Zur Bildung auf -σις, wie bei Abstrakta geläufig, vgl. § 11 ὑποδόμησις. Das Toponym impliziert eine wiederholte (πάλιν-) Landung bzw. Landnahme der megarischen Kolonisten, was mangels anderer historischer Quellen über die Gründung von Byzantion als unwahrscheinlich gilt; zum Ort und Fragenkomplex s. *TIB* 12,559.

ἡ <δὲ> πεῖρα: Die ergänzte epexegetische Partikel δέ entspringt wohl stilistischen Erwägungen; vgl. § 26 τοῦτο δὲ τέμενος Ἀπόλλωνος.

41 Aus welcher Quelle Dionysios die Nachricht über das Wohlwollen und die Grosszügigkeit des Ptolemaios den Byzantiern gegenüber sowie deren Vergeltung durch einen Kult bezog, wissen wir nicht. Müller (34a Anm.) vermutet Hintergrundinformation bei zwei Historikern: So berichtet Phylarchos, die Byzantier hätten die Bithynier als Untertanen behandelt, so wie die Spartaner es mit den Heloten taten, *FGrHist* 81 F 8 Βυζαντίους φησὶν οὕτω Βιθυνῶν δεσπόσαι ὡς Λακεδαιμονίους τῶν εἱλώτων. Dies weise, so Müller, auf das geschenkte Gebiet auf der asiatischen Seite. Was die reichen Gaben an Getreide, Waffen und Geld betrifft, erwähnt der Historiker Memnon solche Grosszügigkeit des Ptolemaios auch gegenüber den Bewohnern von Heraklea im Pontos, *FGrHist* 434 F 17 Πτολεμαῖος δὲ ὁ τῆς Αἰγύπτου βασιλεύς […] λαμπροτάταις μὲν δωρεαῖς εὐεργετεῖν τὰς πόλεις προήγετο, ἔπεμψε δὲ καὶ τοῖς Ἡρακλεώταις ἀρτάβας πυροῦ πεντακοσίας (500 Artaben Weizen); zum historischen Kontext s. Russell (2017) 106–107.

τοῦτον ἐτίμησαν ἴσα θεῷ: zur epischen Färbung s. oben § 24 ἴσα θεῷ τετιμημένος.

42 Δελφίν ... Καράνδας ... Χάλκις: Weder die Toponyme noch der Name des Kitharöden sind sonst belegt; s. *TIB* 12,326–327. Ob Dionysios hier aus einer Lokalsage schöpfte oder die Wundergeschichte vom Sänger Chalkis und dem Delphin selbst erfunden hatte, wissen wir nicht. Inspiration dazu, argumentiert Russell (2017) 48–51, könnte unserem Verfasser aus der frühen byzantinischen Münzprägung zugekommen sein. So zeigt die Vorderseite einer Münze (5./4. Jh. v. Chr.) eine trabende Kuh und unter ihren Füssen einen Delphin. In ihm sieht Russell die Anspielung auf die hiesige Örtlichkeit, von der aus Io (dargestellt in der Kuh) die Furt durchschwommen habe und auf dem geographisch genau gegenüberliegenden Kap Βοῦς auf Land getreten sei (vgl. § 110). Das Münzbild reflektiere das Selbstverständnis der Byzantier und bestätige in der Rivalität mit den Chalkedoniern ihren Machtanspruch über den Bosporos. Was die Erzählung des Dionysios betrifft, zehrt sie literarisch jedenfalls von der bekannten Legende des Sängers Arion, den ein Delphin aus den Händen der Seeräuber rettete. Das zeigen die Anklänge und die wörtlichen Übereinstimmungen mit dem betreffenden Referat bei Herodot 1,23 λέγουσι Κορίνθιοι [...] Ἀρίονα [...] ἐόντα κιθαρῳδὸν τῶν τότε ἐόντων οὐδενὸς δεύτερον [...]. 24,5 τὸν δὲ ἐνδύντα τε πᾶσαν τὴν σκευὴν καὶ λαβόντα τὴν κιθάρην [...] διεξελθεῖν νόμον τὸν ὄρθιον. Den Piraten verspricht Arions List das Vergnügen, den besten Sänger unter allen Menschen zu hören (24,4 ἡδονὴν εἰ μέλλοιεν ἀκούσεσθαι τοῦ ἀρίστου ἀνθρώπων ἀοιδοῦ). Hier verleiht Dionysios mit der Wahl des poetischen ἀείδειν noch zusätzlich sprachliches Kolorit.

Offen bleibt die Frage, ob die Hs. <G> Χαράνδας gab (so Wieseler), da Gilles das Toponym durchgehend mit «Charandas» wiedergibt.

οὐδενὸς τῶν ἄκρων ἀποδεέστερος: der gleiche Ausdruck auch § 111 χρηστήριον Ἀπόλλωνος, οὐδενὸς τῶν ἄκρων ἀποδεέστερον.

ὄρθιον ... νόμον: Photios definiert in seinem Lexikon νόμος (ν 253) als eine Weise, welche auf der Kithara gespielt wird, der Harmonie einer Melodie folgt und einen bestimmten Rhythmus hat (ὁ κιθαρῳδικὸς τρόπος τῆς μελῳδίας ἁρμονίαν ἔχων [...] καὶ ῥυθμὸν ὡρισμένον); der hohe, schrille Ton (ὄρθιος) charakterisiert die Hymnen an Apollon, vgl. Aesch. *Agam.* 1153 ὀρθίοις ἐν νόμοις (mit Bezug auf Kassandra). Zum musikalischen Begriff s. West (1992) 352 Anm. 119.

43 βάσις δ' αὐτῇ: Für seine Verbesserung αὐτῆς beruft sich Güngerich auf Gilles, der «basis ipsius» übersetzt. In der Tat ist die Verbindung von βάσις mit Genitiv das Gewöhnliche; doch könnte Dionysios aus euphonischen Gründen die gesuchte Variante mit Dativ gewählt haben, vgl. Joseph. *Ant.* 12,74 ἡ δὲ βάσις αὐτοῖς ἦν, aber mit Gen. 15,338 βάσις δὲ τοῦ περιβόλου.

Θέρμαστις: Im Kommentar zu dieser Passage fragt sich Gilles, welcher Natur die Örtlichkeit Thermastis sei und wo sie liege. Denn, so vermutet er, meine der Verfasser nicht eine Landzunge bzw. ein Vorgebirge, sondern lediglich die Küste, wo es zahlreiche Felsen gäbe, die aus dem Meer emporragten (35b Mü. «Dionysius acram non intelligit esse promontorium, sed simpliciter oram maris, quae [...] alluitur mari vadoso crebris petris supra aquam eminentibus inculcato»). In der Tat übersetzt der Humanist in der Regel ἄκρα mit «promontorium»; doch hier begnügt er sich mit der Umschrift «acra». Denn, so ist zu vermuten, deuten die Bezeichnungen βάσις, ῥίζα sowie πέτρα eher auf einen grossen Felsen, also eine Klippe, die der Küste vorgelagert ist und somit eine kleine Bucht bildet (ἐπὶ βραχὺ κολπουμένη). Dieser Interpretation folgt jedenfalls Oberhummer in: *RE* III 1,746 Nr. 43; s. ferner *TIB* 12,674–675 sowie Grélois (2007) 129–130. Dazu passte auch das Toponym, denn es geht nicht um ein Heisswasserbecken, wie Belfiore (2009) 307 erwägt, sondern um die Formation der Bucht, welche offenbar einer Feuerzange bzw. Krebsscheren gleicht, vgl. Hsch. θ 359 θερμαστρίς [= θέρμαστις]· σκεῦος παραπλήσιον καρκίνῳ, ᾧ χρῶνται οἱ χρυσοχοῖ.

44 ἐν ταῖς πεντηκοντόροις: Damit gibt Dionysios gleich die Etymologie für das folgende Toponym. Mit ναυσί in Ellipse wird man Güngerich in der Verbesserung zum femininen Artikel ταῖς (τοῖς B) folgen. Das zusammengesetzte Adjektiv begegnet im Wortausgang sowohl als -ορος wie auch als -ερος, wobei es sich nicht selten um Varianten in der Textüberlieferung handelt. Eine Durchsicht der Belege zeigt jedoch, dass Dichter und Klassiker wie Thukydides (z. B. 1,14,1. 3) πεντηκόντορος vorziehen und wir demzufolge bei unserem Verfasser wiederum ein attizistisches Element fassen; ausführlich dazu Braswell (1988) 337. Als bekannt gilt der Schiffstypus bereits in den homerischen Epen (z. B. *Il.* 2,719; *Od.* 8,35); das hiesige Toponym unterstreicht also trefflich die frühe Besiedlung des Bosporos.

Πεντηκοντορικόν: Ob im Toponym die alternative Adjektivform πεντηκοντηρικός (Polyb. 24,6,1) inspirierend nachwirkte, lässt sich nicht eruieren; zur Örtlichkeit s. *TIB* 12,576.

45 συνεχῆ Τὰ Σκύθου: Das Adjektiv geht in der Regel dem Toponym unmittelbar voraus und kongruiert mit dessen grammatikalischem Geschlecht, vgl. § 22 συνεχὴς Καμάρα, § 108 συνεχὲς Μέτωπον, was Güngerichs Verbesserung συνεχῆ aus -χὴς der Vorlage stützt. Das Maskulinum mag dem Bezug auf Σκύθου und Σκύθην geschuldet sein.

Σκύθην ... Ταῦρον ὄνομα: dazu s. *TIB* 12,655. Wer für die euhemeristische Erklärung des kretischen Mythos von Pasiphaës Leidenschaft für den Stier (ταῦρος) und die erfolgte Geburt des Minotauros verantwortlich ist, erfahren wir nicht. Doch die Bezeichnung ‹Skythe› könnte ein Fingerzeig sein: Die Tauroi bzw. Tauroskythen bewohnten die ‹Taurische› oder ‹Skythische›Halbinsel›, wie Strabon berichtet: 7,4,1 τὴν Ταυρικὴν καὶ Σκυθικὴν λεγομένην Χερρόνησον, die heutige Krim. Der Weg nach Kreta führt also unweigerlich durch den Bosporos, will man ins Mittelmeer und nach Kreta gelangen. Unserem Verfasser kommt es darauf an, die beschriebene Wasserstrasse mit möglichst vielen Mythen (z. B. Argonautenfahrt) und historischen Ereignissen (z. B. Dareios, Philippos von Makedonien, Ptolemaios Philadelphos) in Verbindung zu bringen; dazu s. oben S. 18.

τὴν Μίνωος: die Gattin des Minos, nicht seine Tochter, wie Gilles mit «Minois filiam» missversteht. Zur Ellipse von γυνή beim Genitiv des Verwandtschaftsverhältnisses s. Schwyzer/Debrunner (1959–1966) II 119–120.

46 Ἰασόνιον: Es handelt sich um eine Anlegestelle der Argonauten. Eine solche gab es offensichtlich auch an der Südküste des Pontos, wie Strabon 12,3,17 und Arrian, *Peripl. M. Eux.* 16,2 mit ἄκρα Ἰασόνιον, Ptolemaios 5,6,4 mit Ἰασόνιον ἄκρον und der anonyme *Peripl. Ponti Eux.* 9r16 (Diller) mit ἀκρωτήριον Ἰασόνιον vermerken. Die hiesige Örtlichkeit ist weiter nicht belegt, unterstreicht aber wiederum, wie wichtig dem Verfasser die Verbindung des Bosporos zur Argonautensage war. Aufgrund des erwähnten Lorbeerhains (δρυμὸς δ' ἐν αὐτῷ βαθείας δάφνης) und eines Altars des Apollon identifizierte Gilles den Ort mit Daphne, dem Vorort von Byzanz, welchen Stephanos (δ 35) erwähnt προάστειον Δάφνη ἐν τῷ στόματι τοῦ Πόντου, ἐν ἀριστερᾷ ἐπὶ τὸν Ἀνάπλουν ἀνιοῦσιν, übernommen von Eust. ad Dionys. Per. 916 (*GGM* II 379,14): s. Grélois (2007) 130–131, ferner *TIB* 12,414–415.

<προσ>ορμισαμένων: Dionysios lasse, argumentiert Güngerich (S. XXXII–XXXIII), leichtere Hiate durchaus zu (z.B. nach καί, ἀμφί, περί), hingegen nicht schwerere wie den hier überlieferten Ἰάσονι ὁρμισαμένων. Seine Ergänzung stützt er durch den Hinweis, der Verfasser bilde vom Stamm ὁρμ- jeweils ein Kompositum, so das Hapax καθορμίσις (§ 40) als auch προσορμίσασθαι (§ 45). Gilles übersetzt «quod Iason navigans ad Colchos illuc appulsus fuerit»; ähnlich § 92 «cum navigaret [sc. Phryxus] ad Colchos». Ob hier also mehr ausgefallen war als das Vorderglied προσ-?

47 Das Ringgemäuer (Περίβολοι, «Schutzhöfe» *TIB* 12,619) der Rhodier verweist, wie Müller (1877) 74 vermerkt, auf den von Polybios (4,38 und 47–52) ausführlich beschriebenen Zollkrieg von 220/219 v. Chr., welchen die Rhodier im Verbund mit Prusias I. gegen die Byzantier ausfochten; denn diese beanspruchten die Oberhoheit über den Bosporos, kontrollierten Personen- und Warenverkehr und erhoben Zollgebühren. Auf den Konflikt spielt Dionysios in Zusammenhang mit dem Hieron (§ 92) an. Für eine gute Zusammenfassung der Ereignisse s. *RE* XXIII 1,1088–1091; Russell (2017) 93–98.

σφίσι διαμφισβητοῦσιν: Die Überlieferung συνδιαμφισβητοῦντες weckt in zweifacher Hinsicht Anstoss: Einerseits fehlt zu τοῖς ein Beziehungswort, und andererseits spricht gegen das Verb, dass für ein Tripelvorderglied (συν/δια/αμφι) in verbalen oder nominalen Komposita Beispiele im griechischen Wortschatz fehlen. Da Gilles in seiner Übersetzung stark vom Originaltext abweicht, bleibt die Überlieferung der Stelle in <G> unbekannt. Mit der hier aufgenommenen Verbesserung bringt Wieseler Sinn und Sprache wieder ins Lot; für einen ähnlichen Gebrauch von σφίσι verweist Güngerich (S. LXII) auf § 103 Χαλκηδόνιοι ναυμαχίᾳ περιεγένοντο τῶν ἐναντία σφίσι πλεόντων.

προὔπεσον δ᾽ οἱ πλείους ὑπὸ τοῦ χρόνου: Der Zollkrieg lag über dreihundert Jahre zurück, das verfallene Gemäuer war also nicht mehr als die Erinnerung an eine ferne Vergangenheit; ähnlich klingt es in § 92 («olim quidem»).

48 Ἀρχεῖον: Die Örtlichkeit ist aus der Antike weiter nicht bekannt, weshalb sich Güngerich (S. LXII) fragte, ob bloss eine irrige Angleichung des Schreibers an das entsprechende Appellativ (‹Amtshaus›) vorliege. Die Überlieferung ist jedenfalls einheitlich, entspricht doch auch «Archium», wie Gilles übersetzt, einem Toponym Ἀρχεῖον in <G>. Den Ort identifiziert er mit einer Vorstadt von Konstantinopel und beschreibt in Anlehnung an Dionysios das Tal ausführlich, s. Grélois (2007) 133–134; ferner *TIB* 12,262.

Ἀρχίας Θάσιος Ἀριστωνύμου παῖς: Die Identität des Thasiers Archias und seines Vaters bleiben ungeklärt, s. *RE* Suppl. III 143 Nr. 93. Der dortige Hinweis auf *IG* XII 8, S. 76, betrifft allerdings lediglich die Spekulation, Archias sei (Mit-)begründer von Ainos im Mündungsgebiet des Hebros gewesen; so offenbar auch Gilles, s. Grélois (2007) 133 Anm. 706.

Αἶνον οἰκίζεται: Auf welche Siedlung namens Ainos Dionysios hier anspielt, lässt sich nicht ausmachen. Gegen die thrakische Stadt an der Mündung des Hebros spricht, dass sie von Kolonisten aus Mytilene und Kyme gegründet worden sei, so Strabon (7 fr. 21e) bei Stephanos α 135. Eine Verbindung zu Thasos ist nicht bekannt; ihre Bedeutung für Byzanz ergibt sich erst aus Quellen justinianischer Zeit, z. B. Prokop, *Aed.* 4,11,1–5 (der sie auf den Troianer Aeneas als Eponym zurückführt).

49 Ein steiles Vorgebirge mit Standbild und Kult von Γέρων Ἅλιος. Weder die Identität des Standortes noch jene des ‹Meergreises› sind geklärt. Gilles, der den Küstenstrich bereist hatte, spricht vom Vorgebirge Κλειδίον (Grélois [2007] 135); ihm ist Külzer, *TIB* 12,455–456, gefolgt.

προσπίπτων δὲ τῇ ... ὑπεροχῇ: Obwohl προπίπτειν im *Anaplus* häufiger ist (§§ 4. 39. 48. 53. 110), wird hier προσπίπτων durch die Dativkonstruktion geschützt, vgl. § 6 προσπίπτουσα (sc. ἡ θάλαττα) τῇ πόλει.

Λακιάδης δέ τις μάντις ... δίδωσι τὸν χρησμόν: In B lautet der Text folgendermassen: ἡγεμόνα γενέσθαι Λευκία δὲ τοῦ μάντεως τὸ γένος ὄντα· δίδωσι δὲ ὁ χρησμός, was nicht richtig sein kann. Ursache davon ist die fehlende Interpunktion nach γενέσθαι, weshalb der Schreiber mit ὄντα die AcI-Konstruktion fortsetzt und damit beendet. Aus den Fugen geraten im Folgenden Sinn und Syntax deswegen, weil δίδωσιν nun kein logisches (persönliches) Subjekt hat, sondern von seinem ursprünglichen Objekt (τὸν χρησμὸν) regiert wird. Inwieweit die Überlieferung auch in <G> gelitten hatte (s. unten), bleibt unklar; dass nach γενέσθαι zu interpungieren ist, verdeutlicht jedoch einwandfrei Gilles' Übersetzung «quidam vates Latiades oraculum [...] dedit».

Mit einer beherzten sprachlichen Rekonstruktion erzielt Güngerich kohärenten Gedankengang, doch Unsicherheiten bleiben bestehen. Das betrifft vor allem Λακιάδης («Latiades» bei Gilles); die Bezeichnung ist zwar als Demotikon des athenischen Demos Λακιάδαι gut belegt, hingegen nicht als Personenname. Müller (37a Anm.) will darin hingegen ein Patronymikon sehen, welches er auf Lakios zurückführt, den mythischen Gründer der lykischen Stadt Phaselis; s. *RE* XII 1,526 Nr. 2. Da dieser zudem mit dem Apollonorakel von Klaros in Zusammenhang gebracht wurde, erkläre sich die Bezeichnung μάντις für einen Nachkommen sehr wohl. Belastbare Zeugnisse für diese genealogische Konstruktion gibt es keine. Was das Ethnikon Μεγαρεύς betrifft, welches Güngerich aus Gilles' Übersetzung «Megarensium» extrapolierte, handelt es sich um ein (akzeptables) ‹Füllsel› vor τὸ γένος ὤν.

50 Παράβολος: Zu dieser Örtlichkeit s. *TIB* 12,568. Im Anschluss an Louis Robert und danach an Łajtar (2000) 71–74 bringt Russell (2017) 148–150 den Ort mit zwei Inschriften aus hadrianischer Zeit in Verbindung. Die erste (*IByz* 37) ist eine Weihung des Thiasos (θιασῖται) an Dionysos Parabolos, in dessen Epiklese («Dionysus ‹the Deceiver›») Russell (150) den Reflex des riskanten Ortes zum Fischen vermutet; Łajtar hingegen übersetzt «Dionysos beim Fangplatz» (72) und beruft sich dabei auf die im *Anaplus* erwähnten Örtlichkeiten Νέος Βόλος (§ 28) und Βόλος (§ 36). Die zweite Inschrift (*IByz* 38) erwähnt mit den Διονυσοβολεῖται den zugehörigen Kultverein, welchen man wohl auch als eine Art Fischergilde auffassen könnte («members of a local association» Russell).

τῷ παρὰ μικρὸν: Zum Ausdruck s. oben § 3.

51 Κάλαμος καὶ Βυθίας: Gilles identifizierte Bythias mit Bytharia, erwähnt beim Kirchenhistoriker Euagrios Scholastikos (3,43,26 Bidez/Parmentier), s. Grélois (2007) 136 mit Anm. 722; die Gleichsetzung ablehnend *TIB* 12,302. Zu Κάλαμος und dessen Ableitung von einem Pflanzennamen s. oben zu § 21; zur Örtlichkeit *TIB* 12,422. Ob der fehlerhafte Text auf schlechte Überlieferung zurückgeht oder auf Nachlässigkeit des Schreibers, bleibt ungeklärt; jedenfalls drängen sich die verschiedentlichen textkritischen Eingriffe geradezu auf: So ähnelt ἀπὸ τοῦ πλήθους <τῶν καλάμων> nicht bloss der Konstruktion in § 33 Συκίδες ἀπὸ τοῦ πλήθους καὶ κάλλους τῶν φυτῶν, sondern entspricht auch Gilles' Übersetzung «a calamorum multitudine […] nominatur». Und bei <κείμενος ἐν> σκέπῃ kann sich Güngerich auf κεῖται γὰρ ἐν τῷ πυθμένι τοῦ Κέρατος (§ 23) abstützen; s. S. LXV.

δάφνη ... Μηδείας: Darüber ist weiter nichts bekannt. Wie die unverbindliche Bemerkung ὡς λόγος suggeriert, dient die Zuschreibung an Medea dem Prestigegewinn, will man doch an die mythische Vergangenheit anknüpfen. Zu den Orten in Verbindung mit der Argonautensage s. oben S. 18.

52 Βάκα: Die Überlieferung wird durch das Scholion (περὶ τοῦ λεγομένου Βάκα) zwar gestützt, doch kann der Name kaum richtig sein. Müller (1877) 75 vermutet mit einer gewissen Berechtigung, es handle sich um Siedler aus Plakia, einer Stadt am Hellespont; erwähnt wird diese von Stephanos von Byzanz (π 172), wo die Überlieferung Πλάκη (RQPN) allerdings ebenfalls fehlerhaft ist. Bezeugt ist dort ein Kult der Kybele unter dem Namen Μήτηρ Πλακιανή, was sich mit dem hier erwähnten Heiligtum der Μήτηρ Θεῶν gut reimen würde; s. *Inventory* (2004) Nr. 757.

53 Die mehrfachen Patzer der Überlieferung haben ihren Grund wohl in der gespreizten Syntax; kommt hinzu die Vorliebe des Verfassers für poetische Reminiszenzen, wie der Hexameter οἷα παλινσπάστου κυκεὼν πελάγους εἰλεῖται zeigt; s. auch oben §§ 24. 27 und 42.

τὴν βίαν ὁμοίαν δράκοντος: Müllers Konjektur (1877) 76 deckt die mögliche Vorlage auf, vergleicht doch der Perieget Dionysios das wilde Meer im Issischen Golf mit einem Meerungeheuer, 123 ὡς δὲ δράκων βλοσυρωπὸς ἑλίσσεται.

παλινσπάστου κυκεών: Das Hapax, wie es Wescher aus dem überlieferten παλιμπάστου korrigierte, wird durch das etwas später verwendete ἀντίσπαστος gestützt. Zur maritimen Bedeutung von κυκεών vgl. Synesios, *Ep.* 5,198 ἡ θάλαττα κυκεὼν ἐγεγόνει, ferner Alciphr. 1,10,1 οἱ ἄνεμοι [...] κυκήσειν τὸ πέλαγος ἐπαγγέλλονται. Erinnert sei hier auch an Charybdis, von welcher es scheint, sie wallte wirbelnd in sich hinein, *Od.* 12,241 πᾶσ᾽ ἔντοσθε φάνεσκε κυκωμένη.

κατ᾽ αὐτήν: das Vorgebirge (ἄκρα).

εἰς τὸ κάταντες ὠθεῖ τὴν θάλασσαν: Subjekt ist auch hier ἄκρα προτενής vom Beginn des Satzes (aufgenommen durch κατ᾽ αὐτὴν); für eine ähnliche Konstruktion vgl. § 5 ῥηγνυμένου [...] τοῦ ῥεύματος τὸ μὲν πολὺ καὶ βίαιον ὠθεῖ (sc. ἡ ἄκρα) κατὰ τῆς Προποντίδος.

Im Folgenden beschreibt Dionysios als angeblicher Augenzeuge (εἶδον), wie schwierig es für Lastkähne sei, am weit vortretenden Kap von Hestiai anzulegen. Davon inspiriert, gestaltet Gilles – ebenfalls aus eigener Anschauung, wie er betont («vidi ipse») – weit über die Übersetzung hinaus eine dramatische Vignette von den hohen Wellen, die am Vorgebirge von Hestiai anschlagen und dann unter der Gewalt der Gegenströmung wieder zurückrollen; s. Grélois (2007) 87–88. Die Überlieferung der Passage in der Hs B nahm Güngerich (S. LXVI–LXVII) im Gegensatz zu seinen Vorgängern unter Generalverdacht. Seine Überlegungen sind in die hiesige Textgestaltung eingeflossen; das gilt auch für die Ergänzung τοῖς πλέουσιν. Diese vermeidet den schweren Hiat ἀπορία ἔπεισιν, wenn auch zum Preis eines Homoioteleuton.

δείκνυνται δέ ... τύποι τῶν ἐναλίων καρκίνων πέζῃ παρεξιόντων: Die Meereskrabben von Hestiai und ihre Wanderwege am Kap waren offenbar ein bekanntes Phänomen, widmet ihm doch Aelian in *De natura animalium* ein ganzes Kapitel (7,24). Mit viel Einfühlungsvermögen beschreibt er, wie diese Seetiere gleich den Schiffern mit der wuchtigen Brandung zu kämpfen haben. Um sich zu schützen, kriechen sie an Land, klettern an den Klippen empor und gehen dann am Meer vorbei, wo die Strömung am stärksten ist. Sobald sie die Landspitze hinter sich gebracht haben, laufen sie wieder zum Meer hinunter. Genau auf dieses Verhalten spielt Dionysios hier an. Wenn Güngerich diesen Satz an den Schluss der Vignette über die stürmische Landung setzt, mag er sich an Gilles orientiert haben, auch wenn dessen verkürzte Übersetzung der griechischen Vorlage keineswegs eng folgt. Dass er auf das Verhalten der Krabben zweimal zu sprechen kommt, dürfte mit seinem speziellen Interesse zu tun haben: 1533 erschien in Lyon sein Buch *Ex Aeliani Historia*; ausführlicher dazu Grélois (2007) 25–26, 87 und 139–140.

καὶ φόβος καὶ ἀπορία <τοῖς πλέουσιν> ἔπεισιν: Dass Angst und Ratlosigkeit die Matrosen befällt, dürfte kaum verwundern, müssen sie doch an der stark umbrandeten Landspitze die beladenen Schiffe ins Schlepptau nehmen und sich dabei der Gefahr aussetzen, von den erneut heranrollenden Wellen mitgerissen zu werden. Die Frage nach einem zweiten Versuch (δευτέρας πείρας) könnte die Ursache sein, weshalb der Satz nach βιάζεται versetzt wurde und das Anlegen im Schlepptau als erster Versuch galt.

Ἑστίαι: vgl. Polyb. 4,43,5 πρὸς τὰ περὶ τὰς Ἑστίας ἄκρα καλούμενα τῆς Εὐρώπης. Die Namensetymologie (‹Herde› bzw. ‹Altäre›) wird im Folgenden gegeben, τὰς μὲν ἑστίας ἱδρύσαντο κατὰ πόλιν ἑκάστην, ἔνθα πρῶτον ἀπέβησαν. Die Örtlichkeit erwähnt auch Hesychios im Zusammenhang mit der Frühgeschichte von Byzanz: Dineos, der Megariker und Toparch von Chalkedon, setzte, um Byzas im Kampf gegen die Eindringlinge beizustehen, über den Bosporos, landete im benachbarten Anaplus, quartierte sich dort ein und gab dem Aufenthaltsort den Namen Hestiai, § 22 πρὸς τὸν καλούμενον Ἀνάπλουν ἀφίκετο, ἔνθα καὶ διατρίψας Ἑστίας τὸν τόπον ὠνόμασεν. Ferner kommt der Kirchenhistoriker Sozomenos auf den Ort zu sprechen, der jetzt ein Michaelion sei, früher jedoch Hestiai geheissen habe, 2,3,8 ἐν ταῖς Ἑστίαις ποτὲ καλουμέναις [...] τόπος δὲ οὗτος ὁ νῦν Μιχαήλιον ὀνομαζόμενος ἐν δεξιᾷ καταπλέοντι ἐκ Πόντου εἰς Κωνσταντινούπολιν, vgl. auch Prokop, *Aed.* 1,8,2. Das Μιχαήλιον hat in das Scholion zur hiesigen Stelle Eingang gefunden. Zur Örtlichkeit s. *TIB* 12,408–409.

τοὺς βαρβάρους: Dionysios bezeichnet die Barbaren nicht namentlich; da sie aus dem Hinterland vordringen, handelt es sich offensichtlich um einen thrakischen Stamm. Zum Verhältnis der griechischen Kolonisten zu den ansässigen Thrakern sowie deren Darstellung im Gründungsmythos von Byzantion s. Russell (2017) 191–204, hier 195–197; *RE* III 1,754 (Nr. 106) bringt die erwähnten Barbaren mit den Kikonen (§ 106) zusammen.

οὐ πόλεων, ἀλλ' οἴκων Μεγαρικῶν ἑπτὰ τῶν ἀρίστων: Wie Robu (2014) 251–254 darlegt, handle es sich um zwei Varianten der Gründungsgeschichte. Während κατὰ πόλιν und πόλεων auf einen Synoikismos von Siedlern aus verschiedenen Mutterstädten schliessen lasse, deuteten die sieben οἶκοι Μεγαρικοί auf eine megarische Oberschicht unter den Kolonisten; diese Version werde durch οἱ τῆς ἀποικίας ἡγεμόνες zu Beginn des Abschnitts vorbereitet. Dionysios, so zeigt der Schlusssatz, legt sich nicht fest.

54 Die Vorlage für die Siedlungslegende von Mysern und Teukrern ist Herodot, dem Dionysios zum Teil wörtlich folgt: 7,20,2 τὸν (sc. στόλον) Μυσῶν τε καὶ Τευκρῶν τὸν πρὸ τῶν Τρωικῶν γενόμενον, οἳ διαβάντες ἐς τὴν Εὐρώπην κατὰ Βόσπορον τούς τε Θρήικας κατεστρέψαντο πάντας (vgl. 7,75) καὶ ἐπὶ τὸν Ἰόνιον πόντον κατέβησαν, μέχρι τε Πηνειοῦ ποταμοῦ τὸ πρὸς μεσαμβρίης ἤλασαν. So verallgemeinert unser Verfasser mit κρατοῦντας ἁπάσης ὅσης ἐπήεσαν γῆς, was der Historiker explizit auf die Thraker bezieht, und umschreibt mit μέχρι Θετταλίας territorial, worauf Πηνειοῦ ποταμοῦ der Vorlage verweist.

Τεύκροις: Stephanos widmet ihnen einen Artikel, τ 104 Τευκροί· ὀξυτόνως, οἱ

Τρῶες, ἀπὸ Τεύκρου. Der Akzent war offenbar umstritten; Oxytonese begegnet auch bei Herodot (2,118,3; 7,43,2). Häufiger liegt der Ton jedoch wie hier auf der ersten Silbe, so z. B. Str. 13,1,48. 64; 14,5,10. Ps.-Arkadios (S. 207 Roussou) überliefert Herodians einschlägige Regel, nach welcher das Ethnikon (Τευκρός) endbetont wird, für den Personennamen (Τεῦκρος) hingegen Barytonese gilt. Zum Volksstamm und dessen Wanderung westwärts s. *RE* V A 1,1121–1122.

Ἀστεροπαῖον βασιλέα τῶν ἐπ' Ἀξίῳ ποταμῷ Παιόνων: eine gelehrte Reminiszenz, welche an Philostrat erinnert, *Her.* 48,14 ἦν ἀνὴρ ἐκ Παιονίας ἥκων, οὗ Ὅμηρος (*Il.* 21,140–141) ἐπεμνήσθη. Ἀστεροπαῖον δὲ αὐτὸν καλεῖ καὶ Ἀξίου τοῦ ποταμοῦ υἱωνόν. Vgl. auch Str. 7 fr. 17a τὸν δὲ Ἀστεροπαῖον, ἕνα τῶν ἐκ Παιονίας στρατευσάντων ἐπ' Ἴλιον ἡγεμόνων.

55 Χηλαί: *TIB* 12,310–311. Gemeint sind ‹Wellenbrecher›; sie wurden zum Schutz der Ufermauern ins Meer hinaus errichtet und wegen ihrer Form mit dem Huf eines Rindes verglichen, so das Scholion zu Thuc. 1,63,1 *b* χηλή· [...] εἴρηται δὲ παρὰ τὸ ἐοικέναι χηλῇ βοός, vgl. auch Xen. *An.* 7,1,17 und Diod. Sic. 13,78,6. Dionysios deutet die Ähnlichkeit (κατὰ τὸ ἐμφερὲς τοῦ σχήματος) nicht aus; es könnte sich also auch um den Vergleich mit Krebsscheren handeln, so die *Suda* χ 276 λέγεται δὲ καὶ τὰ τῶν θαλαττίων στόματα χηλαὶ καρκίνων καὶ τῶν λιμένων αἱ ἐξοχαί. Wie Gilles vermerkt, war der Name *Chalai* für die Örtlichkeit noch zu seiner Zeit geläufig, auch wenn von Molen an dieser Stelle nichts mehr zu sehen war; Grélois (2007) 142–143.

56 Δικτύννης ἱερὸν Ἀρτέμιδος: Dieses angebliche Heiligtum am Bosporos ist weiter nicht bezeugt, hingegen erwähnt Pausanias einen Tempel der Artemis Diktynna auf einem Kap in Lakonien, 3,24,9 πρὸς θαλάσσῃ δὲ ἐπὶ ἄκρας ναός ἐστι Δικτύννης Ἀρτέμιδος, vgl. ferner das Weihepigramm (*AP* 6,105) des Netzfischers (δικτυβόλος) Menis, der zu Artemis λιμενῖτις um volle Netze betet (πλησθέντα δίδου θηράμασιν αἰὲν | δίκτυα). Zur Gleichsetzung der ursprünglich kretischen Gottheit Diktynna mit Artemis und der Verbreitung des Kults über Kreta hinaus s. *RE* V 1,584–588, bes. 585–586 und 587–588.

Auf welche Lokallegende Dionysios hier anspielt, bleibt unbekannt, und auch der Bezug zu den Kyzikenern lässt sich nicht erklären, es sei denn, der Verfasser möchte sie mit der Argonautensage in Verbindung bringen; s. oben S. 18. Allerdings spielt die von Apollonios Rhodios erzählte Episode (1,936–1077) vom tragischen Tod ihres Königs durch Iason in Kyzikos selbst und will nicht ins Bild von Fischern passen, welche die Opfergaben stehlen. Ein thematisches Gegenstück zur Legende von der betrogenen Gottheit und deren Wiederversöhnung findet sich bei Didorus Siculus (20,14,1–3): Die Karthager hatten nach Kolonistensitte ihrem Stammgott Herakles regelmässig einen Zehnten der Staatseinnahmen nach Tyros, ihrer Mutterstadt, abgeliefert; doch mit zunehmendem Wohlstand vernachlässigten sie die Gottheit und reduzierten die Summe des Tributs kontinuierlich.

Als Agathokles sie aber auf eigenem libyschem Boden besiegte (310 v. Chr.), sahen sie darin eine Bestrafung durch Herakles. Um ihn zu versöhnen und erneut gnädig zu stimmen, sandten sie nun überreiche Geschenke nach Tyros.

57 Pyrrhias Cyon (Πυρρίας Κύων): zur Örtlichkeit s. *TIB* 12,487–488 (s.v. Laimokopia). Πυρρίας geht auf die rote Farbe, hier des Tierfells, des Kopfhaars (‹Rotschopf›) bei Menschen, was sie als Thraker bzw. Barbaren kennzeichnet und ihnen als Sklaven in der Komödie den Rufnamen Pyrrhias eintrug, so z.B. bei Menander (*Dyskolos, Perinthia, Sikyonios*); dies bestätigt das Schol. zu Aristoph. *Ran.* 308 und 730c. Müller (42a) merkt zur Stelle an, es handle sich um ein Vorgebirge, da bergige Örtlichkeiten nicht selten Namen mit κύων als Vorderglied hätten, so z.B. St. Byz. κ 270 Κυνὸς Κεφαλαί ‹Hundsköpfe› (Hügel in Thessalien), κ 271 Κυνόσουρα ‹Hundeschwanz› ἄκρα Ἀρκαδίας, gleichnamig auch eine Landspitze bei Marathon und ein Vorgebirge der Insel Salamis; ferner Str. 13,1,28 Κυνός Σῆμα ‹Hundsgrab› (Kap der Thrakischen Chersonesos). In der Diskussion der hiesigen Stelle bemerkt Gilles, dass ein ‹roter Hund› als bösartig gelte, wie der Eigenname Pyrrhias die Boshaftigkeit der Sklaven unterstreiche, 42a Mü. «Pyrrhiam Cyonem, quasi malitiosum canem [...] ut iam apud comicos Pyrrhiae et Xanthiae appellentur servi malitiosi». Und solche Hunde sind für ihr Bellen bekannt; das Toponym zielt demnach auf das Wellengetöse an der engen Stelle der Wasserstrasse. Unterstützt wird diese Interpretation durch den Lexikographen Hesychios, der κυνουρία (κ 4617) als Ort beschreibt, wo die Woge im Sturm aufprallt (ὅπου μετὰ χειμῶνος κῦμα ἐκβάλλει). Es ist demnach der Lauteffekt, der hier dem Ort den Namen gegeben hat. Die meisten Leute, fährt Dionysios fort, denken beim Ortsnamen jedoch an die Geschichte eines lästigen Bellers, wie man ihn unter Hirtenhunden antrifft.

meatus freti arctissimus: vgl. oben § 3, wo Dionysios die engste Stelle der Wasserstrasse mit vier Stadien beziffert (εὖρος δέ, ᾗ στενότατος αὐτὸς ἑαυτοῦ, τεττάρων sc. σταδίων). In einer ausführlichen Kommentierung der hiesigen Passage kommt Gilles auf die Bemessung zurück und spricht von fünf Stadien, hingegen von nur deren drei, sofern man bei Kurs stromaufwärts geradlinig fährt (44b Mü. «intervallum angustiarum ab Europa in Asiam obductum transversum patet circiter quinque stadia, at sursum versus secundum decursus Bospori in longitudinem circiter trium stadiorum directum»).

ibidem etiam dicitur fuisse Darii transitus: anlässlich des Feldzuges gegen die Skythen (513/512 v. Chr.). Quelle dieser historischen Notiz sind Herodot (4,87–88), der sich über einen Ortsnamen ausschweigt, Ktesias, *Pers.* F 13,21 sowie Polybios (4,43,2–4), der den Brückenbau beim Ἑρμαῖον verortet und von der Bezeichnung Πυρρίας Κύων offenbar nichts weiss. Der Örtlichkeit, der Dareios-Brücke und dem Beobachtungsposten des Königs widmete Gilles ein ganzes Kapitel, Grélois (2007) 144–151.

<M>androcles Samius pontem iunxit in Bosporo: Die Richtigkeit des Namens verbürgt Herodot (4,87-88), wobei die Überlieferung lediglich zwischen der ionischen Form Μανδροκλέης in den älteren Hss. (so auch *Anth. Pal.* 6,341) und der zu Μανδροκλῆς normalisierten in den jüngeren schwankt. Gilles (43a Mü.) ist sich dessen bewusst, «In edito Herodoti codice Μανδροκλέης legitur; in quodam manuscripto Ἀνδροκλέης, quod nomen Graecis usitatum est et nobile, illud ignobile et prorsus pastoritium». Ob er in seiner Vorlage des *Anaplus* tatsächlich die fehlerhafte Namensform Ἀνδροκλέης gelesen hat, lässt sich nicht nachprüfen, ebenso wenig die Behauptung über die angeblich überlieferte Variante bei Herodot. Zum samischen Architekten und zur Schiffsbrücke s. Svenson-Evers (1996) 59-66.

sellam in petra excisam: Gilles bemerkt, Dionysios habe den Thron, von welchem aus Dareios den Übergang seines Heeres über die Schiffsbrücke beobachtete, δίφρον genannt, Herodot (4,88) hingegen spreche von προεδρίη, (42b Mü.) «quam Dionysius δίφρον, Herodotus προεδρίην appellat». Unser Verfasser dürfte beim Historiker eine wortnahe Anleihe gemacht haben, βασιλέα τε Δαρεῖον ἐν προεδρίῃ κατήμενον καὶ τὸν στρατὸν αὐτοῦ διαβαίνοντα.

58 Die starke Brandung an der Küste von Πύρριας Κύων bis Ῥοώδης rührt von der dortigen Enge des Bosporos. Beschrieben wird sie, wie bereits erwähnt, von Polybios (4,43,2-4), der als Örtlichkeit lediglich das Vorgebirge Hermaion angibt. Gilles geht in seinem Kommentar zu §§ 57-58 darauf ein und hält abschliessend fest, der Historiker schildere allgemeiner mit dem Blick auf die Geographie, während Dionysios ein Topograph sei und infolgedessen klar zwischen zwei Stromschnellen unterscheide, einerseits bei Πυρρίας Κύων, andererseits bei Ῥοώδης, 46b Mü.: «Polybius ut communis historicus geographice res ipsas describens communiter intelligit totum decursum Bospori a medio latere ad finem usque, quem Dionysius topographice et proprie distinguit in duos vehementes defluxus: unum appellat ἄκραν ῥοώδη, alterum Pyrrhiam Cyonem»; Grélois (2007) 153.

fluctus enim ebullit ... non minus quam lebes igne subdito: Der Vergleich der brodelnden und brausenden Flut mit einem überhitzten Wasserkessel entpuppt sich als doppelte homerische Anleihe: Einerseits wird Charybdis beschrieben, die das Meerwasser einsaugt und wieder ausspeit, so *Od.* 12,237-238 «dann brodelte alles und wallte, als wär' es Wasser im tüchtig gefeuerten Kessel» (λέβης ὡς ἐν πυρὶ πολλῷ | πᾶσ' ἀναμορμύρεσκε κυκωμένη). Andererseits lässt der Fluss Xanthos, den Hephaistos in Brand gesetzt hatte, seine Fluten wallen, *Il.* 21,362 «so wie ein Kessel im Inneren kocht auf reichlichem Feuer» (ὡς δὲ λέβης ζεῖ ἔνδον ἐπειγόμενος πυρὶ πολλῷ).

Ῥοώδης: ist im *Anaplus* ein wiederkehrendes Adjektiv (§§ 3. 6. 10. 49), als Toponym (Ῥοώδης ἄκρα) allerdings weiter nicht belegt; s. *TIB* 12,620.

59 Phidalia: Die Namensform variiert zwischen Φαιδαλία (so hier), Φιδαλία (Malalas 12,20 und 13,7), Φιδάλεια (Hesych. *Patria* §§ 18 und 34; St. Byz. γ 119) und Φειδαλία (*Suda* η 465). In den Quellen schwankt das Bild der Phaidalia zwischen Lokalmythos und rekonstruierter Historizität. Für letzteres dürfte vor allem Hesychios verantwortlich sein, der sie in den *Patria* zweimal erwähnt: Sie erscheint als Gattin des Städtegründers Byzas, die heldenhaft die Stadt gegen die skythischen Invasoren verteidigte (§ 18) und dafür zusammen mit ihrem Gatten durch ein Standbild geehrt wurde (§ 34); das dort referierte Weihepigramm fand mit einem Pendant Aufnahme in die *Anthologia Planudea* (16,66 und 67). Auch Malalas erwähnt die Heldin im Zusammenhang mit der Urgeschichte von Byzanz. Wie Byzas der Artemis einen Tempel geweiht hatte, habe dies Phidalia für Aphrodite getan (12,20). Ausführlicher noch kommt der Chronist etwas später auf sie zu sprechen; er stellt sie als Stadtgründerin dar, nennt ihre Ehe mit Byzas und referiert das Vermächtnis ihres Vaters Barbysios, eine Mauer bis zum Meer hinunter errichten zu lassen (13,7). Der historisierenden Überlieferung folgt auch Stephanos von Byzanz (γ 119 Γυναικόσπολις), der den Namen des Ankerplatzes Γυναικῶν λιμήν (hier § 60 «Portus Mulierum») auf Phidaleia zurückführt; zusammen mit anderen Frauen (ἅμα ταῖς γυναιξί) habe sie Stroibos, den feindlichen Bruder des Byzas, vertrieben und bis hinunter zur Schifflände (μέχρι τοῦ λιμένος) verfolgt. Wenn Hesychios in derselben Episode (§ 20) Phidaleia unerwähnt lässt, will er den Blick auf den Brudezwist fokussieren.

Dionysios hingegen frönt einerseits seinem Interesse für Namensetymologien und schöpft andererseits aus den Lokallegenden. Diesen zufolge war Phaidalias Vater der Flussgott Barbyses, den Dionysios (§ 24) als Ziehvater des Byzas genannt hatte. Dessen ‹biologischer› Vater war hingegen Poseidon, Keroëssa seine Mutter. Das Liebesverhältnis der Phaidalia mit Byzas, die Angst vor dem Vater, der folgende Selbstmord und die Ehrenrettung durch den Stammvater Poseidon bilden das tragisch wirksame Aition für die Grabinsel der Eponyme; zur Örtlichkeit s. *TIB* 12,582.

60 Portus Mulierum: so auch Plin. *Nat.* 4,46; s. *TIB* 12,385. Auf den Hafen Γυναικῶν λιμήν und seine Erwähnung bei Stephanos von Byzanz (γ 119) wurde schon oben (§ 59) hingewiesen. In der Erklärung des Namens weichen die beiden Autoren voneinander ab, auch wenn sie der Hinweis auf die abwesenden Männer verbindet: So entspricht «absentibus viris» hier, was der Lexikograph mit τῶν πολιτῶν μὴ παρόντων angibt. Doch während Dionysios, passend zum mythischen Kolorit der Gründungslegende, zwei Versionen mit friedlichem und dem weiblichen Naturell entsprechenden Kontext vorlegt («nominatus sive ex eo, quod nihil offenditur» und «sive ex eo ita appellatus est, quod [...] magnam multitudinem piscium hunc portum ingressam mulieres ceperunt»), fügt sich in den *Ethnika* die Namensetymologie des Ortes in das historisierende Bild der heldenhaften Phidaleia ein.

61 Κυπαρώδης nuncupatus a cypresso arbore: Von Pflanzen abgeleitete Toponyme sind nicht ungewöhnlich und kommen bei Dionysios auch sonst vor, s. oben § 21. Eine Bildung auf -ώδης ist zwar eher selten, und im einschlägigen Fall gibt es in der Regel eine Variante auf -οῦσσα, vgl. die Insel in der Propontis Πιτυώδης (St. Byz. α 37, χ 18)/Πιτυοῦσσα (Hsch. δ 870, ferner St. Byz. π 169) sowie die äolischen Inseln Ἐρικώδης (St. Byz. α 37, Diod. Sic. 5,7,1)/Ἐρικοῦσσα (St. Byz. ε 113, Str. 6,2,11) und Φοινικώδης (Diod. Sic. 5,7,1)/Φοινικοῦσσα (Str. 6,2,11). Über einen Ort namens Κυπαρώδης ist aus antiken Quellen weiter nichts bekannt; hingegen vermerkt Gilles in seinem Kommentar zur Stelle (47b Mü.), noch zu seiner Zeit habe eine Örtlichkeit bei der Bucht von Phidalia «Cyparisson» (Κυπαρισσών) geheissen. Und für Byzanz im 5. Jh. ist ein Viertel Κυπαρίσσιον bezeugt, s. Janin (1964) 377; ferner *TIB* 12,486.

62 templum Hecatae: Zu diesem Heiligtum s. oben § 36. In der Beschreibung des heftig umbrandeten Felsens scheint aus § 58 Homers Schilderung von Charybdis (*Od.* 12,235–242) nachzuhallen, die so viel Meerwasser wieder ausspeit, wie sie zuvor schlürfte, und das alles begleitet von schrecklichem Getöse.

63 <sinus> Lasthenes appellatus a viro Megarensi Lasthene: Der Name dieses Meerbusens, des zweitgrössten nach dem Horn, wird zuerst durch Plinius, *Nat.* 4,46 überliefert, allerdings mit der falschen Schreibung *sinus Casthenes*, was Gilles zu *Lasthenes* verbesserte und sich dabei auf Stephanos von Byzanz bezog, γ 119 ἔστι καὶ Γυναικῶν λιμὴν περὶ τὴν λεγομένην Φιδάλειαν, τὸ μεταξὺ τοῦ Ἀνάπλου καὶ τοῦ Λεωσθενείου. So hält er im Kommentar zur Stelle fest (49a Mü.): «Quem Dionysius appellat Lasthenem, Stephanus Leosthenium nominat. [...] Quod autem Dionysius Leosthenium sinum similem esse dicit sinui Cornu appellato, recte addit, qua re similis sit, nempe profunda altitudine, circumclusione montium recessuque palustri. [...] Iure igitur Leosthenium appellare alterum Bospori Cornu possumus.» Schärfere Konturen bekommen die Örtlichkeiten bei Malalas (4,9): Bei ihrer Durchfahrt durch den Bosporos werden die Argonauten vom Bebrykerkönig Amykos bedroht (s. unten § 95) und suchen Schutz in einer bewaldeten, ganz dicht bewachsenen, wilden Bucht (κατέφυγον ἐν κόλπῳ τινὶ κατάλσῳ, δασυτάτῳ πάνυ καὶ ἀγρίῳ). Dort sei ihnen ein furchteinflössender Mann erschienen, der ihnen den Sieg über Amykos voraussagte. Zum Dank für den siegreichen Kampf errichteten sie am Ort der Erscheinung ein Heiligtum und nannten den Platz (τὸν αὐτὸν τόπον) bzw. den Kultort (ἤτοι τὸ ἱερὸν αὐτὸ) Sosthenion (Σωσθένιον < Σωσθένης); dieselbe Lokalisierung im anonymen *Periplus P. Eux.* 16r27 Diller τὸν νῦν λεγόμενον Σωσθένην. Dieses Narrativ setzt sich in der späteren Überlieferung durch, so z.B. bei Johannes von Antiocheia (fr. 26,3 Roberto), und bildet die Matrix für die christliche Umwidmung in ein Michaelion (vgl. Malalas 16,16); dazu s. Thurn/Meier (2009) 100 Anm. 64, sowie *RE* III A 1,1196–1197 und bes. *TIB* 12,656–659. Die Namensetymologie Σω/σθεν- (‹im Schützen stark›) ist durchsichtig und liess sich gut auf den wehrhaften Erzengel Michael übertragen. Umgekehrt ist über einen angeblichen megarischen Eponym Lasthenes weiter nichts bekannt. Wie andere im *Anaplus* erwähnte Kolonisten aus Megara (§§ 32. 34. 49. 71. 104) dient er als Staffage für den Gründungsmythos und die Lokallegende.

in hoc loco Amphiaraus ... colitur: Malalas sagt in seiner Erzählung nicht, mit welcher Gottheit die Argonauten den furchtbaren Mann mit den Adlerflügeln (ἀνδρὸς φοβεροῦ φέροντος τοῖς ὤμοις πτέρυγας ὡς ἀετοῦ), der ihnen am Himmel erschienen war, identifizierten. Die Gestalt wurde jedoch, wie die byzantinische Namensvariante des Ortes (Σωσθένιον) und die christliche Übertragung auf Michael suggerieren, in der Frühzeit mit einem Heilgott identifiziert. Wenn Dionysios hier von einem Kult des Amphiaraos spricht, zielt dies auf dessen Sehergabe und impliziert den vorhergesagten Sieg. Zur Verbindung von Amphiaraos mit Byzantion s. oben § 34.

64 Comarodes: Das unbekannte Toponym Κομαρώδης ist wie Κυπαρώδης (§ 61, dazu s. oben) gebildet und von einem Pflanzennamen (‹Erdbeerbaum›) abgeleitet, doch ohne Namensvariante; zur Örtlichkeit s. *TIB* 12,460–461.

65 Weder sind die Riffe namens Bakchiai noch der Ort Θερμημερία sonst belegt; auch bleibt Dionysios für die namentliche Erwähnung von Philipps Admiral Demetrius der einzige Gewährsmann. Die siegreiche Schlacht der Byzantier während ihrer Belagerung durch die Makedonier (340/339 v. Chr.) ging jedoch auch in die *Patria* des Hesychios ein, § 27 Αὖθίς τε πρὸς ναυμαχίας τραπέντες περιφανῶς τοὺς Μακεδόνας ἐνίκησαν. Καὶ τούτῳ τῷ τρόπῳ διαλυθέντος τοῦ πολέμου Φίλιππος παραχωρεῖ Βυζαντίοις. Die Historizität der erzählten Ereignisse wurde in Zweifel gezogen und unser Verfasser der aitiologischen Legendenbildung verdächtigt; so *RE* III 1,1134–1135, ferner *TIB* 12,675.

66 Portus Pitheci (Πιθήκου λιμήν): s. *TIB* 12,595. Nicht bloss mit der Argonautensage ist der Bosporos verbunden, sondern auch mit dem Trojanischen Krieg. Wie «aiunt» (d.h. φασίν) anzeigt, sind wir wieder im Bereich der legendären mythischen Vergangenheit: Der angebliche Barbarenkönig Πίθηκος bleibt zwar ausserhalb der hiesigen Erwähnung unbekannt. Aber mit Asteropaios, dem Anführer der Paioner und Bundesgenossen der Troer, verknüpft Dionysios auf seinem kulturgeschichtlichen Parcours die Örtlichkeit mit Homer, vgl. z.B. *Il.* 12,102; 21,139–143 und 154–155.

67 Εὔδιον Καλόν: Offenbar auch später ein beliebter Fischereigrund, dessen Lokalisierung wir Pierre Gilles verdanken, Grélois (2007) 160–161; s. ferner *TIB* 12,358.

68 Φαρμακίας (κόλπος): gleiche Wortbildung wie Μελίας κόλπος (§ 17), Βυθίας τόπος (§ 51), Πυρρίας Κύων (§ 57) und *Licnias locus* (§ 83); vgl. *Suda* φ 102 Φαρμακίας· ὄνομα κύριον. Man wird also nicht aus Gilles' latinisiertem Akk. «Pharmaciam» (§ 69) auf einen fem. Singular schliessen, so jedoch *Barrington Atlas* (Karte 53 B2 und Index s.v.) «Pharmakia», ferner Grélois (2007) 159–163 «Pharmakeia». Die Beschreibung dieser Bucht evoziert einen *locus amoenus*, und folglich dürften die namengebenden φάρμακα der Medea vielmehr als Heilkräuter denn als tödliche Zaubermittel zu deuten sein. In der Tat verweist Diodorus Siculus in seinem Referat der Argonautenfahrt – hier wohl die Quelle für Dionysios – auf die Heilkräuter, mit welchen Medea die Helden behandelt habe, die im Kampf gegen Aietes verwundet worden waren, 4,48,5 τούτους μὲν οὖν φασιν ὑπὸ τῆς Μηδείας ἐν ὀλίγαις ἡμέραις ῥίζαις καὶ βοτάναις τισὶ θεραπευθῆναι. Schon zuvor (46,1) erwähnt der Historiker, wie Medea im Gegensatz zu ihrer Schwester Kirke die Wirkung der Zaubermittel (τὰς τῶν φαρμάκων δυνάμεις) lediglich zum guten Zweck benutzte. Wie bei δάφνη Μηδείας (§ 51) und Πύργος Μηδείας (§ 88) spart Dionysios also die dunkle Seite der Kolchierin aus. Da die Örtlichkeit später von Φαρμακεύς in Θεραπεία umbenannt wurde, schwingt in der beim Kirchenhistoriker Sokrates gegebenen Begründung immer noch die Erinnerung an eine negative Konnotation des alten Namens ‹Giftmischer› mit, 7,25,11 ἐξ ἀρχαίου τε Φαρμακέα καλούμενον Θεραπείαν ὠνόμασεν (sc. der gebildete Patriarch Attikos von Konstantinopel), ἵνα μὴ τὰς συνάξεις ἐκεῖ ποιούμενος δυσφήμῳ ὀνόματι («mit einem Namen von böser Vorbedeutung») ὀνομάζῃ τὸν τόπον. An diese Tradition knüpft auch Gilles in seiner ausführlichen Beschreibung der Bucht und deren Namensänderung an (Mü. 50b–52a; Grélois [2007] 160–163); s. ferner *TIB* 12,584–585. Im *Anaplus* des Dionysios dürfte die Erwähnung von Medea vor allem der wiederholt gesuchten Verbindung mit der Argonautensage geschuldet sein und möglicherweise zu einem Mythentransfer beigetragen haben; s. oben S. 18.

pharmacorum arculas: entspricht dem bei Apollonios erwähnten Kästchen mit den Zaubermitteln, 3,802–803 φωριαμὸν […], ᾗ ἔνι πολλὰ | φάρμακα, ferner 808 und 844 sowie 4,25 φάρμακα […] φωριαμοῖο. Und wie Aristeides berichtet, soll sie nach dem Kindermord auf ihrer Flucht durch Thessalien die Giftkräuter (aus ihrem Kästchen) weggeworfen haben, *Or.* 38 (7) 15 Keil τὴν Μηδείαν φασι διὰ τοῦ Θετταλῶν πεδίου φεύγουσαν ἐκχυθένων τῶν φαρμάκων. Diese mythologische Tradition setzt sich auch im Sprichwörterschatz durch, vgl. Erasmus, *Adag.* 1,3,12 (= Nr. 212 Saladin) *Thessala mulier:* «Medea […] cum illac fugeret, per aerem vecta, scriniolum veneficiis ac magicis herbis plenum deiecerit.» In seinem Mythentransfer vertauscht Dionysios Thessalien mit dem thrakischen Ufer des Bosporos und münzt die tödlichen Zaubermittel dem *locus amoenus* entsprechend zu heilenden φάρμακα um.

69 velut visionis flexamina: Optische Effekte und Täuschungen sind Bestandteil der Schilderung. Mit den Worten «quod enim crebro finis esse videtur, idem rursus invenitur principium» wiederholt Dionysios, was er im Proömium über die Symplegaden sagt, § 3 ὅ τι γὰρ δοκεῖ πέρας εἶναι, τοῦτ' ἔστιν αὖθις ἀρχή. Der dortigen epigrammatischen Feststellung ‹was man sieht, täuscht die Erwartung› (ψευδομένης τῆς προσόψεως τὴν δόξαν) entspricht hier der Schluss, dass die Sicht das Vertrauen in das erwirkt, was man nicht für wahr hielt («visio conciliat fidem rei, quae non credebatur»); s. auch § 87 sowie oben S. 10. 16.

Κλεῖδας καὶ Κλεῖθρα τοῦ Πόντου: Aus der Antike fehlen weitere Nachrichten über diese Örtlichkeit; *TIB* 12,455. Doch Gilles beschreibt einen Ausflug, den er zu Fuss von Therapeia (s. § 68) zu den Κλεῖθρα und weiter zum Felsen Dikaia (§ 70) unternommen und von dort tatsächlich durch den Bosporos hindurch das Schwarze Meer gesehen habe (Mü. 52b) «a Therapia progressus sum quingentos passus usque ad vallem [...] τὰ Κλεῖθρα. Ab hac valle aperiri incipit Pontus, sensimque latius panditur ulterius pergentibus. [...] perveni ad locum appellatum *Brologenem*, unde mihi rectus Bospori canalis usque ad Pontum perspiciebatur, et simul tota porta Ponti aperiebatur, atque Pontus ipse tantum patens quantum porta retegebat, longe prospiciebatur recta via petere locum, ubi iuxta petram Dicaeam subsidebam in clivo»; s. Grélois (200) 164–165.

70 Dicaea petra (Δικαία πέτρα): Zwar gibt es durchaus gleich- bzw. ähnlich lautende Toponyme, so die thrakische Stadt Δίκαια bzw. Δικαιόπολις (St. Byz. δ 80) und die Kolonie der Kymäer Δικαιάρχεια (St. Byz. δ 81, lat. *Puteoli*), doch fehlen allfällige antike Nachrichten über den hiesigen Felsen; und auch die namengebende Legende dürfte Erfindung sein.

Der Felsen, sagt Dionysios, laufe in eine Spitze aus, welche einem Pinienzapfen gleiche («nucis pineae similitudinem gerens»). Daraus folgert Gilles (53a Mü.), die Örtlichkeit habe zuvor den Namen «Pitya» gehabt, denn (wie das Scholion zu Ap. Rhod. 1,933 vermerkt) heisse der ‹Schatz› (θησαυρός) bei den Thrakern πιτύη. Später jedoch, fährt Gilles fort, sei der Felsen möglicherweise als στροβιλοειδής (‹kegelförmig› wie ein Pinienzapfen) bezeichnet worden. Für diese Erklärung stützt er sich (unausgesprochen) auf *Suda* π 1671 Πίτυς· [...] ἡ παρ' ἡμῖν στροβιλέα, sowie σ 1207 Στρόβιλος· [...] ὁ τοῦ δένδρου καρπὸς τῆς πίτυος. Verwiesen sei hier auch auf den kaukasischen Berg Στρόβιλος, welchen Arrian (*Peripl. M. Eux.* 11,5) erwähnt. Für unsere Stelle geben Gilles' Erklärungen nichts aus, belegen aber erneut die Belesenheit des französischen Humanisten; zur Örtlichkeit s. *TIB* 12,334.

71 Βαθύκολπος: Die Bucht ist weiter nicht bekannt, aber in der beschriebenen Art wie Pharmakias (§ 69) ein *locus amoenus*, der sich zudem durch Fischreichtum auszeichnet; s. *TIB* 12,282. Die griechische Vorlage für «iactus» dürfte wie bereits zuvor βόλος (‹Fischfang mit Zug- bzw. Schleppnetz›) gewesen sein, der auch als Toponym vorkommt, so Νέος Βόλος (§ 28) und Βόλος (§ 36).

Das Kompositum βαθύκολπος (‹tiefgegürtet›, ‹vollbusig›) ist zwar in der Regel ein episches Beiwort der Troerinnen und von Nymphen (z.B. *Il.* 18,122; Hom. *Hymn. Cer.* 5), doch es findet auch seltene Anwendung, wie hier, auf das Meer, so bei Nonnos 45,210 βαθύκολπον [...] κενεῶνα θαλάσσης. Als Toponym findet es Platz neben ähnlichen Bildungen von Adjektiv/adjektivischem Partizip + Appellativ, wie sie sich im *Anaplus* häufig finden und ebenfalls weiter unbekannt geblieben sind, also ihren Ursprung möglicherweise in lokalen Ortsbezeichnungen hatten, so Βαθεῖα Σκοπιά (§ 23), Εὔδιος Καλός (§ 67), Καλὸς Ἀγρός (§ 72), Νέος Βόλος (§ 28), Ὀξύρρους ἄκρα (§ 98), Ῥοιζοῦσαι ἄκραι (§ 107) und Ῥοώδης ἄκρα (§ 58); vgl. ferner aus byzantinischer Zeit Βαθὺς Ῥύαξ (der hier erwähnte Fluss?), *TIB* 12, 282–283.

Saronis herois Megarici ara: Sofern es sich hier um den mythischen König von Troizen und Jäger handelt, der durch seinen Ertrinkungstod zu einem Meeresgott wurde und dem Saronischen Golf den Namen gab, bringt ihn Dionysios als einziger Autor in Verbindung mit Megara; s. *RE* II A 1,31. Freilich sei daran erinnert, dass im *Anaplus* auch sonst von megarischen Heroen die Rede ist (§§ 32. 49. 63. 104), die in der bekannten Mythologie keine Spuren hinterlassen haben.

72 Καλὸς Ἀγρός: Zur Namensbildung s. § 71. Der Name des Ortes setzte sich in byzantinische Zeit fort; ausführlich dazu *TIB* 12,432.

73 Simas: dürfte wohl die latinisierte Form (vgl. § 74 *Simam*) von Σιμᾶς sein, ein Kurzname für eine scherzhafte Personenbezeichnung (‹Stumpfnase oder Stulpnase›, σιμός), wie er für eine Hetäre bzw. Prostituierte passt; zur Namensbildung auf -ᾶς s. Debrunner (1917) § 282, zu Hetärennamen unten § 110 (Βοΐδιον). Ob es sich um eine volkstümliche Abkürzung von Σιμαίθα, der Geliebten des Alkibiades handelt, wie dies Gilles vermutet (55a Mü. «ut vulgus contrahere solet nomina»), bleibe dahingestellt, auch wenn damit durch Aristophanes die Verbindung zu Megara gegeben wäre, *Ach.* 524–525 πόρνην δὲ Σιμαίθαν ἰόντες Μεγαράδε | νεανίαι 'κκλέπτουσι μεθυσοκότταβοι. Zur Örtlichkeit s. *TIB* 12,651.

Veneris Meretriciae: Ἀφροδίτη Ἑταίρα (so z.B. Athen. 13,571c) und Ἀφροδίτη Πάνδημος, die Göttin der ‹gemeinen›, d.h. sinnlichen Liebe (vgl. Plat. *Symp.* 180 d), wie sie von den Hetären verehrt wurde, so bei Lukian, *Dial. meretr.* 7,1. Zur Epiklese s. *RE* VIII 2,1331.

de praeternavigantibus merere ... stipendia Veneris: Das Hafenviertel einer Stadt, wie z.B. der Piräus, war bevorzugter Ort für das Gewerbe von Prostituierten, vgl. Aristoph. *Pax* 165 ἐν Πειραιεῖ παρὰ ταῖς πόρναις, ferner Lukian, *Dial. meretr.* 4,2; 6,1; 11,2.

74 Scletrinas: Weder ist das Toponym Σκλητρίνας anderweitig in der antiken Literatur belegt, noch lässt sich die vermeintliche Ableitung von σκληρός überprüfen. Ob Gilles mit «nescio» und den beiden möglichen Erklärungen ebenfalls Zweifel signalisierte? Zu Örtlichkeit und Fluss s. *TIB* 12,653–654.

arae Apollinis et Matris deum: Kultorte des Apollon am Bosporos gibt es mehrere (s. oben zu § 26), einen Altar (βωμός) wie hier auch § 46. Dasselbe gilt für die Göttermutter mit ἱερόν (§ 52); vgl. «templum» (§ 75).

75 Milton (Μίλτον) promontorium, nominatum a similitudine coloris: Wie viele andere Örtlichkeiten im *Anaplus* ist auch diese weiter nicht bekannt; s. *TIB* 12,535–536. Hingegen kommt die Namensableitung für einen Berg von dessen Gesteinsfarbe auch sonst vor, so ὄρος μιλτῶδες (‹Rötelberg›), ein Höhenzug beim Roten Meer, Agatharch. *Mar. Erythr.* 81; Diod. Sic. 3,39,1; Str. 16,4,5.

Fanum, cunctum contra frontem Fani Asiatici situm: Dass es an dieser engen Stelle des Bosporos zwei einander gegenüberliegende Heiligtümer gab, eines der Byzantier auf der thrakischen Seite und eines der Chalkedonier auf der asiatischen (§ 92), belegt auch Strabon 7,6,1 τοῦ ἱεροῦ τοῦ Βυζαντίων καὶ τοῦ Χαλκηδονίων, οὕπερ ἐστὶ τοῦ στόματος τοῦ Εὐξείνου τὸ στενότατον. Von den beiden Kultorten galt das asiatische, ein geographischer Fixpunkt auf dem Weg vom und zum Schwarzen Meer, als das bekanntere und wurde deswegen oft einfach Ἱερόν genannt. Hingegen war bereits in der Antike umstritten, in welchem der beiden Iason den zwölf Göttern geopfert hatte («litasse duodecim diis»). Apollonios verortet in den *Argonautika* das Opfer auf der asiatischen Seite, 2,531–532 μακάρεσσι δυώδεκα δωμήσαντες | βωμὸν ἁλὸς ῥηγμῖνι πέρην ἐφ᾽ ἱερὰ θέντες. Doch das Scholion zur Stelle widerspricht und vermerkt, es habe sich, wie doch offensichtlich sei, auf der europäischen Seite abgespielt, p. 172,14 Wendel ἐν δὲ τῷ πέραν, φησίν (Apollonios), αἰγιαλῷ τῆς Ἀσίας, διαπλεύσαντες (‹hinübersetzend›) ἐπ᾽ αὐτόν, βωμὸν τοῖς δώδεκα θεοῖς ἐδομήσαντο. φανερὸν οὖν, ὅτι ἐν τῇ Εὐρώπῃ. Polybios (4,39,6) folgt der ‹asiatischen› Version, weist das Opfer aber der Rückreise der Argonauten zu (κατὰ τὴν ἐκ Κόλχων ἀνακομιδὴν Ἰάσονα θῦσαι πρῶτον τοῖς δώδεκα θεοῖς· ὃ κεῖται μὲν ἐπὶ τῆς Ἀσίας), so auch Diod. Sic. (4,49,2). Dionysios hingegen lässt Iason auf der Hinreise nach Kolchis am europäischen Ufer dem göttlichen Pantheon opfern. Wie Külzer (*TIB* 12,412) bemerkt, dürfte es sich «um einen Traditionstransfert zwecks Aufwertung der thrak. Küstenlinie handeln, die so stärker mit der ruhmreichen Tradition der Argonauten verknüpft werden sollte»; zu den lokalen Dubletten s. Vian (1974a) 91–93, ferner hier den Kommentar zu §§ 68 und 92.

haec Fana sunt oppidula: Gilles vermerkt in seinem Kommentar zum europäischen Hieron (56b Mü.) «In collis clivis vergentibus ad solis ortum et meridiem oppidulum situm fuit, quod Dionysius appellat πολίχνιον, Polybius [4,39,6] Serapieum, Strabo [7,6,1] Fanum Europae Byzantiorum». Die Festungsanlagen auf beiden Seiten sicherten bis ins Mittelalter die Durchfahrt durch den Bosporos; *TIB* 12,412–413.

templum deae Phrygiae: Welche Gottheit sich hinter *Phrygia* verbirgt, ist nicht klar: Gilles (57a–b Mü., s. Grélois [2007] 174) denkt an Rhea, ihm folgend Belfiore (2009) 313 Anm. 161. Doch das Heiligtum, welches die Argonauten der Göttin

Rhea weihten, befand sich an der Propontis, östlich von Kyzikos (so Malalas 4,8), während Polybios (4,39,6) an der hiesigen Stelle ein Sarapieion lokalisiert; Güngerich identifiziert die *dea Phrygia* mit der «Göttermutter» (§§ 52 und 74), und Külzer (*TIB* 12,412) optiert für Astarte.

76 Chrysorrhoas (Χρυσορρόας) ... Chalcaea (τὰ Χαλκεῖα): Zur Herkunft des Namens – goldfarbener Sand (wie hier) oder goldhaltiges Ufergestein – s. *TIB* 12,317. Wie «antiquorum virorum opera» suggeriert, war das Bergwerk bereits zur Zeit des Dionysios, sicher aber in der Spätantike stillgelegt; in Chalkeia («Schmieden») wurde das Erz verarbeitet. Die Lage am Meer begünstigte offenbar die Zukunft des Ortes als Fischerdorf; s. *TIB* 12,306.

77 Timaea, turris (Τιμαίας πύργος): zu diesem Leuchtturm s. *TIB* 12,676.

ex Salmydessi littoribus: Es handelt sich um einen bekannten Küstenstrich am Schwarzen Meer, nordwestlich der Bosporoseinfahrt; s. *TIB* 12,625. Die Gefahren an der Küste von Salmydessos waren notorisch, sowohl was ihre natürliche Beschaffenheit betrifft als auch den dort verübten Strandraub, vgl. etwa Xenophon, *Anab.* 7,5,12–14; Arrian, *Peripl. M. Eux.* 25,2; ferner Strabon 7,6,1: Salmydessos, schreibt er, sei ein öder, steiniger Strand (ἔρημος αἰγιαλὸς καὶ λιθώδης), ohne Häfen (ἀλίμενος) und stark den Nordwinden ausgesetzt (ἀναπεπταμένος πολὺς πρὸς τοὺς βορέας), eine Formulierung, welche an Ps.-Skymnos erinnert, 724–727 αἰγιαλός τις Σαλμυδησσὸς λεγόμενος | [...] τεναγώδης (‹seicht›) ἄγαν | καὶ δυσπρόσορμος (‹wo schwierig anzulegen ist›) ἀλίμενός τε παντελῶς | παρατέταται, ταῖς ναυσὶν ἐχθρότατος τόπος. Wer dort strandet, werde von einem thrakischen Volk ausgeplündert; ausführlicher zum Topos Danoff (1962) 1144–1145, ferner Russell (2017) 197–198, der im Narrativ vor allem eine gründungsmythologisch bedingte Darstellung der guten griechischen Seefahrer im Vergleich zu den bösen thrakischen Landbewohnern vermutet.

78 Phosphorus locus: Die Örtlichkeit könnte ihren Namen entweder von Ἄρτεμις Φωσφόρος haben, deren Heiligtum im Ort Bolos Dionysios erwähnt (§ 36). Oder er geht auf einen alten Leuchtturm (Φάρος) zurück, welchen Külzer (*TIB* 12,591) mit dem entsprechenden Turm Τιμαίας πύργος (hier § 77) in Verbindung bringt; damit würden erneut die guten Dienste der seefahrenden Byzantier in Erinnerung gerufen. Gilles (60a Mü.) favorisiert die erste Erklärung mit Blick auf den folgend genannten Hafen der Ephesier, die bekanntlich die Artemis besonders verehrten, s. Grélois (2007) 179.

79 Ephesiorum Portus: Ἐφεσίων Λιμήν, s. *TIB* 12,350. Hesychios, der in den *Patria* die Örtlichkeit Ἐφεσιάτης nennt, berichtet vom erfolglosen Versuch der Ephesier, dort eine Stadt zu gründen, § 32 ἔνθα ποτὲ Ἐφέσιοι ἀποικίας πέμψαντες καὶ πόλιν οἰκοδομεῖν πειραθέντες.

80 Aphrodisium (Ἀφροδίσιον): *TIB* 12,254–255. Parallel zum vermutlichen Heiligtum der Artemis beim Hafen der Ephesier verortet Dionysios das Aphrodision in der Nähe des Hafens der Lykier. Für eine Beziehung der Gottheit zu Lykien verweist Gilles (60a Mü.) auf den 5. Hymnus des Proklos, εἰς Λυκίην Ἀφροδίτην. Zu den zahlreichen Kultstätten der Aphrodite und der Artemis in Byzantion und am Bosporos s. oben § 36.

81 Portus Lyciorum (Λιμὴν Λυκίων): s. oben zu § 80; zur Lage *TIB* 12,494.

82 super hoc est Μύρλειον: Gilles (60a Mü.) zitiert hier, wie er kommentierend sagt, den Text seiner Vorlage ἐπ' αὐτῷ <τῷ> λιμένι Λυκίων Μυρίλειόν ἐστι, um seine Übersetzung «supra» und damit die erhöhte Lage der Örtlichkeit zu rechtfertigen. Gleichzeitig (59b Mü.) hält er fest, dass in seiner griechischen Vorlage das Toponym mit Μυρίλειον («Myreleium») wohl falsch geschrieben sei und man Μύρλειον («Myrleium») lesen müsse, zumal die bithynische Mutterstadt Μύρλεια («Myrleia») heisse. Dieser gelehrten Verbesserung ist hier nichts mehr hinzuzufügen; entsprechendes gilt für § 83. Külzer (*TIB* 12,539) hält Herleitung des Namens Μυρίλειον vom lykischen Myra für wahrscheinlicher.
ob seditionem a Μύρλεια in exilium proiecti: Dass die Siedlung ihren Ursprung den Flüchtlingen aus dem bithynischen Myrleia verdankt, wird durch Strabon (12,4,3) bekräftigt. Philipp V., so heisst es dort, hatte die Stadt (202 v. Chr.) erobert und sie danach Prusias I. überlassen, der sie aus den Trümmern wieder erstehen liess und in Apameia umbenannte. Ergänzend zu *TIB* 12,539 vgl. den Eintrag Μύρλεια (μ 252) bei Stephanos von Byzanz mit Anm. 357 für weitere Literatur.

83 Licnias (sc. locus): *TIB* 12,493 Λικνίας ἄκρα. Es handelt sich offensichtlich um eine Bucht, die von einer zerklüfteten, felsigen Küstenlinie umgeben ist, wie sie Gilles beschreibt (60b Mü.); s. Grélois (2007) 180–181.

84 Gypopolis: ‹Geierstadt›, so *TIB* 12,386. Der Gedankengang des Abschnitts wirft die Frage auf, ob die Überlieferung des Originaltextes möglicherweise gelitten hatte. Zwar leuchtet die Ableitung des weiter nicht belegten Toponyms Γυπόπολις von γύψ (‹Geier›) durchaus ein. Gilles (61a Mü.) erwog die Namensform «Gypapolis» (Γυπάπολις), führt diese auf γύπη (‹Höhle›, ‹Schlupfwinkel›) zurück und erklärt ἀπὸ τῶν γυπῶν ἤγουν τῶν σπηλαίων. Dabei stützt er sich offenbar auf das Lexikon des Hesychios γ 1018 γύπας· [...] οἱ δὲ γυπῶν νεοσσιάς (‹Nester›), [...] οἱ δὲ σπήλαια, vgl. dort auch γ 1019 γύπη· κοίλωμα γῆς. Wenn Dionysios aber den Namen durch die Roheit der Thraker erklärt sowie auf ihren barbarischen, ungeschlachten Charakter verweist und zur Illustration den König Phineus nennt, will dies nicht so recht passen. Drängt sich dann nicht vielmehr die Erwartung einer anderen Örtlichkeit auf, nämlich Phinopolis (Φινόπολις)? Diese ist keineswegs unbekannt und wird von Strabon (7,6,1) in der Nachbarschaft von Salmydessos lokalisiert, von Plinius (*Nat.* 4,45) nahe am Bosporos (*iuxta quam Bosporos*); s. *TIB* 12,588.

Phineo regi: Die Gestalt des Phineus lenkt den Blick wieder auf die Argonautenfahrt. In der Mythologie ist seine Rolle gespalten: Während Apollonios (2,178 ff.) ihn vor allem als blinden Seher zeichnet, der den Argonauten die nächsten Stationen voraussagt, figuriert Phineus in der Version, welche Diodorus Siculus (4,43,3–44,6) in der Nachfolge von Dionysios Skythobrachion referiert, als grausamer, tyrannischer Herrscher der Thraker; einen gerafften Überblick über den Phineus-Mythos und dessen Varianten gibt *DNP* 9,902. Wie bereits in Zusammenhang mit Medea (s. oben § 68) folgt der Verfasser des *Anaplus* auch hier der Version des Historikers. Anhand der antiken Quellen, besonders Apollonios und die *Orphischen Argonautika*, versucht Gilles das Anwesen des Phineus geographisch genau zu bestimmen und schliesst am Ende der langen Diskussion in Übereinstimmung mit unserem Autor auf Nähe bei Myrleion bzw. Gypopolis; s. Grélois (2007) 180–186.

85 Dotina (Δωτίνη): eine weiter nicht bekannte Klippe, s. *TIB* 12,337.
ironia dissimulantiaque: zur Redewendung vgl. Cic. *De orat.* 2,270 *Socratem opinor in hac ironia dissimulantiaque [...] praestitisse*.
δωτίνην vocant Dorienses ab aliis Graecis nominatam προῖκα: Für diese Unterscheidung beruft sich Gilles im Kommentar auf Varro, *Ling.* 5,175 *Dos, si nuptiarum causa data; haec Graece* δωτίνη: *ita enim hoc Siculi*. Entscheidend für Dionysios bzw. seinen Kommentator ist der Hinweis auf den dorischen Dialekt, wie er in Megara und folglich in deren Kolonie Byzantion gesprochen wurde; s. Schwyzer/Debrunner (1959–1966) I 95. Die bittere Ironie der Namensgebung liegt in dem zu erwartenden Schiffbruch, für welchen es kein Gegengeschenk gibt.

86 Panium: *TIB* 12,565–566. Welche griechische Namensform Gilles vorlag, lässt sich nicht mit Sicherheit eruieren. Πάνιον heisst ein Hafenort an der Nordküste der Propontis (*TIB* 12,562–565); Πάνειον ὁ τόπος eine Örtlichkeit in Palästina (Joseph. *Bell.* 1,404). Die Bezeichnung deutet jedenfalls auf einen Kultort des Pan, so Πάνειον beim ägyptischen Nikopolis (Str. 17,1,10), desgleichen in Attika (Str. 9,1,21, so Pletho, Πάνιον codd. nonnulli; zur einschlägigen Interpretation von Gilles s. Grélois (2007) 188–189.
Cyaneae (Κυάνεαι) ... aspectum gerentes similem cyano: die ‹Stahlblauen›, s. *TIB* 12,482–483; vgl. Schol. zu Ap. Rhod. 2,317–18a (p. 152,2 Wendel) Κυάνεαι ἐκαλοῦντο διὰ τὸ χρῶμα. Der Bezug auf die Ultramarinfarbe betrifft den mineralischen Stoff, der aus Steinbrüchen («a terra multiformi») oder Sandbänken im Meer («ex refractione maris») gebrochen und zu Farbstoff verarbeitet wurde, vgl. Theophr. *Lap.* 55 (mit S. Amigues [2018] 86–87 für einen ausführlichen Kommentar); darauf zurückgehend Plin. *Nat.* 33,161 und 37,119, dazu s. *RE* XI 2,2238–2242.

In der literarischen Behandlung der Argonautensage tritt die farbliche Eigenschaft der Felseninseln hinter der Vorstellung beweglicher Felsen (Πλάγκται), welche aufeinanderprallen (Συμπληγάδες), zurück; vgl. etwa Hdt. 4,85,1 τὰς Κυανέας καλευμένας, τὰς πρότερον πλαγκτὰς Ἕλληνές φασι εἶναι, ferner Str. 1,2,10 und 3,2,12, sowie Arr. *Peripl. Eux.* 25,3. Über ihre natürliche Beschaffenheit sowie deren Darstellung durch die antiken Autoren äusserte sich ausführlich Gilles, s. Grélois (2007) 188–195.

parvae insulae: In der Regel galten die Kyaneen als Felsenriffe, Ap. Rhod. 2,317–318 πέτρας [...] Κυανέας, Dionys. Per. 144; Eur. *Andr.* 864 ἀκταί. Hingegen nennt sie Strabon (7,6,1) ‹kleine Inseln›, αἱ δὲ Κυάνεαι πρὸς τῷ στόματι τοῦ Πόντου εἰσὶ δύο νησίδια, τὸ μὲν τῇ Εὐρώπῃ προσεχές, τὸ δὲ τῇ Ἀσίᾳ, πορθμῷ διειργόμενα ὅσον εἴκοσι σταδίων. Und Plinius bezeichnet sie ebenfalls als Inseln, erklärt dann aber, dass sie wegen der knappen Distanz voneinander eine optische Täuschung erzeugen und als Symplegaden in den Mythos eingegangen seien: *Nat.* 4,92 *in Ponto duae (sc. insulae) [...] Cyaneae, ab aliis Symplegades appellatae, traditaeque fabulis inter se concucurrisse, quoniam parvo discretae intervallo ex adverso intrantibus geminae cernebantur paulumque deflexa acie coeuntium speciem praebebant.* Gilles, der sich ausführlich über die natürliche Beschaffenheit der Kyaneen sowie deren Darstellung bei den antiken Autoren äussert, bezichtigt Dionysios der Inkonsequenz, 65b Mü.: «Dionysius Byzantius ut Cyaneas constituat insulas esse, tamen omnes Bospori anfractus ait Symplegadas dici posse» (vgl. § 3). Deshalb sei es angebracht, bei den Krümmungen (*anfractus*) des Bosporos nicht von Inseln zu sprechen, sondern von Symplegaden und Plankten.

ara Apollinis a Romanis statuta: Zu den Bruchstücken dieses Monuments, welches weiter nicht dokumentiert ist, äussert sich Gilles, s. Grélois (2007) 195.

Asiatische Küste des Bosporos

87 visionis ... voluptas: Für einen Reiseführer, wie man den *Anaplus* modern auffassen könnte, ist der Appell an die Vorstellungskraft wichtig; das betont Dionysios mit dem dreifach verwendeten Begriff ὄψις schon ganz am Anfang seiner Beschreibung; zu diesem Kompositionselement s. § 69 sowie oben S. 10. 16. Die Sicht von den Kyaneen auf das offene Meer, den Pontos, muss in der Tat schon in der Antike als spektakulär empfunden worden sein; auch bei Apollonios durfte er nicht fehlen: 2,579 ἤδη δ' ἔνθα καὶ ἔνθα διὰ πλατὺς εἴδετο Πόντος, und effektvoll geschildert von Dionysios Periegetes 146–147 ἐκ δὲ τοῦ οἰγόμενος παραπέπταται ἀνδράσι Πόντος | πολλὸς ἐὼν καὶ πολλὸν ἐπ' ἀντολίης μυχὸν ἕρπων.

admiratio: Mit der Sicht auf die Dinge ist das Staunen verbunden, die Bewunderung; entsprechend wiederkehrend die Begriffe θαυμάζειν, θαυμαστός, θαυμάσιον (§§ 1. 9. 15. 109. 111).

traiicienti in Asiam: Die Kyaneen bilden die letzte Station auf der Fahrt entlang der thrakischen Küste hinauf zum Schwarzen Meer und dessen Einmündung in den Bosporos. Im Folgenden nennt Dionysios die Orte bzw. Sehenswürdigkeiten auf der asiatischen Seite der Wasserstrasse und beendet die Rundfahrt bei Chalkedon (§ 111).

Ancyreum: Welche griechische Namensform Dionysios vorlag, wissen wir nicht; doch es gibt Vorschläge, so Ἀγκύραιον (*RE* III 1,752) und Ἀγκυραῖον (*RE* I 2,2222), und das eine wie das andere davon suggeriert Müller (69b–70b) mit der lateinischen Umschrift *Ancyraeum*, obwohl Gilles (1561) *Ancyreum* transkribiert, so richtigerweise auch Güngerich. Denn gemäss Debrunner (1917) wäre Ἀγκυρεῖον (§ 290) oder Ἀγκύριον (§ 295) wohl die korrektere Form. Das letztere figuriert bei Stephanos von Byzanz als Toponym einer italischen Stadt (α 34); s. ferner *TIB* 13,396–397.

ab hoc enim aiunt lapideam ancoram accepisse: Dies also die Erklärung für den Namen des Kaps. In der Argonautensage spielen Ankerwechsel eine Rolle, waren diese doch zum grössten Teil aus Holz oder Stein und mussten wegen Abnützung im Lauf der Fahrt ersetzt werden; s. Casson (1971) 252–256. Das hiesige Aition kommentiert Gilles kritisch, denn in der Argonautensage spielten in erster Linie die Orte eine Rolle, wo ein Anker als Kultobjekt deponiert worden sei, so in Kyzikos (Ap. Rhod. 1,953–960; Callim. *Aitia* fr. 109a Pfeiffer; Plin. *Nat.* 36,99), so auch bei der Einfahrt ins Phasis (Arrian. *Peripl. M. Eux.* 9,1–2). Zwar fehle in den bekannten Versionen der *Argonautika* das hier genannte *Ancyreum*; möglicherweise handle es sich bei den von Arrian erwähnten Relikten um den Ankerstein (λιθίνης θραύσματα παλαιά), den Iason und seine Gefährten bei der Ausfahrt ins offene Meer aufgenommen hätten (70b Mü. «Haec quidem Arrianus. Unde autem colligam reliquias ancorae Phasianae esse illius, quam sumpserunt a promontorio Ancyreo Bospori»); s. Grélois (2007) 201–204. Die Lokalisierung des Ankerwechsels auf der asiatischen Seite ist ein weiteres Zeugnis dafür, dass Dionysios, wie Diodorus Siculus (4,49,1–2) der Version folgt, nach welcher die Argonauten durch den Bosporos zurückfuhren, vgl. §§ 75 und 92.

88 Pyrgos Medeae (Πύργος Μηδείας): Πύργος als Ortsname oder zumindest als Bestandteil eines solchen kommt häufiger vor; s. *RE* XXIV 32–49, hier 47 Nr. 6. Der von Dionysios erwähnte Turm ist sonst nicht bekannt und dürfte mit seiner Bezeichnung wiederum eine Reverenz an den Bosporos als Ereignisort der Argonautenfahrt darstellen. Geographisch könnte es sich um einen aufragenden Felsen der asiatischen Kyaneen handeln, der für die Schifffahrt eine Gefahr darstellte, ebenso wie die benachbarten Klippen (§ 89); s. *TIB* 13,762.

89 Cyaneas: das asiatische Gegenstück zu den europäischen (§ 86); s. *TIB* 13,702–703. Hier nimmt Dionysios verkürzt auf, was er in der Eingangspartie ausführlicher über die Symplegaden zu berichten hatte; s. oben § 3. Die Hauptelemente gehen auf Apollonios Rhodios zurück: Kyaneen auf beiden Seiten des Bosporos, πέτρας Κυανέας δύω (2,317-318), die aufeinanderprallen, ξυνίασιν ἐναντίαι ἀλλήλησιν εἰς ἕν (321-322) ~ «olim inter se concurrisse»; es gibt überspülte Klippen, ὕπερθε δὲ πολλὸν ἁλὸς κορθύεται ὕδωρ | βρασσόμενον, στρηνὲς δὲ περὶ στυφελὴ βρέμει ἀκτή (322-323) ~ «insula exsistit, quae maris perturbati fluctibus obruitur». Und nach dem Durchgang der Argo werden sie, vom göttlichen Schicksal bestimmt, unbeweglich im Meerboden verwurzelt, πέτραι δ' εἰς ἕνα χῶρον ἐπισχεδὸν ἀλλήλησιν | νωλεμὲς ἐρρίζωθεν· ὃ δὴ καὶ μόρσιμον ἦεν | ἐκ μακάρων (604-606) ~ «ad vadum maris suis radicibus adnitentes fato».

90 Coracium (Κοράκιον): ‹Rabenfelsen›, weil diese Vögel dort nisten, wie Gilles in seinem Kommentar erklärt «promontorio, [...] toto saxeo, ex eo, ut dicunt Graeci huius aetatis, quod corvi in ipso nidificare solent» (73b Mü.). Belegt ist zwar der Name auch für einen Gebirgszug bei Kolophon (Str. 14,1,29), das hiesige Vorgebirge jedoch nicht; s. *TIB* 13,512-513.

Παντείχιον: Diese befestigte Küstenstrecke (*TIB* 13,884 Nr. 2) ist zu unterscheiden von Belisars gleichnamigem Landsitz auf der asiatischen Seite, welchen Prokop als einen (jenseitigen) Vorort von Byzanz bezeichnet, *Bell.* 7,35,4 ἦν τις Βελισαρίῳ κλῆρος ἐν Βυζαντίων τῷ προαστείῳ ὃ δὴ Παντείχιον μὲν ὀνομάζεται, κεῖται δὲ ἐν τῇ ἀντιπέρας ἠπείρῳ. Dazu s. *TIB* 13,883-884.

91 Chelae: Sie sind offenbar ein Gegenstück zu den Χηλαί auf der thrakischen Seite (§ 55); über sie ist aus der Antike weiter nichts bekannt, und auch Gilles will keinerlei Spuren von ihnen entdeckt haben, «nullae nunc sunt chelae» (74b Mü.). Wie schon bei den ersteren deutet Dionysios auch hier das Objekt ihrer Ähnlichkeit nicht aus: «a figura, [...] ab aliis rebus»; s. *TIB* 13,499.

92 Hieron, ... a Phryxo Nephelae et Athamantis filio aedificatum: Es handelt sich um das Ἱερόν des Ζεὺς Οὔριος, welches Arrian, *Peripl. M. Eux.* 12,2 und 25,4 sowie Menippos, *Peripl.* 5621-5622 (Diller) erwähnen; vgl. auch Pomp. Mela 1,101 *templi numen Iuppiter, conditor Iaso*. Auf welche Quelle für die Gründung des Heiligtums Dionysios sich stützte, bleibt unbekannt. Doch wie beim Hieron auf der europäischen Seite (§ 75) lohnt auch hier der Blick auf das Scholion zu Ap. Rhod. 2,531-532 (p. 172,18 Wendel) Τιμοσθένης (fr. 28 Wagner) δέ φησι τοὺς μὲν Φρίξου παῖδας βωμὸν ἱδρύσασθαι τῶν δώδεκα θεῶν, τοὺς δὲ Ἀργοναύτας τοῦ Ποσειδῶνος. Ἡρόδωρος (*FGrHist* 31 F 47) δὲ ἐπὶ τοῦ βωμοῦ φησι τεθυκέναι τοὺς Ἀργοναύτας, ἐφ' οὗ Ἄργος ὁ Φρίξου ἐπανιὼν ἐτεθύκει. Wie bereits Gilles in seinem Kommentar (76b-77a Mü.) bemerkt, stimmt die vom Scholiasten gegebene Auskunft nicht überein mit dem, was wir bei Dionysios lesen. Doch abgesehen vom Altar der Zwölf Götter, den der Verfasser des *Anaplus* aus lokalpatriotischen Gründen auf die thrakische Seite verlegte (s. oben zu § 75), ergibt sich aus dem

Scholion die Verbindung des asiatischen Hieron mit Phrixos; zudem lässt die exegetische Debatte darüber erkennen, welche Kulthandlung dort im Verlauf der Argonautenfahrt vollzogen worden war. Ausführlicher darüber Gilles bei Grélois (2007) 211–213; zur Örtlichkeit *TIB* 13,606–609.

commune receptaculum omnium navigantium: ein Zufluchtsort für Seeleute bei Sturm, wie die Epiklese Οὔριος (Zeus ‹der günstigen Fahrwinde›) der dort verehrten Gottheit erkennen lässt; dazu s. Russell (2017) 30–32.

arx munita, quam Galatae populati sunt: Das Hieron war ein strategisch wichtiger Ort für die Kontrolle über die Schifffahrt im Bosporos und daher oft Gegenstand feindlicher Auseinandersetzungen bzw. wechselnder Besitzansprüche. Den Hinweis auf den Galatersturm (278/277 v. Chr.) bringt Merkelbach (1980) 95 mit der Notiz des Memnon von Herakleia (*FGrHist* 434 F 11,1–3) in Verbindung: Nachdem die Galater die Herrschaftsgebiete der Byzantier am Bosporos geplündert und verwüstet hatten, setzten sie nach Asien über und schlossen dort mit Nikomedes ein Stillhalteabkommen; zum historischen Kontext s. Russell (2017) 95, 107, 126–127.

possessio autem Fani controversa fuit: Quelle der politischen Wechselfälle am Hieron ist auch Polybios mit seinem Bericht über den Zollkrieg (220 v. Chr.), auf welchen Dionysios bereits zuvor anspielt (§ 47). Anlass zum Krieg gab Prusias I. durch die Einnahme der Festung, welche die Byzantier wenige Jahre zuvor für einen hohen Geldpreis erworben hatten, Polyb. 4,50,2–3 παρείλετο (sc. Prusias) […] τὸ καλούμενον ἐπὶ τοῦ στόματος Ἱερόν, ὃ Βυζάντιοι μικροῖς ἀνώτερον χρόνοις μεγάλων ὠνησάμενοι χρημάτων ἐσφετερίσαντο διὰ τὴν εὐκαιρίαν τοῦ τόπου. Auf den Kauf durch Seleukos II. (228/227? v. Chr.) geht offensichtlich die Notiz zum Schluss des Abschnitts, «cum emissent a Callimede, Seleuci exercitus duce»; s. Russell (2017) 41, 108, 117. Im Friedensvertrag zwischen Prusias und den Byzantiern (219 v. Chr.) wurde die Rückgabe des Hieron an dieselben garantiert (Polyb. 4,52,7).

Chalcedonii hunc locum sibi hereditarium asserere conabantur: In der Tat bezeichnet Strabon den Kultort mehrfach als ἱερὸν τὸ Χαλκηδονίων (7,6,1; 12,3,7. 4,2).

93 Für die folgende Ekphrasis gibt Dionysios wie gewöhnlich keine Quelle an, sondern spricht, was die verschiedenen Deutungen der Statue betrifft, von «quidam aiunt», von «alii dicunt» sowie «alii aiunt» und resümiert lakonisch: Mag sich jeder nach Belieben einen Reim darauf machen («haec quidem et his contraria, ut cuique placuerit, credibilia existimentur»). Dass es sich um ein Kunstwerk von Boëdas/Βοίδας, einem Sohn und Schüler des Lysipp, handelt (Plin. *Nat.* 34,66 und 73 *fecit Boëdas adorantem*), ist höchst unwahrscheinlich; dazu Lehmann-Haupt (1923) 374. Zu Spekulationen verleitete hingegen ein Gemälde vom Bosporos, welches Philostrat (*Imag.* 1,12) beschreibt: Dieses befindet sich im Tempel beim Leuchtturm, der die Seeleute, welche vom Pontos in die Wasserstrasse einfahren, vor den Gefahren am Ort warne (5 τὸν ἐκεῖ νεὼν οἶμαι ὁρᾷς [...] καὶ τὸν ἐπὶ τῷ στόματι πυρσόν, ὃς ἤρτηται ἐς φρυκτωρίαν τῶν νεῶν, αἳ πλέουσιν ἐκ τοῦ Πόντου). Eingefügt in das Panorama des Bosporos ist die Szene eines jungen Liebespaares, welches sich umschlungen aus der Höhe ins Meer stürzt, da ihnen ein gemeinsames Leben verwehrt war. Daneben steht auf hohem Felsen Eros, der seine Hand über die Fluten ausstreckt; so erklärt der Maler die Sage (3 ὁ Ἔρως ἐπὶ τῇ πέτρᾳ τείνει τὴν χεῖρα ἐς τὴν θάλατταν, ὑποσημαίνων τὸν μῦθον ὁ ζωγράφος). Gilles bezweifelt einen Zusammenhang zwischen dieser Bildbeschreibung und der Ekphrasis des Dionysios und vermutet in der Darstellung bei Philostrat vielmehr eine Dublette zur unglücklichen Liebesgeschichte von Hero und Leander am Hellespont; s. Grélois (2007) 215–218; Güngerich (S. LXIX) spricht von einer Dublette zur Opferung der Iphigenie in Aulis, denn in beiden Fällen flehe das Kind den eigenen Vater um Schonung an. Umgekehrt käme Wescher (1874) S. XXVII ein Zusammenhang zwischen Dionysios und Philostrat gelegen, um daraus auf Synchronismus der beiden Autoren zu schliessen.

94 Argyronium (Ἀργυρώνιον): Bei Gilles wechselt das Toponym zwischen «Argyronicum» und «Argyronium», welches der griechischen Namensform entsprechen dürfte, wie Prokop erkennen lässt: Der Ort sei von alters her ein Armenhaus für unheilbar Kranke gewesen, Aed. 1,9,12 ἐν χώρῳ τῷ καλουμένῳ Ἀργυρωνίῳ πτωχῶν ἦν ἐκ παλαιοῦ καταγώγιον, οἷσπερ ἡ νόσος τὰ ἀνήκεστα ἐλωβήσατο. Zu dieser Form passt auch die Namensetymologie, nämlich ἄργυρος (‹Silber›, ‹Geld›) + ὠνεῖσθαι (‹gekauft werden›). Weswegen das Vorgebirge gekauft wurde, bleibt ungesagt. Gilles vermutet den Grund in der dortigen Enge des Sundes (81b Mü.); denn eine solche erlaubt Kontrolle über die Durchfahrt, s. ferner *TIB* 13,416–417.

95 Herculis Κλίνη: Toponyme mit Ἡρακλέους als Vorderglied sind geläufig, z.B. Ἡρακλέους Πύργος sowie Ἡρακλέους Ἄλσος bei Hesychios (*Patria* §§ 14 und 37), ferner Ἡρακλέους Νῆσος (Str. 3,4,6), Ἡρακλέους Λιμήν (Str. 5,2,8), τὰ Θερμὰ τὰ Ἡρακλέους (Str. 9,4,2), und s. *RE* VIII 1,515–516. Ἡρακλέους Κλίνη ist jedoch nur hier belegt, über die Örtlichkeit weiter nichts bekannt. *RE* III 1,753 (Nr. 95) vermutet dahinter ein Heroengrab; s. *TIB* 13,885.

Nymphaeum (Νύμφαιον): Die einzige bekannte Erwähnung dieses Nymphenheiligtums liefert der im Scholion zu Ap. Rhod. 2,159 zitierte Androitas von Tenedos (*FGrHist* 599 F 1) bei der Bestimmung des Ortes Amykos, welcher sich fünf Stadien davon entfernt befunden habe (p. 137,12 Wendel διέστηκε δὲ τοῦ Χαλκηδονίου νυμφαίου στάδιους ε´). Ob es der Mutter des Amykos, der bithynischen Nymphe Μελίη (Ap. Rhod. 2,1–4) gewidmet war, bleibt reine Vermutung.

inde: gestützt auf die Notiz im eben angeführten Scholion korrigiert Gilles (82b Mü.) seine griechische Vorlage, wo ἔνθεν (‹von da weiter›, ‹danach›) zu lesen sei anstatt des überlieferten ἔνθα (‹dort›). Wie nämlich die Fortsetzung zeige, wuchs der fluchbringende Lorbeer nicht beim Nymphaion, sondern am Wohnort des Bebrykerkönigs Amykos. Seine Konfrontation mit den Argonauten, die Herausforderung des Pollux zum Boxkampf und der erfolgte Tod durch denselben sind eine geraffte Zusammenfassung der ganzen Episode, wie sie Apollonios erzählt (2,1-153).

Insana Laurus (Δάφνη Μαινομένη): Apollonios erwähnt bloss, die Argonauten hätten sich nach dem Sieg über Amykos mit dem Lorbeer bekränzt, welcher dort am Strand wuchs (2,159-160 δάφνη [...] ἀγχιάλῳ). Doch das Scholion, auf welches sich Dionysios hier wohl bezieht, berichtet mit Verweis auf die *Pontika* eines gewissen Apollodor die Legende vom Baum, der den Tod des Bebrykers rächte: p. 137,13 Wendel Ἀπολλόδωρος (*FGrHist* 803 F 1) δὲ ἐν τῷ πρώτῳ τῶν Ποντικῶν ἡρῷον αὐτόθι φησὶν εἶναι Ἀμύκου, καὶ εἴ τις ἐκ τῆς δάφνης κλάδον λάβοι, εἰς λοιδορίαν ἀνίστησι («stachle ihn zu einer Schmährede an»). Und genau dasselbe findet sich bei Plinius, *Nat.* 16,239 *In eodem tractu* (d.h. am Pontos) *portus Amyci est Bebryce rege interfecto clarus; eius tumulus a supremo die lauro tegitur quam insanam vocant, quoniam si quid ex ea decerptum inferatur navibus, iurgia fiunt donec abiciatur.* In der Tat verzeichnet auch Arrian in seinem Periplus des Schwarzen Meeres einen entsprechenden Hafen, 25,4 εἰς λιμένα Δάφνης τῆς Μαινομένης καλουμένης, und aus ihm dürfte Stephanos von Byzanz (δ 35) die entsprechende Notiz geschöpft haben, ἔστι καὶ λιμὴν Δάφνη Μαινομένη ἐν τῷ στόματι τοῦ Πόντου ἐν δεξιᾷ ἀναπλέοντι. Zur Örtlichkeit und deren Lokalisierung s. *TIB* 13,521-522.

hoc sane experientia didici: Dass dieser letzte Satz des Abschnitts in der griechischen Vorlage stand, darf bezweifelt werden. Gewiss, Dionysios spricht auch sonst in eigener Person, aber Ausdrücke wie οἶμαι (§§ 12. 16) und μοι δοκεῖ/ δοκοῦσιν (§§ 3. 7) sind formelhaft. Nur einmal streut er Autopsie ein, § 53 εἶδον (Güngerich, «vidi» Gilles, οἶδα B), wo er dem Kontext angemessen beschreibt, wie selbst Lastschiffe mit der Strömung und dem Wind zu kämpfen hätten. Was am hiesigen ‹autobiographischen› Ausdruck «experientia didici» skeptisch macht, ist zweierlei: Andererseits hinkt der Satz hinterher. Andererseits, und das ist entscheidend, verweist Gilles in seinem Kommentar zu «Insana Laurus» nicht bloss auf Apollodor und Plinius, welche die Legende vom Unheil stiftenden Lorbeer referieren (s. oben), sondern er beschreibt, wie ihm selbst bei einer Erkundungstour auf dieser Küstenstrecke genau diese Erfahrung zuteilgeworden sei. Er und seine Begleiter hätten nämlich dort von einem Lorbeerbaum Zweige gebrochen, sie aufs Schiff mitgenommen und dadurch einen heftigen Streit zwischen den Matrosen und den Passagieren ausgelöst; s. Grélois (2007) 220-227, hier 223.

96 Hier setzt die griechische Überlieferung wieder ein. Güngerichs Ergänzung orientiert sich an der Übersetzung von Gilles und dürfte der Vorlage nahekommen.

Μουκάπορις: Wie so oft lässt uns Dionysios über den erwähnten Eponym im Dunkeln, aber der thrakische Name Μοκάπορις, der auch in Bithynien belegt ist, erscheint auf einer Stele aus Μιλητούπολις (bei Kyzikos; vgl. St. Byz. μ 185) als

Mitglied einer Kultgemeinschaft, vermutlich des Apollon Βαθυλιμενείτης (der ‹tief eingebuchteten [d.h. sicheren] Häfen›), s. Schwertheim (1983) 11–12, Nr. 7, Z. 3 und 5; zur Örtlichkeit *TIB* 13,791.

Αἰετοῦ Ῥύγχος: zu diesem Felsenkap s. *TIB* 13,381.

ἀπὸ τοῦ σχήματος: so auch § 38 (Μέτωπον/‹Stirne›), § 102 (Λέμβος/‹Nachen›); vgl. ferner κατὰ τὸ ἐμφερὲς τοῦ σχήματος (§§ 6. 55) und καθ' ὁμοιότητα τοῦ σχήματος (§ 107); s. oben S. 11.

97 κόλπος Ἄμυκος: zum Wohnort bzw. Heroon des Amykos s. oben zu § 95; *TIB* 13,395. Der Örtlichkeit einer gleichnamigen Bucht, wie sie nur hier benannt wird, kommt am nächsten Plinius, der zweimal von einem *portus Amyci* spricht, *Nat.* 5,150 und 16,239.

Γρωνυχία: Zur weiter namentlich nicht bekannten Ebene s. *TIB* 13,583.

θῆραι ... κητώδεις ἰχθύων: Die Hypallage dürfte euphonischen Gründen geschuldet sein. Kommt hinzu, dass dort, wo Dionysios wie hier im Plural von θῆραι ἰχθύων spricht, diesem ein Epitheton beigibt, so auch §§ 21 und 50. Gegenüber Wescher (ἰχθύων κητωδῶν) hat Güngerich also die Überlieferung zu Recht verteidigt. Das Adjektiv κητώδης (< κήτεα) bezeichnet grosse Meerfische, so z.B. den Stör (ἀντακαῖος) bei Herodot (4,53,3); vgl. Hsch. η 308 ἠλακατῆνες (‹spindlefishes›) θαλασσίων ἰχθύων οἱ κητώδεις, ferner β 964, β 1136, ι 972. Dass auch der Thunfisch (θύννος) unter dem Begriff κῆτος subsumiert wird, ergibt sich aus Aelian, *Nat. an.* 13,16 τοῦ θύννου τὸ μέγεθος ἐς τὰ κήτη [...] ἀποκρίνειν, sowie aus Athenaios, der diesem Fisch ein ganzes Kapitel widmet, vgl. besonders 7,303b θύννον [...] ὑπερβαλλόντως δὲ αὐξανόμενον γίνεσθαι κῆτος. Die günstigen Bedingungen des Bosporos für den Fang von Thunfischen und deren ertragreiche Verarbeitung in Byzanz würdigt Strabon, der durchgehend den Begriff πηλαμύς (‹junger Thunfisch›) gebraucht, in einem eigenen Exkurs (7,6,2); s. ferner *RE* VI A 1, 720–734, hier 729–730, sowie Russell (2017) 133–137.

Παλῶδες: ist das asiatische Gegenstück zu Παλῶδες auf der thrakischen Seite bei Blachernas (oben § 23); zur hiesigen Örtlichkeit *TIB* 13,878–879.

98 Κατάγγειον κόλπος ἰχθύων ἐπαγωγός: ist weiter nicht namentlich bekannt; s. *TIB* 13,652. Möglicherweise wurde dort der sog. Papageifisch (σκάρος) gefangen; darauf jedenfalls lässt Athenaios schliessen, der gleich ein Kochrezept liefert, 7,320b σκάρον ἐν παράλῳ Καλχηδόνι τὸν μέγαν ὄπτα, πλύνας εὖ. Ausführlich über diesen Fisch s. *RE* II A 1,363–365.

μόνος εὔθηρος ἐκ τῆς Χαλκηδονίων ἀκτῆς: Mit Lokalstolz gewürzt, weist die Bemerkung auf § 102 voraus.

Ὀξύρρους ἄκρα: s. *TIB* 13,873.

Εὐρωπίων: die poetische Form (z.B. Eur. *Ion* 1586–1587 γῆς Εὐρωπίας) für das gängige Ethnikon Εὐρωπαῖος.

99 Φρίξου ... Λιμήν: Stephanos (φ 106) erwähnt den Hafen und lokalisiert ihn in der Peraia von Chalkedon, Φρίξου λιμήν παρὰ τὸ στόματι τοῦ Πόντου ἐν τῇ Χαλκηδονίᾳ περαίᾳ. Was der dort angeführte Quellenautor Nymphis von Herakleia (*FGrHist* 432 F 1) darüber zu sagen hatte, ist – ein Opfer des Epitomators – verloren gegangen. Der Hafen fand auch Eingang in die *Patria* des Hesychios, § 33 τὸν ἐπὶ τῷ Φρίξου λεγομένῳ λιμένι τῆς Ἀρτέμιδος οἶκον. Über dieses Heiligtum der Artemis erfahren wir hier nichts; *TIB* 13,916.

100 Φιέλα: Güngerich (S. LXX) ist sich keineswegs sicher, welche Örtlichkeit gemeint ist. Folgt man der Überlieferung in B, handelt es sich um einen weiteren Hafen der Chalkedonier. Da Gilles aber übersetzt «post quem [sc. Phrixi portum] alter portus et Phiela Chalcedoniorum valde potentum», wäre mit «et»/καὶ <G> von einer weiteren Örtlichkeit auszugehen. Trifft diese Diagnose zu, müsste in B mit möglichem Textverlust gerechnet werden. Stephanos (φ 61) führt eine Örtlichkeit Φιάλεια in Bithynien an. Der *Barrington Atlas* (Karte 53 B2) identifiziert Φιέλα mit dem späteren byzantinischen Namen Φιάλη, wie es bereits Müller (86 Anm.) erwägt; s. *TIB* 13,913-914 mit Erwähnung des θέατρον (§ 101).

101 θέατρον: s. oben.

102 Λέμβος ὄνομα ... ἀπὸ τοῦ σχήματος: zu Toponymen aus dem Vergleich mit der jeweiligen geologischen Beschaffenheit s. oben § 96. Zur Örtlichkeit *TIB* 13,730-731.

συνεχὴς αὐτῷ αἰγιαλός: Güngerich (S. XXXIV) nahm Anstoss am Hiat, den Dionysios in der Regel vermeidet. Den Regelverstoss erklärt er, wenig überzeugend, mit dem Hinweis auf «pausa quaedam» nach αὐτῷ, sei doch vor αἰγιαλός (prädikativ) mit Ellipse von ἐστιν zu rechnen. Hier lohnt vielmehr, wie bereits Wieseler (1876) 363 vermerkt, ein Blick auf das Scholion zur Stelle, περὶ τοῦ λεγομένου Βαθέος ἐν τῷ Ἀσιανῷ μέρει αἰγιαλοῦ. Wahrscheinlicher als von einem grösseren Textausfall auszugehen, wie es der genannte Kritiker mit αἰγιαλὸς <οὗ ὁ λεγόμενος Βαθὺς> vorschlägt, dürfte sich ein solcher auf das Epitheton beschränkt haben. Mit <βαθὺς> αἰγιαλός reiht sich der hiatfreie Ausdruck ein in die Reihe von vergleichbaren Ausdrücken, so προμήκης αἰγιαλός (§ 16), ἐπίπεδος αἰγιαλός (§ 99), ferner αἰγιαλὸς ὕπτιος (§ 111). Mag sein, dass das in B ausgefallene Adjektiv am Rand nachgetragen und vom Scholiasten als Toponym gedeutet wurde.

Βλάβην: Das nur hier belegte Toponym ist gleichsam ein Kürzel für das Phänomen des abgelenkten Fischzugs, welches auch andere Autoren berichten, so Strabon 7,6,2 ἐκ τῆς Χαλκηδονιακῆς ἀκτῆς λευκή τις πέτρα προπίπτουσα φοβεῖ τὸ ζῷον, ὥστ' εὐθὺς εἰς τὴν περαίαν τρέπεσθαι, Plin. *Nat.* 9,50-51, ferner Tac. *Ann.* 12,63. *RE* VI A 1,730,67 spricht von einem «Fischermärchen», um das Ausbleiben der Thunfische am asiatischen Ufer zu erklären; s. auch oben § 97, ferner *TIB* 13,731.

103 Ποταμώνιον: «Tal der süssen Wasser», so *RE* III 1,754; der Ortsname ist nur hier belegt; s. *TIB* 13,930–931.

Ναυσίκλεια: Sowohl über diese Örtlichkeit wie auch über Ναυσιμάχιον (§ 105) ist weiter nichts bekannt; s. *TIB* 13,797. Um welche Seeschlachten der Chalkedonier es sich hier jeweils handelte, bleibt unbekannt, zumal sich Dionysios mit φασί nur allgemein ausdrückt. Im historischen Überblick über die wechselvolle Geschichte der Stadt verweist Merkelbach (1980) 94, im Kontext der Diadochenkämpfe, für das Jahr 318 v. Chr. auf zwei Seeschlachten zwischen Kleitos (Admiral des Polyperchon) und Nikanor (Admiral des Antigonos). Die einschlägigen Quellen verzeichnen zwar den Ort der Schlachten; über einen Sieg der Chalkedonier, wie hier suggeriert (Χαλκηδόνιοι ναυμαχίᾳ περιεγένοντο τῶν ἐναντία σφίσι πλεόντων), ergeben sie jedoch nichts. Diod. Sic. 18,72 verortet die Schlacht und den Sieg des Kleitos unweit von Byzantion (4 γενομένης δὲ ναυμαχίας οὐ μακρὰν τῆς τῶν Βυζαντίων πόλεως ἐνίκα ὁ Κλεῖτος), während der Rest von Nikanors besiegter Flotte nach Chalkedon flüchtete (αἱ δὲ λοιπαὶ κατέφυγον εἰς τὸν τῶν Χαλκηδονίων λιμένα). Das *Marmor Parium* (*FGrHist* 239 B 13) zum Jahr 317/316 v. Chr. spricht von einer Seeschlacht zwischen den beiden beim Hieron der Chalkedonier (περὶ τὸ Ἱερὸν τὸ Καλχηδονίων).

104 Ἐχαία ... ἀκρωτήριον: *TIB* 13,544; der Ortsname ist nur hier überliefert, und über den angeblich megarischen Eponym ist gar nichts bekannt.

Λυκάδιον κόλπος: Das Toponym fällt gleich zweimal, wobei sowohl B als auch <G> (wie Gilles mit «Lycadium sive Cycladion» zu erkennen gibt) mit Κυκλάδιον wohl einen Schreiberfehler des Archetypus perseverieren; zur Bucht s. *TIB* 13,745–746.

105 Ναυσιμάχιον: s. oben § 103.

106 Κικόνιον: Abgeleitet von den Κίκονες, einem thrakischen Volksstamm, welcher vor allem aus dem für Odysseus und seine Gefährten verlustreich ausgegangenen Kampf (*Od.* 9,39–61) bekannt ist. Historisch erfasst sind sie bei Herodot (7,59,2. 108,3 und 110,2) sowie bei Strabon (7 fr. 18 und 22). In § 53 erwähnt Dionysios, dass die megarischen Siedler das angreifende Heer der Barbaren besiegt und in die Fluten (des Bosporos) vertrieben hätten. Könnten sich diese dann auf die asiatische Seite gerettet und dort niedergelassen haben, bevor die Chalkedonier sie vertrieben? Zur Örtlichkeit in byzantinischer Zeit s. *TIB* 13,669.

107 ἄκραι Ῥοιζοῦσαι ... Δίσκοι: Beide Örtlichkeiten verdanken ihre Namen offensichtlich den topographischen Eigenheiten; *TIB* 13,973. Während die erstere weiter nicht bekannt ist, erwähnt Johannes Malalas die Diskoi als bithynisches Handelszentrum, 8,1 εἰς ἐμπόριον τῆς Βιθυνίας λεγόμενον Δίσκοι. Zu seiner angeblichen Umbenennung in Chrysopolis s. unten (§ 109).

Der überlieferte Text erregt Anstoss, weshalb Müller und Wieseler λεγόμεναι <ἀπὸ> τοῦ verbessern wollten. Doch dagegen spricht der Hiat. Die Versetzung von τοῦ vor κύματος (Güngerich) ist korrekter Sprachgebrauch, und der absolute Genitiv im Hyperbaton findet eine Stütze in § 16 αἰνιττομένων τὸν ἔκ τῆς κυκλώσεως τοῦ πλήθους σκεδασμόν.

108 Μέτωπον: s. oben zu § 38; ferner *TIB* 13,779.

ἠὼν βαθεῖα καὶ μαλθακή: Über diese Bucht ist weiter nichts bekannt, die Beschreibung evoziert weniger die Vorstellung eines *locus amoenus* als die eines Gegenstücks zur Austernbank von Ὀστρεώδης (§ 37), wie Wieseler (1876) 363–364 dies erwägt. Das Adjektiv μαλθακός bezeichnet im *Anaplus* in der Regel Schwemmland, so § 5 und § 23 μαλθακὴν ἰλύν, also den idealen Nährboden für Austernzucht. Diese Interpretation deckt sich zudem mit der Beschreibung von Gilles, der die Örtlichkeit um Chrysopolis selbst besucht hat. So spricht er von einer Lagune als den Überresten des antiken Hafens, «existimo lacum fuisse, nimirum reliquias portus antiqui» (91b Mü.); s. Grélois (2007) 238. Ein weiteres Indiz wäre Lucans Beschreibung von *ostrifera Calchedon* (9,959).

109 Χρυσόπολις: ausführlich dazu *TIB* 13,504–510. Dionysios spricht von πεδίον, Gilles (91b Mü.) von «imam vallis planitiem»; Strabon (12,4,2) nennt den Ort κώμη. Gewöhnlich wird Chrysopolis im Einzugsgebiet von Chalkedon verortet (Χρυσόπολις τῆς Καλχηδονίας), so Xen. *Anab.* 6,6,38 und *Hell.* 1,1,22; Diod. Sic. 14,31,4; Plin. *Nat.* 5,150. Die beiden Versionen der Namensetymologie referiert Stephanos von Byzanz (χ 59) komprimiert aus dem *Anaplus* mit namentlichem Verweis auf seine Quelle: Χρυσόπολις· ἐν Βιθυνίᾳ πλησίον Χαλκηδόνος, τὸν ἀνάπλουν πλέοντι ἐν δεξιᾷ. [...] Διονύσιος δ' ὁ Βυζάντιος τὸν ἀνάπλουν τοῦ Βοσπόρου γράφων περὶ τοῦ ὀνόματος αὐτοῦ τάδε φησί «κέκληται δὲ Χρυσόπολις, ὡς μὲν ἔνιοί φασιν, ἐπὶ τῆς Περσῶν ἡγεμονίας ἐνταῦθα ποιουμένων τοῦ προσιόντος ἀπὸ τῶν πόλεων χρυσοῦ τὸν ἀθροισμόν, οἱ δὲ πλείους ἀπὸ Χρύσου παιδὸς Χρυσηΐδος καὶ Ἀγαμέμνονος. Die erste Version findet sich auch bei Johannes Malalas (8,1; s. oben § 107), wobei der skizzierte historische Rahmen nicht genau den angeblichen Tributzahlungen entspricht. Alexander der Grosse, heisst es, habe in Diskoi seine Soldaten mit einem hohen Sold zum Kampf gegen Dareios (III.) motiviert und dadurch den Ort umbenannt: ἐρρόγευσεν αὐτοῖς ἐκεῖ (d.h. in Diskoi) πολὺν χρυσόν, καὶ μετεκάλεσε τὸ αὐτὸ ἐμπόριον Χρυσόπολιν. Um Zollgebühren, wie sie die Athener während des Peloponnesischen Krieges im besetzten Chrysopolis von den Benutzern der Wasserstrasse abforderten (so Xen. *Hell.* 1,1,22; Polyb. 4,44,4), wird es sich hier kaum handeln. Lediglich die mythologische Variante der Namensetymologie – etwas ausführlicher zwar als Stephanos, jedoch ohne Quellenverweis – hat Hesychios in die *Patria* (§ 11) aufgenommen. Woher unser Autor sie schöpfte, sagt er nicht; es handelt sich um Legendenschatz (ὡς μὲν ἔνιοι φασιν [...] ὡς δ' οἱ πλείους).

τοῦ προσιόντος ἀπὸ τῶν πόρων χρυσοῦ τὸν ἀθροισμόν: Mit Blick auf das Zitat aus dem *Anaplus* bei Stephanos von Byzanz zweifelte Güngerich die hiesige Überlieferung πόρων (‹Tributzahlungen›) an und konjizierte πόλεων; so habe es ohne Zweifel auch in der Vorlage von Gilles gelautet (S. LXXII «Ego ἀπὸ τῶν πόλεων scribo et in codice <G> nihil aliud fuisse puto»). Dieser Schluss ist jedoch keineswegs zwingend, wenn man den handschriftlichen Befund bei Stephanos sowie die Übersetzung und den Kommentar des französischen Humanisten kritisch einbezieht. In den *Ethnika* (χ 59) ist die Überlieferung geteilt: Die ältesten Hss. RQ geben πώλων, P πόλων, und in N steht πόλεων, was wohl als Konjektur zu werten ist. Da die Hs. N als Vorlage für die Aldina (1502) des Lexikons diente, wird Gilles im Zitat des Dionysios die Lesart πόλεων vorgefunden haben; denn wie Grélois (2007) 108 Anm. 559 nachweist, konsultierte er nämlich die *Ethnika* in der besagten Ausgabe. Es überrascht also nicht, wenn er an der hiesigen Stelle in der Übersetzung die Varianten πόρων <G> und πόλεων (Aldina) zu «urbium tributis» verschmelzt. Im Kommentar zur Stelle (91a Mü.) spricht er jedoch lediglich von «acervos auri collecti ex vectigalibus», wie es dem griechischen Text (ἀπὸ τῶν πόρων χρυσοῦ τὸν ἀθροισμόν) seiner Vorlage <G> entsprochen haben wird. Bekräftigt wird diese Beobachtung zusätzlich durch die Verwendung des seltenen Begriffs ἀθροισμός. Über eine Anhäufung von Tributgeldern aus einem Waffenstillstandsabkommen spricht Thukydides 6,26,2 ἐς χρημάτων ἄθροισιν διὰ τὴν ἐκεχειρίαν. Der attische Historiker gehört zu den Vorbildern, welchen Dionysios ungenannt hin und wieder nacheifert. Verwunderlich wäre es also keineswegs, wenn er sich auch hier von Thukydides inspirieren liess und mit dem exklusiv prosaischen Synonym ἀθροισμός (s. Güngerich, S. XXIX) diesen noch zu überbieten suchte.

τὴν τοῦ λιμένος εὐκαιρίαν: so auch § 6 in Bezug auf das Horn. Die Bezeichnung von Chrysopolis als Handelsplatz (ἐμπόριον) bei Malalas stützt diese Aussage.

110 **Κap Βοῦς**: Für die Beschreibung der starken Strömung lässt sich Polybios, bei dem der Name der Landspitze zuerst belegt ist, als Vorlage ausmachen: 4,43,6 (ὁ ῥοῦς) προσπίπτει πρὸς τὴν Βοῦν καλουμένην, ὅς ἐστι τῆς Ἀσίας τόπος. Der Gedankengang scheint allerdings komprimiert, denn wie wir ebenfalls bei Polybios lesen, war eine direkte Überfahrt von Chalkedon nach Byzantion wegen der starken Strömung unmöglich; die Route führte nördlich an Chrysopolis und dem Kap Βοῦς vorbei, 4,44,3 ἐκ Καλχηδόνος γὰρ οἱ βουλόμενοι διαίρειν εἰς Βυζάντιον οὐ δύνανται πλεῖν κατ' εὐθεῖαν διὰ τὸν μεταξὺ ῥοῦν, ἀλλὰ παράγουσιν ἐπί τε τὴν Βοῦν καὶ τὴν καλουμένην Χρυσόπολιν.

Βοΐδιον: Ihr Name (‹Kühlein›) weist sie als Hetäre aus, vgl. *Anth. Pal.* 5,159. 161; Plut. *Mor.* 1097 D, dort auch andere Namen im Deminutiv, so Λεόντιον (‹Löwlein›), Νικίδιον; für ein Verzeichnis bekannter Hetärennamen und Über- bzw. Beinamen s. *RE* VIII 2,1358–1360 und 1362–1371. Zutreffend kennzeichnet Dionysios sie als die Geliebte (παλλακή) des athenischen Feldherrn Chares, während sie im Grabepigramm (s. unten) von sich selbst als εὐνέτις (‹Bettgenossin›) spricht und Hesychios (*Patria* § 29) sie als γυνή (‹Ehefrau›) bezeichnet, was die *Suda* (β 581) aufgenommen hat. Sie soll den Geliebten auf dessen Feldzug gegen Philipp von Makedonien (340/339 v. Chr.), der die Byzantier bedrängte, begleitet haben und hier zwischen Chrysopolis und Chalkedon gestorben sein. Ihr zu Ehren errichtete Chares eine marmorne Grabstele, welche – in Anspielung auf ihren Namen – mit der Darstellung einer Kuh (βοῦς) verziert war; zu Chares s. *RE* III 2,2125–2128, hier 2127,40–50.

ἡ ἐπιγραφή: Das Grabepigramm (*Anth. Pal.* 7,169) setzt Dionysios offenbar als bekannt voraus, doch zitiert wird es bloss im Scholion zur hiesigen Stelle. Wie die Aufnahme in die *Patria* des Hesychios (§ 30) und bei Konstantinos VII. Porphyrogennetos (*Them.* 12 Pertusi), zeigen, wurde die Inschrift zu einem festen Bestandteil der Lokalgeschichte; s. Merkelbach (1980) 48–49. In byzantinischer Zeit hiess die Landspitze nicht mehr Βοῦς, sondern Damalis (δάμαλις, ‹junge Kuh›) gemäss der Tierskulptur auf der Grabstele und so bezeichnet, z.B. von Hesychios (§ 29 κίονα σύνθετον, ἐν ᾧ δάμαλις δείκνυται ἐκ ξεστοῦ συγκειμένη λίθου) und Konstantinos (a.a.O. τοῦ κίονος […], ἐν ᾧ μαρμαρίνη δάμαλις ἵδρυται); vgl. auch Eustathios im Kommentar zu Dionys. Per. 140 (*GGM* II 241,18) καὶ τάχα ἐκ ταύτης (dem Standbild, βοῦς χαλκῆ) καί τις ἐκεῖ τόπος καλεῖται Δάμαλις ἕως καὶ νῦν.[10] Zur Örtlichkeit Damalis s. *TIB* 13,518–519.

τὴν εἰκόνα: Hier spielt Dionysios auf den Bezeichnungswechsel von Βοῦς zu Δάμαλις an. In der Tat hatte Polybios das Toponym Βοῦς mit dem Mythos von Io und der Namensgebung des Bosporos in Beziehung gebracht, 4,43,6 τὴν Βοῦν καλουμένην, ὅς ἐστι τῆς Ἀσίας τόπος, ἐφ' ὃν ἐπιστῆναί φασι πρῶτον οἱ μῦθοι τὴν Ἰὼ περαιωθεῖσαν. Es ist also gegen diese Auslegung des Standbildes (τῆς ἀρχαίας λήξεως εἶναι τὴν εἰκόνα), dass der Verfasser polemisiert.

111 Ἡραγόρα κρήνη: s. *TIB* 13,600. Man wird in diesem Toponym mit Müller (93a Anm.) eher den dorischen Genitiv des Eigennamens Ἡραγόρας sehen als ein (adjektivisches) Femininum, wie das Parallelbeispiel (St. Byz. φ 23) ἡ νῆσος Φαναγόρη καὶ Φαναγόρεια lehrt, deren Eponym Φαναγόρας hiess. Eine Weihetafel aus Chalkedon zählt unter den aufgeführten Matrosen einen Ἡραγόρας, Sohn des Πραξιφάντας auf, s. Merkelbach (1980) 29, Nr. 15,16–17 (82 v. Chr.). Erwähnt sei auch das Scholion zu Ap. Rhod. 1,211–15c (p. 26,17 Wendel), wo der Eintrag Ἡραγόρας δὲ ἐν τοῖς Μεγαρικοῖς denselben Eigennamen belegt, vgl. *FGrHist* 486 Hereas (Heragoras?) F 3; s. ferner *RE* VIII 1,621.

Εὐρώστου: Weder ist das Heroon noch sein Namengeber weiter bekannt.

Ἱμέρῳ ποταμῷ … Χαλκηδόνος ποταμοῦ: zu diesen Flüssen s. *TIB* 13,496 (Chalkedon), 609–610 (Himeros), 492 (deren Mündung mit den entsprechenden Häfen).

---

10 Diese Bemerkung muss Eustathios zugeschrieben werden, gehört also nicht mehr zum dortigen Referat aus Arrians *Bithynika* (fr. 36 Roos/Wirth); anders *TIB* 13,519 (Anm. 3).

τέμενος Ἀφροδίτης: ist weiter nicht belegt; s. oben S. 19. Hingegen erwähnt Ptolemaios (5,1,2) am dortigen Ort ein Heiligtum der Artemis, Βιθυνίας τὸ πρὸς τῷ στόματι τοῦ Πόντου ἄκρον, ἐφ' ᾧ ἱερὸν Ἀρτέμιδος. In der Folge von Gilles (Grélois [2007] 244) vermutet Belfiore (2009) 321 Anm. 223, an diesem Ort habe später die geschichtsträchtige Kirche der heiligen Euphemia gestanden (u.a. 451 n. Chr. Tagungsort des Konzils von Chalkedon).

ἡ πόλις: über Chalkedon, ihre Lage auf der Halbinsel (mit dem Isthmus als Nordgrenze des Stadtgebiets), die frühe Gründung durch die Megarer (um 685 v. Chr.) und über ihre wechselhafte Geschichte s. *RE* X 2,1555–1559 (Antike) und *Inventory* (2004) Nr. 743, *TIB* 13,484–496 (byz. Zeit).

τέμενος καὶ χρηστήριον Ἀπόλλωνος: Die Orakelstätte des Apollon in Chalkedon wird durch eine Inschrift (3./2. Jh. v. Chr.) bezeugt, Merkelbach (1980) 9, Nr. 5,5–6 περὶ χρησμῶν αὐτοῖς ὑπὸ τοῦ Ἀπόλλωνος τοῦ Χρηστηρίου δεδομένων, ἐν | οἷς φησιν τὴμ πόλιν τὴν Καλχηδονίων εἶναι ἑαυτοῦ, ferner Z. 24 (Apollon als Schutzherr des dortigen ἄσυλον); s. dazu Robu (2014) 225 mit Anm. 484 (für weitere Literatur).

112 Die Schlussformel bewahrt mit τέρμα τῷ λόγῳ […] τῆς ἱστορίας ihren literarischen Charakter; zur Ringkomposition s. oben S. 12. Technischer klingt es bei Arrian, *Peripl. M. Eux.* 25,4 Τάδε μὲν καὶ τὰ ἀπὸ τοῦ Βοσπόρου τοῦ Κιμμερίου καλουμένου ἐπὶ Βόσπορον τὸν Θράκιον καὶ πόλιν Βυζάντιον.

V Bibliographie

1 Ausgaben

Gilles (1561) – P. Gilles, *De Bosporo Thracio libri III*. Lyon 1561.
Gilles (²1562) – P. Gilles, *De Topographia Constantinopoleos et de illius antiquitatibus libri quatuor*. Lyon ²1562.
Güngerich (1927, ²1958) – R. Güngerich, Dionysii Byzantii *Anaplus Bospori, una cum scholiis X saeculi*. Berlin 1927, ²1958.
Müller (1861, ²1882) – C. Müller, Petri Gyllii *De Bosporo Thracio libri tres*. *GGM* II 2–101. Paris 1861, ²1882.
Wescher (1874) – C. Wescher, Dionysii Byzantii *De Bospori navigatione quae supersunt*. Paris 1874.

2 Sekundärliteratur

Barrington-Atlas – *Barrington Atlas of the Greek and Roman World*, ed. by R. J. A. Talbert. Princeton/Oxford 2000.
Belfiore (2009) – St. Belfiore, *Il Periplo del Ponto Eusino di Arriano e altri testi sul Mar Nero e il Bosforo. Spazio geografico, mito e dominio ai confini dell'Impero Romano*. Memorie 128. Venezia 2009.
Belke (2020) – K. Belke, *Bithynien und Hellespont*. Tabula Imperii Byzantini 13. Wien 2020.
Berger (1995) – A. Berger, «Zur Topographie der Ufergegend am Goldenen Horn in der byzantinischen Zeit», *Istanbuler Mitteilungen* 45, 1995, 149–165.
Berger (1999) – A. Berger, «Die Häfen von Byzanz und Konstantinopel», in: E. Chrysos/D. Letsios/H. A. Richter/R. Stupperich (Hg.), *Griechenland und das Meer*. Peleus 4. Mannheim/Möhnesee 1999, 111–118.
Billerbeck et al. (2006–2017) – M. Billerbeck et al., *Stephani Byzantii Ethnica*. Corpus Fontium Historiae Byzantinae, Series Berolinensis 43, Bde. I–V. Berlin/New York/Boston 2006–2017.
Blass/Debrunner/Rehkopf (¹⁴1976) – F. Blass/A. Debrunner/F. Rehkopf, *Grammatik des neutestamentlichen Griechisch*. Göttingen ¹⁴1976.
BNJ – *Brill's New Jacoby. The fragments of the Greek historians*, ed. by I. Worthington. Leiden 2007–, http://www.brillonline.nl.
Boshnakov (2004) – K. Boshnakov, *Pseudo-Skymnos (Semos von Delos?)*. Palingenesia 82. Stuttgart 2004.
Braswell (1988) – B. K. Braswell, *A Commentary on the Fourth Pythian Ode of Pindar*. Texte und Kommentare 14. Berlin/New York 1988.
Brodersen (1992) – K. Brodersen, *Reiseführer zu den Sieben Weltwundern. Philon von Byzanz und andere antike Texte*. Frankfurt a. M./Leipzig 1992.
Canfora (2008) – L. Canfora, *Il papiro di Artemidoro*. Roma/Bari 2008.
Casson (1971) – L. Casson, *Ships and Seamanship in the Ancient World*. Princeton 1971.

Cordano (2022) – F. Cordano, «Una moglie per Byzas», *La Parola del Passato* 77/1-2, 2022, 389-392.
Dagron (1974) – G. Dagron, *Naissance d'une capitale. Constantinople et ses institutions de 330 à 451*. Paris 1974.
Danoff (1962) – Chr. M. Danoff, Art. ‹Pontos Euxeinos›, in: *RE* Suppl. IX, 1962, 866-1175.
Debrunner (1917) – A. Debrunner, *Griechische Wortbildungslehre*. Heidelberg 1917.
Diller (1952, ²1986) – A. Diller, *The Tradition of the Minor Greek Geographers*. APA, Philological Monographs XIV. Lancaster, PA/Amsterdam 1952, ²1986.
Diller (1975) – A. Diller, *The Textual Tradition of Strabo's Geography*. Amsterdam 1975.
Fraser/Matthews (2005) – P. M. Fraser/E. Matthews, *A Lexicon of Greek Personal Names* IV (*Macedonia, Thrace, Northern regions of the Black Sea*). Oxford 2005.
Fraser (2009) – P. M. Fraser, *Greek Ethnic Terminology*. Oxford 2009.
Frick (1860) – O. Frick, *Dionysii Byzantii Anaplus Bospori ex Gillio excerptus*. Schulprogramm Wesel 1860.
GGM – *Geographi Graeci Minores* II, hrsg. von C. Müller. Paris 1861, ND 1882.
Gisinger (1929) – F. Gisinger, *Historische Zeitschrift* 140, 1929, 576-580 (Rezension von Güngerich, 1927).
Grélois (2007) – J.-P. Grélois, *Pierre Gilles. Itinéraires byzantins*. Introduction, traduction du latin et notes. Collège de France/CNRS, Centre de recherche d'histoire et civilisation de Byzance, Monographies 28. Paris 2007.
Güngerich (1950) – R. Güngerich, *Die Küstenbeschreibung in der griechischen Literatur*. Orbis Antiquus 4. Münster 1950.
Hammond/Griffith (1979) – N. G. L. Hammond/G. T. Griffith, *A History of Macedonia* II. Oxford 1979.
IK – Inschriften griechischer Städte aus Kleinasien. Bonn 1972–.
Inventory (2004) – M. H. Hansen/Th. H. Nielsen (Hg.), *An Inventory of Archaic and Classical Poleis*. Oxford 2004.
Jacoby (1928) – F. Jacoby, *Gnomon* 4, 1928, 262-268 (Rezension von Güngerich, 1927).
Janin (²1964) – R. Janin, *Constantinople byzantine. Développement urbain et répertoire topographique*. Paris ²1964.
Kaldellis (2007) – A. Kaldellis, Art. ‹Hesychios of Miletos›, in: *BNJ* 390, 2007.
Kühner/Gerth (³1898-1904) – R. Kühner/B. Gerth, *Ausführliche Grammatik der griechischen Sprache* II. Hannover ³1898-1904.
Külzer (2008) – A. Külzer, *Ostthrakien (Eurōpē)*. Tabula Imperii Byzantini 12. Wien 2008.
Łajtar (2000) – A. Łajtar, *Die Inschriften von Byzantion. I Die Inschriften*. IK 58. Bonn 2000.
Lehmann-Haupt (1923) – C. F. Lehmann-Haupt, «Aus und um Konstantinopel: Zu den Inschriften und Skulpturen vom Hieron», *Klio* 18, 1923, 366-374.
Lightfoot (2014) – J. L. Lightfoot, *Dionysius Periegetes: Description of the Known World*. With Introduction, Text, Translation, and Commentary. Oxford 2014.
Mango (1985) – C. Mango, *Le développement urbain de Constantinople (IVe-VIIe siècle)*. Paris 1985.
Marcotte (2000) – D. Marcotte, *Les Géographes grecs*. I. Introduction générale. Paris 2000.
Merkelbach (1980) – R. Merkelbach, *Die Inschriften von Kalchedon*. IK 20. Bonn 1980.
Miller (1897) – J. Miller, Art. ‹Byzantion›, in: *RE* III 1, 1897, 1116-1150.
Müller (1877) – C. Müller, «Zum Ἀνάπλους Βοσπόρου des Dionysios von Byzanz», *Philologus* 37, 1877, 65-88.
Oberhummer (1897) – E. Oberhummer, Art. ‹Bosporos›, in: *RE* III 1, 1897, 741-757.
Oberhummer (1921) – E. Oberhummer, Art. ‹Keras›, in: *RE* XI 1, 1921, 257-262.

2 Sekundärliteratur 171

Olshausen (1991) - E. Olshausen, *Einführung in die Historische Geographie der Alten Welt*. Darmstadt 1991.
Preger (1901) - Th. Preger, *Scriptores Originum Constantinopolitanarum* I. Leipzig 1901.
RE - *Paulys Real-Encyclopädie der classischen Altertumswissenschaft*, hrsg. von G. Wissowa u. a. Stuttgart ²1893-.
Robu (2014) - A. Robu, *Mégare et les établissements mégariens de Sicile, de Propontide, et du Pont-Euxin. Histoire et institutions*. Bern 2014.
Russell (2017) - Th. Russell, *Byzantium and the Bosporus. A Historical Study, from the Seventh century BC until the Foundation of Constantinople*. Oxford 2017.
Schwertheim (1983) - E. Schwertheim, *Die Inschriften von Kyzikos und Umgebung*, Teil II: *Miletupolis*. IK 26. Bonn 1983.
Schwyzer/Debrunner (³1959-1966) - R. Schwyzer/A. Debrunner, *Griechische Grammatik* I-II. München ³1959-1966.
Silberman (1995) - A. Silberman, *Arrien. Périple du Pont-Euxin*. Paris 1995.
Svenson-Evers (1996) - H. Svenson-Evers, *Die griechischen Architekten archaischer und klassischer Zeit*. Archäologische Studien 11. Frankfurt a. M. 1996.
Sykutris (1928) - J. Sykutris, *Philologische Wochenschrift* 48, 1928, 1217-1224 (Rezension von Güngerich, 1927).
Thurn/Meier (2009) - J. Thurn/M. Meier, *Johannes Malalas: Weltchronik*. Bibliothek der griechischen Literatur 69. Stuttgart 2009.
TIB - *Tabula Imperii Byzantini*. Wien 1976-.
Vian (1974) - F. Vian, «Légendes et stations Argonautiques du Bosphore», in: R. Chevallier (Hg.), *Littérature gréco-romaine et géographie historique*. Mélanges offerts à Roger Dion. Caesarodunum IXbis, Paris 1974, 91-104.
Vian/Delage (1974) - F. Vian/E. Delage, *Apollonios de Rhodes. Argonautiques* I. Paris 1974.
Walbank (1957) - F. W. Walbank, *A Historical Commentary on Polybius* I. Oxford 1975.
West (1992) - M. L. West, *Ancient Greek Music*. Oxford 1992.
Wieseler (1876) - F. Wieseler, *Göttingische gelehrte Anzeigen* 11, 1876, 321-369 (Rezension von Wescher, 1874).

VI Indices

Die Fundstellen im Kommentar sind nach §§ verzeichnet, sofern nicht anders vermerkt.

1 Allgemeiner Index

Amphiaraos 34. 63; S. 17
Amykos 3. 63. 95. 97; S. 18
Anker 9. 87
Anleihen, literarische S. 9. 11. 20
Aphrodite 36. 59. 73. 80. 111; S. 19. 106
Apollon 6. 8. 24. 26. 35. 38. 42. 46. 74. 96. 111; S. 18. 19. 106
Apollonios Rhodios 1. 3. 9. 56. 68. 75. 84. 87. 89. 95
Argonauten 1. 3. 8. 9. 24. 45. 46. 56. 63. 68. 75. 84. 87. 88. 92. 95; S. 18
Arrianos von Nikomedia 3. 4. 7. 19. 70. 87. 95; S. 11. 12. 16
Artemis 36. 56. 59. 78. 80. 99. 111; S. 19. 106
Athena 8. 9. 16; S. 19. 106
Attizismus 6. 34. 44; S. 20. 22. 28. 29
Ausdrücke
  abundante 21; S. 22
  formelhafte 95; S. 16. 20
  gesuchte 12. 43; S. 21
Austernzucht 37. 108; S. 16
Autopsie 53. 95; S. 16
Barbaren 16. 23. 53. 57. 66. 84. 106; S. 17. 20. 21
Barbyses 24. 59
Boïdion 110
Byzantion
  Befestigung 6. 11. 12. 14. 59; S. 10. 19
  Belagerung 6. 14. 27. 36. 65; S. 17. 19
  Gründungslegende 24. 60; S. 18
  Kolonisten 15. 19. 40. 53. 63. 85; S. 17. 18. 19. 21
Byzas 6. 17. 24. 53. 59; S. 18
Cassius Dio 6. 11

Chalkedon 4. 26. 42. 53. 99. 100. 103. 106. 109. 110. 111; S. 17. 18. 19
Dareios I. 3. 14. 45. 57; S. 17, 19. 106
Dareios III. 109
Demeter 12; S. 19
Denkmäler S. 10 Anm. 5; 19
Epiklese 8. 12. 16. 19. 35. 50. 73. 92
Eponyme 21. 23. 24. 28. 48. 59. 63. 96. 104. 111
Fischreichtum, Fischerei 1. 5. 28. 67. 71; S. 16. 106
Thunfischfang 23. 28. 97. 102; S. 16
Gaia 12; S. 19
Galater 92; S. 20. 21
Gelehrsamkeit S. 10. 22. 29
Göttermutter 52. 74. 75; S. 19. 106
Hapaxlegomenon 1. 8. 11. 23. 30. 40. 46. 53; S. 21
Hekate 14. 36; S. 19
Herakles 3. 56. 95; S. 18
Herodot 2. 3. 14. 42. 54. 57. 97. 106; S. 11
Heroenkult 24. 28. 32. 71. 95. 97. 111; S. 17. 19
Hesychios von Milet 6. 7. 9. 14. 17. 23. 24. 25. 34. 36. 39. 53. 59. 65. 79. 99. 109. 110; S. 9. 105
Hetärennamen 73. 110
Hiatprophylaxe 1. 6. 16. 23. 40. 46. 53. 102. 107; S. 20. 22. 28
Hieron 1. 3. 47. 92. 103; S. 17. 18. 19. 105
Homer 39. 44. 58. 62. 66
Iason 9. 56. 75. 87; S. 18. 106
Illusionismus S. 16
Io 4. 7. 24. 42. 110; S. 18. 106
Kimmerischer Bosporos 2. 7. 18; S. 21
Kore 12; S. 19

Kult, Kultorte 9. 12. 19. 24. 26. 28. 36. 38.
39. 49. 50. 52. 56. 63. 74. 75. 86. 88. 92.
96; S. 17. 19
Küstenbeschreibungen (Περίπλοι) 2; S. 10.
11. 20. 21
Kyaneen, s. Symplegaden
Kyzikos 8. 9. 56. 75. 87. 96; S. 18
Locus amoenus 29. 68. 71. 108; S. 16
Lokallegenden 56. 59. 63; S. 22
Maiotis 1. 2. 23; S. 10. 21
Medea 51. 68. 88; S. 18
Megara 14. 32. 34. 39. 40. 49. 53. 63. 71.
73. 85. 104. 106. 111; S. 17
Michaelion 53. 63
Mirabilia 42; S. 18
Mythos 3. 4. 7. 9. 24. 45. 53. 59. 63. 84. 86.
109. 110; S. 18
Mythentransfer 68. 75
Namensetymologie 6. 7. 16. 20. 21. 26. 33.
40. 53. 59. 60. 63. 94. 109; S. 18. 22
Orakel 23. 26. 49. 111; S. 19
Ortspflanzen, als Namengeber 21. 29. 51.
61. 64; S. 22
Patria von Konstantinopel, s. Hesychios
von Milet
Periegese 12; S. 9. 10. 11. 17. 19. 22
Phaidalia 59; S. 18
Philostrat, Sophist 54. 93
Philipp II. von Makedonien 14. 36. 45. 65.
110; S. 17. 19
Philipp V. von Makedonien 82; S. 17
Anm. 17

Phineus 84; S. 18
Phrixos 92; S. 16. 18
Poetismen 24. 27. 42. 53. 98; S. 20
Polybios 1. 2. 3. 5. 47. 57. 58. 75. 92. 110;
S. 11. 21. 106
Poseidon 6. 9. 10. 24. 36. 59; S. 18. 19. 106
Ptolemaios Philadelphos 41. 45; S. 17
Rhodier, s. Zollkrieg
Ringkomposition 112; S. 12
Schoiniklos 34; S. 17
Sehenswürdigkeiten 87; S. 17. 19
Seleukos II. 92
Semystra 24
Septimius Severus 6; S. 10
Siedlungsgeschichte 2; S. 11. 12. 29
Stephanos von Byzanz, *Ethnika* 14. 18. 19.
21. 23. 33. 36. 46. 52. 54. 59. 63. 87. 95.
99. 109; S. 9. 27. 105
Strabon, *Geographika* 1. 2. 3. 6. 14. 23. 33.
39. 45. 75. 82. 84. 86. 92. 97. 106. 109;
S. 11. 20
Strömung (des Bosporos) 1. 3. 53. 95. 110;
S. 16
Symplegaden 3. 69. 86. 87. 89; S. 18
Thukydides 5. 6. 10. 15. 44. 109; S. 11. 21.
22. 27
Vergleiche 5. 15. 29. 53. 55. 58. 102; S. 27
Visualisierung S. 10
Zeus 3. 7. 18. 19. 24. 92
Zollkrieg (mit den Rhodiern) 47; S. 17. 19
Zweite Sophistik 8; S. 10. 11. 21. 29

2 Griechische Wörter und Begriffe

βόλος	28. 36. 50. 56. 71	ὄψις (*visio*)	69. 86, 87; S. 10
ἐγχώριος/ἐπι-	S. 19	στόμα	1. 46. 75. 86. 92. 93. 95. 99. 111
θαυμάζειν	15. 87; S. 19		
ἱστορία	7. 112; S. 10. 12. 17	-ώδης	37. 61

3 Stellenregister

(Fundstellen im Kommentar nach §§, sofern nicht anders vermerkt)

Aelianus, Claudius
De natura animalium
  1,48   24
  7,24   53
  13,16   97
  15,5   23

Aeschylus
Agamemnon
  1153   42
Prometheus vinctus
  566–567   24
  665–666   24
  729–730   7
  733–734   7
Supplices
  540–542   7
  545   7

Agatharchides, Geographus (*GGM* I)
De Mari Erythraeo
  81   75

Agathemerus, Geographus (*GGM* II)
  3,10   2

Anthologia Palatina/Planudea
  5,159   110
  5,161   110
  6,341   57
  7,169   110
  7,375,3   23
  7,699,5   1
  10,21   36
  16,66   59
  16,67   59

Apollodorus, Mythographus
  2,1,3   7
  2,5,9   3
  3,6,8   34

Apollonius, Rhodius
  1,936–1077   56
  1,953–960   9. 87

  1,966   8
  1,1186   8
  2,1–4   95
  2,1–153   95
  2,159–160   95
  2,317–318   86. 89
  2,321–322   89
  2,322–323   89
  2,346   3
  2,437   27
  2,531–532   75
  2,549   1
  2,549–552   3
  2,551–552   1
  2,579   87
  2,604–606   89
  3,802–803   68
Scholia
  1,211–15c   111
  1,933   70
  2,159   95
  2,168   1
  2,317–318   86
  2,531–532   92

Aristophanes
Acharnenses
  524–525   73
Aves
  639   20
Pax
  165   73
Ranae (Scholia)
  308   57
  730   57

Arrianus, Flavius
Periplus Maris Euxini
  8,3   2
  9,1–2   87
  12,2   3. 92
  19,3   2
  25,2   77
  25,3   86
  25,4   1. 3. 92. 95. 112

Bithyniaca (*FGrHist* 156)
  F 20a   4
  F 20b   7
  F 16   19

Athenaeus
  3,91f–92a   37
  7,303b   97
  7,320b   98
  13,571c   73

Callimachus
  in Delum 120   24
  in Dianam 252–254   7
  fr. 109 Pfeiffer   87

Cassius Dio
  75,10   6
  75,10,5   11

Cicero
  De oratore
    2,270   85

Clemens, Alexandrinus
  Stromata
    1,21,134

Constantinus VII, Porphyrogenitus
  De thematibus (Pertusi)
    12 (Χερσῶν)   110

Ctesias (Lenfant)
  Persica
    F 13,21

Demosthenes, Bithynius (*FGrHist*. 699; Powell)
  F 5 (fr. 4 P.)   14

Demosthenes, Orator
  18,45   6
  23,132   26
  56,23   6

Diodorus Siculus
  3,39,1   75
  4,43,3–44,6   84
  4,48,5   68
  4,49,1–2   87
  4,49,2   75
  5,7,1   61
  13,78,6   55
  14,31,4   109
  18,72   103

Dionysius Halicarnassensis
  Antiquitates
    7,70,2   7

Dionysius Periegeta
  14   2
  144   86
  146–147   87
  163–165   2

Etymologicum Genuinum (Lasserre/Livadaras)
  α 1452   19

Etymologicum Magnum (Gaisford, Lasserre/Livadaras)
  718,32   1
  α 1404   12

Euripides
  Andromeda
    864   86
  Ion
    1586–1587   98
  Iphigenia Taurica
    422   3
  Medea
    2   3
    1263   3
    1379 (*Scholia*)   15

Eustathius
  Commentarium in Dionys. Per. (*GGM* II)
    D. P. 140   1. 7. 110; S. 105
    D. P. 142   3
    D. P. 163   2
    D. P. 775   23
    D. P. 803   23
    D. P. 916   46
  Commentarium ad Odysseam (Stallbaum)
    Od. 12,70   1

3 Stellenregister

Geminus, Astronomus
  Elementa astronomiae
    10,1   3

Herodianus, Grammaticus
  1,361,22   39
  1,367,32   39

Herodianus, Historicus
  3,1,6–7   6
  3,6,9   S. 10

Herodotus
  1,23–24   42
  2,4,3   1
  2,118,3   54
  4,53,3   97
  4,85,1   3. 86
  4,85,3   3
  4,86,4   2
  4,87–88   57
  4,143–144   14
  5,26   14
  7,20,2   54
  7,43,2   54
  7,59,2   106
  7,108,3   106
  7,110,2   106

Hesychius, Lexicographus
  α 5096   12
  γ 1018   84
  γ 1019   84
  δ 870   61
  ε 1288   8
  η 308   97
  κ 4617   57

Hesychius, Milesius
  Patria (Preger)
    3   23
    3–4   S. 9
    3–9   24
    6–9   S. 9
    6–8   7
    7   24
    8   7. 24
    9–10   36
    11   17. 109; S. 9
    12   6
    14   95
    15   9. 36
    16   34. 39
    18   59
    20   14. 59
    22   53; S. 105
    26   14
    27   14. 36. 65
    29   110
    30   110
    32   79
    33   99
    34   59
    37   95

Homerus
  Ilias
    2,557   39
    2,719   44
    9,603   24
    12,102   66
    18,122   71
    21,139–141   66
    21,140–141   54
    21,154–155   66
    21,362   58
    23,845   24
  Odyssea
    8,35   44
    9,39–61   106
    10,21   36
    12,235–242   62
    12,237–238   58
    12,241   53
    12,248–249   24
    15,520   24
    19,307   14
  Hymni
    in Cererem   71

Inscriptiones
  Kalchedon (IK 20)
    Nr. 5   111
    Nr. 15   111
  Kyzikos (IK 26 II)
    Nr. 7   96

Josephus, Flavius
  Antiquitates Judaicae
    12,74   43
    15,338   43
  De bello Judaico
    1,404   86

Livius
    32,23,10   15

Lucanus
  Bellum civile
    9,959   108

Lucianus
  Dialogi meretricii
    4,2   73
    6,1   73
    7,1   73
    11,2   73
  Piscator
    48   23

Malalas, Joannes
    4,8   75
    4,9   63. S. 105
    8,1   107. 109
    12,20   59
    13,7   59
    13,13   36
    16,16   63

Marcianus, Geographus
  Periplus Maris exteri
    1,2   S. 10 Anm. 4

Memnon, Historicus (*FGrHist* 434)
    F 11,1–3   92
    F 17   41

Menippus, Geographus
  Periplus Maris interni (Diller)
    5621–5622   92

Novum Testamentum (Pauli *Epistulae*)
  ad Hebraeos 1,4   7
  ad Romanos 7,7   6

Oppianus
  Halieutica
    3,631–648   23

Pausanias
    1,31,4   12
    2,15,3   19
    2,23,2   34
    3,24,9   56
    5,17,8   34
    8,9,2   19
    10,10,3   34

Periplus Ponti Euxini (Diller)
    16r27   63

Philostratus, Sophista
  Heroicus
    20,2   39
    48,14   54
  Imagines
    1,12   93
    1,12,1   3. 93
  Vita Apollonii
    4,13   39

Phylarchus, Historicus (*FGrHist* 81)
    F 8   41

Pindarus
  Olympia (*Scholia*)
    6,21   34
  Pythia
    4,208–209   3

Plato
  Leges
    705a   9

Plinius, *Naturalis historia*
    4,45   84
    4,46   60. 63
    4,92   86
    5,149   4
    5,150   97. 109
    6,20   2
    9,50–51   102
    16,239   95. 97
    33,161   86

34,66   93
34,73   93
36,99   87
37,119   86

Plutarchus
Aratus
   33,4   3
Moralia
   745 A   12
   1097 D   110
Pyrrhus
   8,3   35
Solon
   10,2   39

Polemon, Sophista
in Cynaegirum
   35   8

Polyaenus
   2,2,4   6
   4,3,27   12

Polybius
   3,37,3   2
   4,38   47
   4,38,1–10   5
   4,38,11–13   S. 106
   4,39,1   2
   4,39,2   2
   4,39,4   3
   4,39,6   75
   4,39,7–8   2
   4,40,8–10   2
   4,42,1–5   2
   4,43   3
   4,43,2–4   57. 58
   4,43,2–5   58
   4,43,4   S. 108 Anm. 5
   4,43,5   1. 53
   4,43,6–7   110
   4,43,7   5
   4,44,3   110
   4,44,4   109
   4,47–52   47
   4,50,2–3   92
   4,52,7   92
   15,22,3   7
   24,6,1   44

Pomponius Mela
   1,101   92

Procopius
De aedificiis
   1,5   6
   1,5,1   S. 105
   1,5,9–13   5
   1,8,2   53
   1,9,12   94
   4,11,1–5   48
De bellis
   7,35,4   90
   8,6,1–2   2
   8,6,16   2
   8,13,4   12

Ps.-Arcadius, Grammaticus (Roussou)
   p. 207   54
   p. 267   39

Ps.-Scylax
   67,8   S. 105
   68   2
   95   S. 20
   96   S. 20

Ps.-Scymnus (Marcotte)
   150   S. 20
   402   S. 20
   502   S. 20
   566   S. 20
   715–717   S. 18 Anm. 14
   724–727   77
   728   S. 20
   F 16   2

Ptolemaeus, Geographus
   3,11,3   1
   3,13,16   39
   5,1,1   1

Seneca
Epistulae
   95,25   37

Simonides, Lyricus (Poltera)
   F 268   3

Stephanus, Byzantius
α 34 87
α 37 61
α 356 19
α 542 27
β 130 11. 14. 36; S. 97 Anm. 1
β 190 14. 23
γ 119 59. 60. 63; S. 9
δ 35 1. 46. 95; S. 9. 105
δ 80 70
δ 81 70
δ 127 25
δ 138 26
ε 113 61
η 18 14
κ 34 S. 105
κ, S. 82–83 18
κ 270 57
μ 20 2
μ 185 96
μ 252 82
π 85 21
π 169 61
π 172 52
σ 311 21. 33; S. 9
σ 339 21
τ 104 54
τ 177 21
φ 23 111
φ 61 100; S. 9
φ 106 99
χ 18 61
χ 59 109; S. 9. 27. 105
ψ 8 18

Strabo (Radt)
1,2,10 3. 86
1,3,4 2
1,3,12 1
2,1,8 3
2,5,23 2. 3
2,5,26 2
3,1,9 S. 20
3,2,12 3. 86
3,5,5 3
3,5,9 S. 21
5,2,6 23
5,4,5 S. 21
6,2,11 61
7,4,1 23. 45
7,4,5 2
7,6,1 75. 77. 84. 86. 92
7,6,2 1. 6. 33. 97. 102
7 fr. 17a 54
7 fr. 18 106
7 fr. 21e 48
7 fr. 22 106
9,1,4 15
9,1,10 39
9,1,21 86
11,1,1 2
11,2,2 2
11,2,4 S. 21
12,3,7 92
12,3,17 46
12,4,2 92. 109
12,4,3 82
13,1,22 14
13,1,28 57
13,1,48 54
13,1,64 54
14,1,24 23; S. 21
14,5,10 54
16,4,5 75
16,4,27 3
17,1,10 86
17,1,16f. 29

Suda
β 581 110
δ 1175–1177 S. 9
δ 1176 S. 27. 105
η 465 59
π 1671 70
φ 102 68
χ 276 55

Tacitus
Annales
12,63 102

Theocritus
Idyllia
13,22 3

Theophrastus
De lapidibus
55 86

Thucydides
    1,2,2   2
    1,13,5   5
    1,14,1   44
    1,14,3   44
    1,37,3   5
    1,38,2   15
    2,50,1   5
    4,10,4   S. 22
    6,1,2   6
    6,15,3   5
    6,26,2   109, S. 21
    7,79,2   10
  Scholia
    1,63,1   55

Varro
  De lingua Latina
    5,175   85

[Vergilius]
  Ciris
    112   14

Xenophon
  Anabasis
    6,6,38   109
    7,5,12–14   77
    7,8,18   5
  Hellenica
    1,1,22   109

Zosimus
    2,30,2–4   6

Das Signet des Schwabe Verlags
ist die Druckermarke der 1488 in
Basel gegründeten Offizin Petri,
des Ursprungs des heutigen Verlags-
hauses. Das Signet verweist auf
die Anfänge des Buchdrucks und
stammt aus dem Umkreis von
Hans Holbein. Es illustriert die
Bibelstelle Jeremia 23,29:
«Ist mein Wort nicht wie Feuer,
spricht der Herr, und wie ein
Hammer, der Felsen zerschmeisst?»